城市规划经典译丛

生态修复

——新兴行业的原则、价值和结构

（原著第二版）

Ecological Restoration

[英] 安德烈·克莱威尔　詹姆斯·阿伦森　著

姜芊孜　张雅丽　徐晓蕾　译

中国城市出版社

CHINA CITY PRESS

著作权合同登记图字：01—2016—8829 号

图书在版编目（CIP）数据

生态修复 = Ecological Restoration：新兴行业的
原则、价值和结构 /（英）安德烈·克莱威尔，（英）詹
姆斯·阿伦森著；姜芊孜，张雅丽，徐晓蕾译 .—北京：
中国城市出版社，2022.7
（城市规划经典译丛）
ISBN 978-7-5074-3484-2

Ⅰ.①生… Ⅱ.①安…②詹…③姜…④张…⑤徐
… Ⅲ.①生态恢复 Ⅳ.① X171.4

中国版本图书馆 CIP 数据核字（2022）第 103437 号

Ecological Restoration：Principles，Values and Structure of an Emerging Profession
（978-1610911689）
Copyright © 2013 Andre F. Clewell and James Aronson
Published by arrangement with Island Press through Bardon-Chinese Media Agency
Chinese Translation Copyright © 2021 by China City Press

本书由美国Island 出版社授权翻译出版

责任编辑：程素荣 孙书妍
责任校对：李欣慰

城市规划经典译丛

生态修复
——新兴行业的原则、价值和结构
（原著第二版）

Ecological Restoration

[英] 安德烈·克莱威尔 詹姆斯·阿伦森 著
姜芊孜 张雅丽 徐晓蕾 译
*
中国城市出版社出版、发行（北京海淀三里河路 9 号）
各地新华书店、建筑书店经销
北京雅盈中佳图文设计公司制版
北京云浩印刷有限责任公司印刷
*
开本：787 毫米 ×1092 毫米 1/16 印张：$15\frac{3}{4}$ 字数：305 千字
2022 年 7 月第一版 2022 年 7 月第一次印刷
定价：68.00 元
ISBN 978-7-5074-3484-2
（904431）

版权所有 翻印必究
如有印装质量问题，可寄本社图书出版中心退换
（邮政编码 100037）

目　录

第一部分　我们为什么要进行（生态）修复

第二部分　我们恢复什么

第三部分 我们如何进行修复?

第四部分 生态修复作为一种职业

献给小约翰·凯恩斯

　　他多年来坚定不移地致力于倡导生态修复和其他环境改善事业，总能敏锐地意识到生态系统损害对人类福祉的破坏性后果，并向同时代人做出令人信服的解释。他对修复自然资本重要性的早期认识极大地促进了学科的发展。我们书中所提到的大部分内容，约翰在 25 年前，甚至更早的时候就已经简明地阐述过。然而，他的智慧并没有为大众所铭记，为了表彰并纪念他所取得的卓越成就，我们有必要将他的理念再次重申。

虚拟实地调研列表

虚拟实地调研 1：美国佛罗里达州长叶松草原恢复　大卫·普林蒂斯

虚拟实地调研 2：法国地中海草原修复　蒂埃里·杜托伊特、雷诺·焦纳和埃莉斯·比松

虚拟实地调研 3：印度的绍拉草原和沼泽恢复　罗伯特·斯图尔特和坦尼娅·巴尔卡尔

虚拟实地调研 4：南非亚热带灌丛恢复　马里乌斯·范德维、理查德·考林、安东尼·米尔斯、阿扬达·西格韦拉、雪莉·考林和克里斯托·玛莱

虚拟实地调研 5：巴西一个水库的森林修复　佩德罗·H·布兰卡利昂

虚拟实地调研 6：美国俄勒冈州的河流修复　迪安·阿波斯托和乔丹·斯泰尔

虚拟实地调研 7：智利温带雨林修复　克里斯蒂安·利特尔、安东尼奥·劳拉和毛罗·冈萨雷斯序

序　言

"在我的手指和拇指之间，那只粗壮的笔就在那里，我要用它去挖掘。"

——谢默斯·希尼（注释：来源于谢默斯·希尼的一句诗）

在本书的第一版中，我们致力于阐释生态修复实践过程中要遵循的生态原则，并在此研究领域取得了里程碑式的进步，它为奋斗在生态修复一线的实践者带来了益处。相反，同样必要的是，本书还涵盖了科研领域最新的研究成果。它提醒科学家们纲领性原则必须与时俱进，要具体案例具体分析。

第二版很好地为整个生态修复的流程奠定了基调，但是它和其他的优秀书籍一样在动态修复领域还有很大的进步空间。

而这就是它备受欢迎的部分。在本书中你可以了解到近期人们所探究的全新的、全球性意义非凡的科学和专业。安德烈·克莱威尔和詹姆斯·阿伦森正在探寻生态修复的多重涵义以及对实践的诸多影响。而这也让人们对于"生态修复"这一备受瞩目的词语有了初步的了解。

谢默斯·希尼（Seamus Heaney）在其早年间的诗"Digging"中表示他十分羡慕他的祖先们，因为他们可以熟练地用锋利的铁锹开垦草地和池沼。但是在诗的结尾他断言，诗人同样能产生实际的影响并且可以透过表象看到世界的本原。

理论和实践两者同样有着类似的关系，并为本书注入了能量。毫无疑问的是克莱威尔和阿伦森将其公之于众之前已经做足了功课，因为这已经成为他们日常生活中不可或缺的一部分。他们是脚踏实地的科学家，每一页都书写着地球的真实纹理。

许多年前，克莱威尔离开了已在植物学和生态学上获得成功的学术生涯，当然他可能已经忘却了这段往事，随后摇身一变，成为一位创业者、一位生态修复领域的先锋。与此同时，他坚持发表文章，基于不断的实践项目逐渐形成自己的理论体系。

阿伦森仍然与学术界保持着密切的联系，但作为一名热诚的自然资本修复的倡导者，他花了多少时间与实践者就生态和社会问题展开辩论，就花了多少时间嘲笑生态修复科学前沿变得越发抽象。

但我为什么说这本已被视为权威的"黄皮书"第二版经过广泛修订后,仍将是一部正在进行中的著作? 在现阶段,它一定是最完善的吗?

然而,事实并非如此,原因有两个:首先,生态修复在已趋于完善的环境科学里尚属不成熟。当然,它的声望和潜力正日渐被人们认可。2009 年,《科学》(Science)杂志为本领域开设了专栏,那时本书的编辑工作已经完成了一半,于是在开篇向人们宣布这一莫大的荣誉:我们星球的未来将取决于生态修复这一年轻学科的成熟程度。

但它出现的时间相对较短,这意味着生态修复的核心原则仍在形成过程中。甚至当他们开始寻找一种确切表达方式的时候,在修订本书之前都毫无头绪。这个表达方式关键性的案例就是 2004 年出版的《SER 生态修复入门指南》,克莱威尔和阿伦森,还有已故的基思·温特哈尔德(Keith Winterhalder)是指南的主要作者。在即将完成本书时,阿伦森和其他人又对新版本的《指南》有了新的思路。

其次,持续的发酵有一部分要归因于哲学思想上的差异越来越大,虽然有很多人不赞成这一观点,但是不同的学校和个人对生态修复有着不同的见解。

作者界定了三种模式:一种是"遗产"模式,该模式强调将生态修复到之前最有利的状态,通常构想为原始而静态的。一种是"实用"模式,该模式强调生态系统服务的修复要让人们得到立竿见影的好处,像是饮用水和富饶的土地。还有一种是"恢复"模式,这也是他们所推崇的。

按照他们的定义,这种恢复模式有很多可取之处。基于该模式所修复的生态系统将具备复杂性、自组织性和弹性,但是它对于未来生物多样性的发展没有必要参照先前的模式。

恢复模式沿袭了遗产模式对于早前被低估的生态系统的认知,并且也为生态系统未来的发展轨迹提供了宝贵的线索。但是,它习惯性地拒绝一切试图回到过去理想状态的不切实际的尝试。

恢复和实用模式都认可人类社会只会为那些可以为他提供服务的生态系统修复买单。但是,它将服务的定义进行了扩充,而不仅仅限于追求立竿见影的效果,这其中就涵盖了生物多样性——作为一种自我价值,并且作为很多我们现在未知服务的提供者——还有我们从修复后的生态系统中得到的美学和精神层面的价值。

作者清晰的阐释了这三种模式,并且试图消除由善意倾向引起的困惑,即在生态修复实际操作过程中秉承一种模式时所产生的疑惑,即在生态修复方面,不同的党派和利益相关者倾向于提倡一种模式而忽略其他两种模式的存在,就像整个生态修复领域就成了一个统一的整体,没有分支存在。实际上,生态修复作为一门成熟的学科,正在经历成长的痛苦。我们都需要承认,除了我们所坚持的模式之外,还有其他的生态修复模式。我们需要找到它们之间的共识,与共同的价值观。

　　需要强调的是，生态修复领域是在不断变化的，不但因为它尚未成熟，在哲学层面上仍存在分歧，而且因为具体的生态修复项目有自己的特殊性，并且项目的规模和面临的挑战也不同。

　　这三种修复模式中的任何一种都需要我们解方程式，而这其中许多，或者说绝大部分的变量对我们来说都是未知的。当我们开始一个修复项目的时候，我们不是在封闭的实验室里工作。从理论上讲，即使要恢复最简单的生态系统，也需要在一个完全开放的系统中，实际上是一个无限的系统中，通过实验检验知识网之间的相关性。

　　我们对这些系统到底了解多少？任何一位土壤生态学家都会告诉你，我们甚至还没有从字面上或隐喻上识别出许多构成生态系统基础的微生植物群落和微动物区系；我们对他们的相互作用和功能的了解更是微乎其微。

　　如果你认为这件事情对于动植物来说有所不同，这是可以理解的。但是作者直言不讳地告诉我们，对于生态学家知道给定的动植物在生态系统所扮演的角色这一假设，在生态修复领域至今都没有十足的把握给予证实。

　　因此，基于上述原因，想要建立能够指导各地生态修复工作的一般原则变得异常困难也就不足为奇了。即使是在最局部的范围内，每一个不同的项目都会有其独一无二的特点，唯有尽可能地具体案例具体分析，才更可能获得成功。

　　在全球范围内，不同生物群系的修复需要用完全不同的策略来应对。正如作者所述，生态修复源于美国中西部，更普遍地说，起源于北方温带地区，最初的制定者会根据当地情况因地制宜地制定生态修复的原则。

　　即使在生态修复的发源地，这些原则也基于克莱门茨自然演替中过于简化的概念，几十年来一直受到挑战。正如史蒂夫·霍珀和其他人所证明的那样，他们曾经将其应用到地球其他一些地方，但是由于气候条件以及土壤状况完全不同且十分独特，其结果依旧更具误导性。

　　将这一切都加起来是否意味着生态修复是一项毫无希望不切实际的事业，为了追求错觉而对稀缺保护资源的可耻浪费？

　　相反，本书中肯的且深入浅出的用大量证据来证明事实并非如此。然而鲜有恢复项目能够实现所有的目标，但许多项目已经达到了大多数的目标，这足以表明，作为一项应对环境恶化的战略，生态修复确实正在成为许多团体和组织的宝贵武器选择。我们这些试图抓住生态修复提供的重要机会的人，很大程度要归功于如克莱威尔和阿伦森这样的先驱。他们在实践和理论上的探索为生态修复——我们与自然世界的新契约——开拓了前进的道路，并扫清了障碍。

帕迪·伍德沃思

前　言

　　本书囊括了大量而全面的生态修复实例，生态恢复学是一门修复受损生态系统并使其恢复完整的学科。本书是写给生态修复项目的创始者、资助方、管理策划者，尤其是生态修复项目的执行者。我们也感谢所有为撰写提供过帮助的人，如提供苗圃的种植者、监测和评估项目的生态学家、与公共部门提供联络的社会科学专家，以及履行监管职能的机构人员。最重要的是，我们为学生和世界各地正在考虑从事生态修复职业的新人们写了这本书，以便他们能够理解这一学科将给他们带来的挑战以及莫大的满足感。

　　虽然我们用深入浅出的方式横向描述了在科学指导下的生态修复实例，但是本书不局限于生态本身。此外，我们还深入研究了生态修复所包含的许多价值。我们讨论了如何构建和管理生态修复项目，还探索了与自然资源管理、保护相关的领域，这些领域中生态修复有时会被混淆。

　　我们写这本书并不是为了吸引广大的公众读者，但是那些对我们领域感兴趣的普通大众将有望发现很多令他们刺激和兴奋的材料。我们希望可以吸引到政策的制定者、企业的领导，因为他们专业的活动和决定会让环境问题重新分级，当然如果对生态修复有透彻理解的话，那么他们必将从中获益。我们也希望能吸引到环境哲学家以及试图满足大众对生态修复日益增长好奇心的作家们。我们希望可以拥有这一多样化的受众群体，因为他们对生态修复的理解是至关重要的，这将决定我们对于其全部潜能的认知。事实上，生态修复的出现为社会各个阶层和世界各种文化背景下的不同领域以及兴趣团体进行思想碰撞创造了条件。在生态修复的规则和惯例方面达成共识，对于高效的会谈和合作是至关重要的。

　　对本书第一版熟悉的人们会发现，第二版对第一版进行了从头到尾的修订和重组。而我们进行修订的动力就是提高审稿人之前宣扬的做一本好书的标准，作为一门正在快速发展的学科，我们更新了该领域的最新发展动态并且增加了许多讨论的话题。就第一版我们广泛地征求意见和建议并尽可能采纳。中间穿插了由实践者创造出来的生态修复案例，我们称之为虚拟实地调研（VFTs），这在第一版备受青睐。第二版我们用全新的虚拟实地调研案例，以赢得更多的喜爱。本版缺少第一版中出现的附录，即生态修复协会（SER）的基础文件——《生态修复项目开发和管理指南》的完整影印版。该文件可以在生态修复协会的官网上查阅，在第一版中能将其纳入其中是至关重要的，因为在此之前该指南从未以纸质书的形式出版过。

第一版的大部分内容是对另一份基础文件的详细阐述，即《SER 生态恢复入门》（*The SER Primer on Ecological Restoration*，2004）。我们继续参考 SER 初级版，但这个版本比第一版更像是一个独立的版本。2002 年和 2004 年发布了 SER 入门版。两个版本的文本是相同的，唯一的区别在于它们的格式。在第一版中，我们引用了 SER（2002）。在这个版本中，我们引用了 SER（2004）、当前发布在 SER 网站上的版本。读者应该了解的是，《SER 指南》和《SER 入门》都将很快进行评估，以便可能的更新和修订。

我们为这个版本准备了一个略带回顾的术语表，涵盖了与生态修复相关的各种术语。定义是根据我们在本书中使用这些术语的方式定制的。在很大程度上，我们保留了与第一版相同的定义，但增加了更多的术语，并更新了其他术语，主要依据生态系统和生物多样性经济学（TEEB 2010）和被安德烈与阿伦森（2012）所接受的定义。

章节安排

本书不是指导读者在给定的项目现场或者给定生态区域进行生态修复的具体策略和方法的操作手册。相反，本书试图囊括与生态修复实践相关的所有话题。本书一共有 12 个章节，分为 4 部分。

第一部分，我们为什么要进行（生态）修复。开篇是对整个生态修复领域的概述，阐述了它对人类文明的意义并介绍了贯穿本书的生态修复的原则。接下来我们考虑了生态系统的损伤在得以修复之后所带来的个人、文化、社会经济方面的价值。我们提供了一个概念模式，有条理地组织这些价值。在本部分的最后，我们叙述了与全球生态系统损害相关的问题。

第二部分，我们恢复什么。我们研究了生态恢复的这一复杂话题，而这个话题的意义就是生态修复定义以及生态恢复是如何完成的核心。我们认为当生态系统获得了完整生态属性以后，就实现了生态系统的修复。有关半文化生态系统修复的争议性话题在本部分将会进行透彻的解析。

第三部分，我们如何进行修复。解决了关于参考系统以及参考模型的关键性话题，这其中几乎涉及修复规划的方方面面。策略性的方法目前正处于测试阶段，其中包括完成生态修复项目时所需工作强度的诸多因素。每一个生态修复项目的常见必要步骤都被逐一列举，从项目理念的基本构思开始，到案例的出版结束。利益相关者的参与是一个贯穿始终的主题。

第四部分，生态修复作为一种职业。该部分研究了生态修复领域与其他学科的关系，包括生态工程、景观设计，以及自然资本修复（REC）。本部分还涉及解决专业培训和认证，修复学家和其他专业人士对于生态修复学科认知的方式，以及与生态修复息息相关的最为紧要的问题，例如气候变化。最后，我们在书的结尾提出了一些建议，我们认为这些建议将推动这一新兴职业的发展。

如何使用本书

不同的读者想要从这本书中获得的信息不同。很多读者希望按顺序通篇阅读，还有一些人想先看虚拟实地调研的案例，对本书的写作背景有一个大致的了解以后再通读全书。接下来的章节对于有过生态修复经历的人来说会更为专业、更有意义。大部分的章节或多或少由一些独立的文章组成，可供读者尤其是在本领域有相关经历的读者按任意顺序阅览。

我们写本书是为了提炼定义，阐释概念，阐明当今趋势，鼓励跨学科间的合作，并激发读者开拓新视野。我们承认本书只是对一门迅速发展的学科的暂时贡献，所以希望本书可以在全球范围内引起广泛讨论，以推动生态修复向前发展，促进生态工程学、生态经济学、可持续发展科学的相关活动与生态修复之间的协作。我们已经做好准备参与到这场讨论中去，最后，我们诚挚地期待您的回复。

致谢

泰恩·麦克唐纳和凯伦·霍尔提前读过本书的部分章节，并在如何扩充信息，并清晰地表达方面给出了宝贵的意见和建议。特约记者帕迪·伍德沃思校核了本书，并要求我们重新思考其中的一些段落。他表示我们所述的利益冲突在他为本书作序的时候就一直困扰着他，而这种困惑自从他参与到本书的编辑工作以来就一直存在。如果他没有给我们提出建设性批评的话，我们可以分担他的忧虑，当然这种批评也是一种"严厉的爱"。我们想感谢贝雷涅尔·梅洛和克里斯特尔·方丹作为调查和编辑助理为本书提供的支持，以及来自我们在世界各地的众多同事，感谢他们的辩论和讨论。按照常理，作者要向出版社的编辑们致敬，正是他们在本书投入出版之前对文章进行了进一步的润色。相反，我们要向 Island 出版社的芭芭拉·迪恩以及她的合伙人艾琳·约翰逊表达我们的谢意，他们对于本书的期待极高，而且他们的评论与批评无论是在智力上还是写作上都最大限度地激发了我们的潜能。

我们为什么要进行（生态）修复

　　第一部分阐述了生态修复的必要性。第1章概述了这本书的研究范围，介绍了生态修复所依据的原则以及我们的论述所必需的术语和概念。在第2章中，我们研究了生态修复所涉及的个人、文化、社会经济和生态价值。如果不探究生态修复的动机，我们可能就会缺乏对实际在做什么以及为什么它很重要的清楚认识，在这种情况下，生态修复就只是另一种谋生的方式，或者是一种周末消遣。在第3章中，我们将注意力转向生态系统——生态修复的目标，并开始区分生态系统可能受到的压力和干扰的程度。我们描述了当一个生态系统被破坏到受损的程度时所发生的生态后果——这是我们的关键术语之一——然后需要由修复从业者进行生态修复，以确保恢复。

第 1 章

概　论

　　生态修复是一项辅助已退化的、受损或摧毁的生态系统复原的过程（SER 2004）。从生态学角度看，这是一个有意识的生态修复活动，以重新启动因生态系统受损而受到干扰的生态流程。从保护的角度看，在面临前所未有的以人为媒介的灭绝危机时，生态修复可以对生物多样性进行复原。从社会经济角度看，生态修复从人类的利益出发，对生态系统服务进行复原。从文化角度看，生态修复使一群志同道合的人、社区团体、组织在参与生态修复的过程中增进联系。从个人角度看，我们在修复破损生态系统时与大自然的其他部分重新建立联系，并且可以进行自我恢复。所有这些对生态修复的观点，都可以归结为一个简单的真理：自然滋养了我们，因此我们只有知恩图报，爱护自然才能从中获得自己想要的利益。

　　随着全球范围内的不断推进，生态修复在局部已初具成效。修复的决定就是对土地和资源长期的承诺。理想情况下，这一决定让深受影响的人达成了共识。修复后的生态系统对人类的生态环境和社会经济安全及其在未来提供的无限福祉都做出了贡献。生态修复所带来的利益是可以造福几代人的。当参与有关修复的决策产生的时候，人们会对当地的生态系统产生感激之情，并且如果积极参与修复活动，他们也会对生态系统肃然起敬。

　　生态修复是对生态过程的重新启动，但我们不能直接干预和创造预期的结果。相反，我们操控受损生态系统的生物物理特性，以促进只能由活着的生物体进行的生态恢复过程。生态修复的实践者辅助生态系统进行恢复，就像医生帮助病人恢复一样。患者在医生的监督、照顾和鼓励下慢慢痊愈。同样的，在修复实践者的辅助下，生态系统也会有所改善。

　　一旦生态修复项目完成，得以成功修复的生态系统可以自我组织，并可以达到动态的自我维持。它在再次遭遇干扰时有了恢复力，且能将自身维持在同样的状态，还可以维持在与当地景观类似的同一种不受干扰的生态系统的预期相同的程度。换句话说，其意图是将受损生态系统恢复成一个整体或未受损伤的状态。"整体"生态系统的特点在于拥有一套生态属性，对此我们将在第 5 章进行讨论。我们使用"整体生态修复"这一术语将受限于生态系统恢复增加或者生态改善的综合性行动与部分修复行动进行区分。

尽管我们的理想是将受损生态系统恢复到完全自我维持的状态，但地球历史上完整的生态系统完全自我维持的时代已经结束，原因有两个。首先，以人类作为媒介的环境影响在全球变得如此普遍，而且通常在一些地区更为严重，许多被修复的生态系统需要持续的生态系统管理，以防止它们再次陷入受损状态。其次，许多看似自然的生态系统与人类居民共进化，传统文化实践将它们转化为半文化生态系统。这种系统因废弃不再使用而逐渐退化，而后成为生态修复的候选对象。如果它们被修复到半文化状态，那么以前维护它们的文化实践也应该得以恢复，以确保可持续性。

生态系统不是静态的，它们不断演化，以应对外部环境的自然和人为的变化以及控制物种组成和丰度的内部过程的变化。本书中，此处和其他各处对生态系统所用的"演化"和"进化"两个词，不是达尔文所定义的演化和进化，而是从发展的角度，表示随着时间的推移发生的单向或周期性的生态变化。生态系统的进化，就像物种的进化一样，有时是渐进的、微妙的，有时又是快速的或突然的。按照时间顺序对生态系统经历的变化进行的记录称为历史生态轨迹。如果生态系统受损，那么其历史轨迹就会中断。生态修复可以使生态系统的历史轨迹得以延续。这就像医生帮助患者治愈的过程，让患者的生命得以延续。

在由于损害所造成的中断期间，地球还没有停止转动。外部条件和边界可能已经改变，生态系统恢复的内部过程可能与之前所呈现的有所区别。因此，尽管许多甚至是大多数物种在既定场地内，可能从过去到未来都是持续存在的，但是生态修复的结果只能反映当下的情况，而不是回归过去。这样，生态修复将受损生态系统与其未来联系在了一起。我们修复的是历史生态连续性，而不是历史生态系统。无论我们的修复有多努力，试图回到过去的样子，都是不可能的。我们在这件事上别无选择，因为我们无法在不损失自然品质的前提下控制修复的结果，而这（自然的品质）正是我们最终努力想要恢复的，最好的情况是我们在进行修复的时候只能对过去进行模仿。这么做是因为生态系统是由生命体组成的而且生命不可倒流。在许多修复项目中，未来的状态可以在总体结构方面对过去生态系统受损前的状态进行模仿，但是绝不可能回到之前的状态——就好像时间是可逆的——这也只是一厢情愿，适得其反。我们总是将生态系统修复到未来。所以，生态系统在某些方面就像是一个不可字字斟酌的比喻。尽管如此，这确实是一个强有力的比喻，在人们陷入困境时给人们指引了道路，它捕捉到了世界各地人们的想象力、心灵和思想。

所有的生态修复项目都要具体案例具体分析，修复受损的生态系统与修复历史遗产或进行遗产保护相比较而言要容易得多。然而，无论在什么样的情况下，生态修复的意图都应该是推动其回归到原来的生态轨迹上，从损害之前到正在发展到无限的未来。只要认识到结果是不完善的，那么将生态系统修复到原来的历史状态的尝试就是有效和可行的，而在每个项目中，我们的总体目标是恢复其历史连续性和生态的整体性，而不是使其停滞不前。

我们生活在环境日渐不稳定的时期。人类对自然资源的开采，对自然环境的滥用，以及气候和其他全球性问题的持续变化，都决定了许多生态系统都只能修复到我们不熟悉的物种更替及结构重组的状态。恢复到以前未知的状态几乎是荒谬的，但这一概念与整个地质时期自然生态系统演化的开放性质没有什么不同。我们尽可能依赖过去的前期生态系统表现形式作为我们的参考或起点，并挽救过去的遗迹，是这些让生态系统修复特别，在未来我们可以确保一个功能齐全，动态和可持续的生态系统。尤其是，我们将受干扰前的生态系统的物种填补到修复后的生态系统中，以达到现在状况所允许的程度。这些物种共同进化或采用其他功能，以做到与其他物种或环境无缝对接。它们比其他物种更容易将自身组合成令人满意的修复后可持续的生态系统。它们提供历史连续性，并将生态系统回归到其历史生态轨迹上。

近期，环境变化的速度加之当代生物多样性的严重丧失，加快了生态系统的演变，一般通过简化和随之而来的不稳定导致其贫困化。贫困是我们在为先辈以及我们这些不加区别地改变景观、污染生态系统、耗尽资源的人所采取的无知行为或无情漠视埋单。然而，通过我们的努力，修复的愿景给了人们希望，我们可以恢复生态系统的复杂性，并再次享受功能性生态系统对个人、文化和经济效益及其所包含的生物所带来的利益。这表明尽管目前人口大爆发，但至少我们可以消除一些人们过去对生态以及环境造成的破坏，还可以为经济可持续发展的新道路肃清障碍。图 1.1 所示的恢复生态系统表明，生态修复确实是可行的，并且已经实现。这些道路必须基于这样一种认识，即我们的经济完全依赖于自然资本——一个完全由功能性生态系统以及生态系统多样性所产生的财富。除非我们修复这些资本，并且会以利息为生，而不是肆意消耗我们的储备，否则我们注定要在许多层面上陷入贫困，还可能遇到前所未有的经济和生态灾难。开拓更多的生态修复的路可以使人与自然界的其他部分重新融合，实现可持续发展。

一些基础术语和概念

在更深入地探讨主题之前，我们先对贯穿全书的几个概念和术语进行阐释，这样做是为了那些对生态学不是特别了解的读者。有些概念在专业人士中没有达成共识，

图 1.1 潮湿的草原（前景）和池塘柏树大草原，由美国密西西比大自然保护协会博兰（D. Borland）和克莱威尔（A. Clewell）修复

接下来将讨论如何对书中所述的关键条目应用到实际中进行解释。我们已经对附加术语的定义进行了说明，并附在书后的术语表上，术语表中的术语在文中首次出现时用斜体进行了区分。总的来说，我们遵循了本书第一版，以及范·安德尔和阿伦森研究生水平教材（2012）第二版中使用的习惯用法。然而，较之前本书的版本有几处细微的差别和改动，这在当今该领域高速发展的情况下是很正常的。我们也承认存在歧义，并参考其他已发表的资料作进一步的阅读和比较。

生态状态

　　生态状态即是对生态系统尤其是生物群落的一种表现或者表达。生态系统非生命体方面，如地质、地形等都构成了生态状态也就是生态群落的背景环境。一个系统的生态群落是由它的物种组成以及群落结构所决定的。后者是其物种大小、生命形态、丰富度及其空间结构的集合。当我们在本书中使用"状态"一词时，我们指的是一种生态状态。

过程与功能

在生态系统中，有机体和物种的数量不是一成不变的，就好像它们是博物馆标本一样。它们会生长、吸收、呼吸、抢夺资源并繁殖。如果是植物，它们会进行光合作用，吸收水和养分以及蒸发（水分）。如果是动物，它们会去寻找水源和食物，进行斗争或者逃走，为同伴竞争或者宣传。如果是微生物，它们分解死亡的有机物，释放养分，固氮以及转化含氮化合物。所有的这些活动都是生态过程。在进行所有的既定过程时，能量被转化、释放和存储，物质化合、分解成各个组分，或者从一处向另一处转移。部分更为重要的生态过程还包括初级生产；依靠食草、掠食，以及寄生对物种种群数量进行调节；营养联系中的能量转移，营养物循环；腐殖质中的碳存储，土壤形成；微气候调节；水分保持；以及许多相互之间的共生作用，例如以动物为媒介授粉和种子传播，菌根交换营养物质和能量，以及和更为复杂的有机体存在着共生关系的微生物的固氮作用。这些是我们与生态系统相联系的一些过程。我们把其他生态过程与生物圈层次的组织联系在一起，像是光合作用产生的氧气，这理所当然应该在生态系统层面进行研究。另一个对生物圈有着重要意义的生态过程就是地球大气的热调节，主要通过蒸腾作用将热量辐射到太空。当生态系统各级组织（细胞、有机体、群落、生物圈）全部参与到生物过程中的时候，我们称其是功能性的或者是正在发挥功能的。这也就意味着在物理学家使用这个术语的意义上，生物学工作正在进行。

近年来，一些生态学家、环境经济学家、律师，还有其他关注自然资源的专业人士对术语"功能"和"生态系统功能"的应用与我们截然不同，将有利于人类人民及其社会经济福祉的自然生态系统服务统称为功能。生态系统服务的例子包括滞蓄潜在洪水，改善水质，控制侵蚀，提供家畜放牧范围，提供野生动物栖息地和娱乐场所。为了避免混淆，我们规定用"生态系统服务"这一术语来形容那些人们从生态系统中获得的社会经济效益，因此我们在本书中避免使用"生态系统功能"一词。我们的这项举措是遵照千年生态系统服务（MA 205），以及近期联合国发布的生态系统和生物多样性经济学（TEEB 2010）所做的改动。在这种情况下，我们更倾向于"生态系统服务"一词，因为它意味着有一个提供者和一个受益者。然而，生态系统功能这个词缺乏这种推论。"生态系统功能"及其含义广义地包括了生态系统服务，它们所带来的福利为人们欣然接受，并且这些价值被经济学家和社会科学家分配到生态系统服务。感兴趣的读者可以参考 TEEB 的调查研究。

生态系统

生态系统是生态学的基本单位，因此生态修复的主体就是生态系统。生态系统是由包含相互之间作用的活的有机体的总和，以及它们赖以生存的环境组成的。A.G.坦斯利（1935）首次提出该术语，他将生态系统描述成一个完整的系统，其中不仅包括全部有机物，还包括我们所谓的环境的全部物理构成要素。活的有机体就是一个生态系统——植物、动物，以及微生物——共同构成了一个生物群落。生态系统非生物元素是由物理环境，例如，基质或者土壤、营养物、各种状态的水及其离子含量盐；还有充满活力的能量流动和物质循环，例如，水力运动、气候表现和火势。生态系统的生物和非生物成分之间的区别比实际更为迂腐，因为生物体和惰性物质在参与严密的反馈环路时会相互交换或相互改变。例如，土壤的形成就受到活生物体，死的有机物、水、大气和矿物基质之间众多相互作用控制的。同样的，与生态系统相关的微气候就是生物群落的产物，生物群落受到蒸腾、阴影以及风量减少的作用，从而影响了当地的气候。

生态系统在展示其内部物种组成、群落结构以及非生物特征的连贯程度方面受到限制。生物群通常细分为可识别的生物群落，如植物群落、土壤微生物群落或浮游动物群落。在给定的生物群落里，有共同特征的物种被称为功能组团。

生态系统有时在广义上指生态区，如沿岸森林、高山苔原或潮汐沼泽地反复出现的特定类型的生态系统。就这个概念而言，将其定义为"生态系统类型"这一术语可能更为准确。还有一个相关术语就是生物群落，它适用于具体的生态系统类型占有明显优势且范围更广的（生态区），如美国东南部松树稀树草原生物群落和巴西东海岸的大西洋森林生物群落。

生态系统是复杂的，即使在给定的生物群落或生态系统类型中，也不会有两种相同的类型，至少在较小的空间尺度上是这样的。这种复杂性源于物理环境的差异、生态过程中随机变化，以及自然和人为因素对生态系统的压力和扰动所产生的不同影响。

生态系统是开放的，而不是封闭的系统。它们不存像孤岛般的分离。它们彼此之间相互影响，但是大多数又没有十分明确的区别与差异。种子、孢子和可移动生物体经常在生态系统中有规律地移动。水通过一个生态系统流入另一个生态系统，携带着溶解的营养物质、矿物沉积物、碎屑和全部有机体，这也就造成了其可用性以及资源质量的波动。一个系统的损害可以影响周围的生态系统。出于便利，生态学家以及专业人士将生态系统的边界进行了界定，目的就是划定感兴趣的研究范围。它的界限必然是主观的，因为生物圈是一个相互关联和相互作用的整体，是不可分割的，但是这种缺陷并不能让它的实用性有所下降。生态系统可以是任何规模的，虽然它通常比生物群落要小得多，通常由集水区内的离散位置或水体内易于识别的区域或层级组成。划定生态系统范围的一个原因是为生态修复项目确定边界。

生态系统的两个相互关联的描述是完整性与健康。完整性是一个生态系统的状态，在其物种组成和群落结构中表现出特有的生物多样性，并维持正常的生态功能。《SER指南》中（SER 2004）将生态系统健康描述为"生态系统的状态，其动态属性在相对于其生态发展阶段的'正常'活动范围内表达。"这两个术语都是无法证实的定性概括。由生态学家和人类健康研究人员组成的跨学科团队认为，可以根据系统组织、韧性和活力对生态系统健康状况进行评估，所有这些以没有生态系统受损迹象为特征。如果生态系统显示完整与健康，我们将其称为完整的或整体的生态系统。相反，退化、破坏和转变都代表了与完整生态系统正常或期望状态的偏离。

生产系统

与自然生态系统相反，生产生态系统是转化后的土地或水的一个单元——在生态学上经常被简化，然后由人们管理，将农作物生产成具有市场价值的商品或直接消费和维持生计。在此过程中，场地或系统通常在农艺、水产养殖或工程方面进行操作，并获得能源和材料的补贴。能源的来源可能包括家畜的工作和使用化石燃料操作设备。物质补贴可包括石灰、肥料和堆肥，或合成农药如矿物肥料杀虫剂和除草剂的应用。生产生态系统（或简称生产系统）的例子包括农地专门给行列作物、葡萄园和果园、种植园和生物燃料种植园用，以及专门用来养殖鱼类和其他海产品的蓄水池，特意管理用来让家畜放牧的草原和牧场以及在狩猎保护区专门准备播撒的食物区域。将外来物种引入生产系统往往是出于当地商业价值考虑。所以，许多混农林被划为生产系统正是出于这个原因。由农业生产系统主导的景观可称为农业景观并且其中包含一类半文化景观，也就是第 6 章的主题。

相较于先前占满整个场地的自然生态系统，生产系统的特点就是在物种组成、群落结构，以及为人们提供广泛的生态系统服务的能力方面净减少。人们为了生产一种或几种商品（如木材）亦或是像现在这样提供生态系统服务（如长期碳储存），选择牺牲掉这些优势。生产系统的管理有时会产生对环境不利的影响，例如流经农业化学或从动物饲养场排出的水体污染。从场地这个角度来说，它们的生物多样性较低，为野生植物或动物提供的栖息地也很少。

生产系统既不是自组织的，也不是自我维持的。为了保持生产力，它们需要进行管理。例如，定期管理或耕作，控制竞争性杂草数量，修剪、间伐、施肥、消灭捕食者和化学有害生物控制。它们可能依靠工程措施，例如挖掘运河或沟渠；排水瓦、堰、涵洞、管道和泵的安装；堤防或堤坝的施工。可能需要石质基础，石笼和其他永久性工程特性来稳定基材。所有这些所谓的改进都需要定期的运转、维护和最终更换。

景观

我们在本书中使用"景观"一词来表示两个或多个相互影响的生态系统，并在给定的位置上显示出一定的生态凝聚力，比如河流集水区（或流域）；一个山丘；一片绵长的海岸，包括沙丘、潮汐沼泽和泻湖；或任何其他不论大小的地貌单位。景观由生态系统和更小的景观单元组成，"它们产生了在空间中可复制、可识别的模式"。《SER 指南》（SER 2004）采用这一景观概念——包含生态系统和它们之间的边界或过渡区域，称为生态交错带。我们所用的"景观"这一术语囊括了海景、江景，以及其他主要受地貌影响的"景观"。当然还有许多其他的定义，可能更为主观，从地理、艺术史等领域对"景观"一词下了定义。

景观修复

构成景观的部分或者全部生态系统可以同时或依次进行生态修复处理，以达到景观尺度修复的目的。然而，生态系统仍然是生态恢复的基本单元和重点。以管理者的身份对景观中不止一个的生态系统进行调整型的修复，称为修复项目，而单独的生态系统进行生态修复，无论是否是景观修复项目的一部分，都称为修复工程。景观修复的目的是对相互作用的生态系统的镶嵌体进行复原，进而使自然得以恢复，并且在许多情况下，人们都没有意识到文化价值，至少从整体性上，无论是单一的生态系统修复还是多样化生态系统在生态系统服务流的恢复上（都能得以体现）。这个过程称为碎片化景观的再融合。为了解决这些复杂问题，我们不仅要考虑自然，而且还要考虑半文化生态系统（第6章）。尽管生态修复的目的各异，但是在这种情况下，景观镶嵌体被当成单独的生态系统来处理。景观尺度的修复需要人们更多地关注整体，而不是像单独的修复工程仅关注单一的生态系统。将破碎的生态系统和碎片化的景观重新整合，就像野生动物廊道或是自由流动的鲑鱼溪流一样，是启动景观修复项目的强大动力。一些大型保护组织，包括国际自然保护联盟（IUCN）和世界自然基金会（WWF），在"生态系统视角"和"森林景观修复"的支持下，促进着景观修复。

生态参考

生态参考指的是在生态修复完成以后，生态系统所体现出来的预期特征。生态参考可能由一个或者多个完整的生态系统或某个"参照点"亦或是生态描述组成。如果这些（资料数据）无法收集到，那么还有一些令人满意的参考可以通过间接的证据收集到。正如第7章所讨论的。参照点，其生态描述或间接的证据都对参考模式前期的准备有很大的帮助。而这些参考模式展现了生态修复计划的发展过程，并且可以作为一项基准、灵感的来源以及建立共识的途径。

可持续性

从生态学的角度来说，可持续性是指一个自我维持的生态系统在受到干扰的情况下，具有足够的能力恢复到完整状态的特性。在特定的社会经济背景下，可持续性是应用健全的生态原则，以便在持续的基础上获得生态系统服务，而不会对提供这些服务的生态系统造成损害。

实践者以及专业人士

在本书中，我们将那些对项目基地进行生物物理干预，以辅助受损的生态系统进行恢复的人称为实践者。相比较而言，并非这些实践者而是项目的赞助商以及专家团队可能与修复实际的操作有着更紧密的联系，这其中就包括管理者、项目策划人、项目经理、苗圃工作人员，以及其他生物种群的提供者、关注利益相关方问题的社会科学家、负责项目前期物资清查以及项目完成后质检的自然科学家，还有对项目有监管义务的公职人员。这些专业人士通常被认为是实践者（从业者），这比本书中的定义要宽泛很多，本书中提及的专业人士是从能力的角度来衡量的，与他们是否获得国家认可的资格证书或从物质上得到补偿无关。

第 2 章

价值观与生态修复

为什么我们要进行生态修复？为什么人们被作为职业或作为他们专业工作的一个重点的生态修复所吸引？生态修复是一项有一定风险，且复杂的、需要付出耐心和奉献精神的长期工作。项目地的工作条件都有一定的挑战性。生态修复的工作地点和工作待遇相比于其他工作的稳定性和待遇都更差。当外行人问起生态修复的含义时，连修复专家都难以回答。因为"生态修复"这个词在没有专业标准定义的前提下，就已经成为主流语境中一个炙手可热的流行词。即使修复专家能够很清楚地解释他们做了什么，可能也很难简明扼要地表达为什么要这么做，以及这对他们意味着什么。

而在种种难言之隐的背后，正是我们每一个人的价值观在发挥着作用。每一个人从事这项工作的理由不尽相同。大多数人会说，这是因为生态系统、环境、地球所面临着的紧迫威胁使然。他们想成为解决方案的一份子，但除了避免环境持续恶化和生物多样性的丧失外，他们不想再付出更多。许多人还说，参与生态修复这项工作可以实现深层次的价值，满足内心的多种希冀，并且赋予他们生活意义。那些没有参与生态修复工程却持续关注生态修复的个人，可能有强烈的兴趣推动生态修复工作的进行，这些项目可以改善生态系统服务，增强环境教育，提供娱乐性的机会；再者，增加自然保护区的美学价值，唤醒敬畏感和神圣领域感，并修复受损的生态环境。这些只是生态修复所满足的价值的一部分。正如我们将看到的，某些价值是通过生态恢复直接实现的。大多数价值则将在生态修复完成之后才能体现出来。

一些价值是主观的，带有个人感情色彩的，如改善美学；而另外一些则是客观的，偏实用色彩的，如改善生态系统服务流。一些价值满足了个人需求，如一些人为扭转环境恶化而辛勤奋斗所获得的满足感；而另外一些价值可满足社会集体需求，如在社区生态修复项目中，志愿者的共同工作可提升社会的凝聚力。为了以整体而有组织的方式考虑生态恢复所产生的诸多价值，我们对其加以归类，并建立了如图 2.1 所示的四象限模型。这个模型改编自当代哲学家肯·威尔伯（2001）设计的一个示意图。他认为分类应当既有主观的也有客观的，既有个人的也有集体的。威尔伯的通用模型适用于许多学科领域，例如，它已经成为可以描述全部生态学科分支的有力工具，并且同时成为多维度审视生态问题的基础框架。

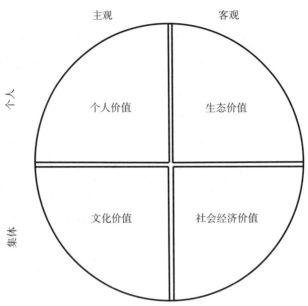

图 2.1　生态修复的四象限模型

　　该模型从左到右由两个半球组成，一个与主观价值相关，另一个涉及客观价值。客观价值是可以被测量和实际分析的，而主观价值难以得到直接测量，是表述观点和情感反应的，尽管经济学家和其他社会科学家尝试了一些成功的测量方法，但主观价值表达的观点和情绪反应却抵制了直接的实证测量。从图 2.1 由上到下可以看出，这个模型的上半球是有关个人层面的，而下半球由一个社会或文化团体中的社会集体层面组成。

　　左上象限代表了我们对生态受损的情感反馈。这种情感反馈或许会因为我们的文化允许对环境造成破坏，或导致景观美感度的下降而引起民愤。这种情绪反应能唤起直接从事或是作为相关从业者，项目的资助者、融资者亦或能够通过发布政治观点影响公共政策颁布的市民间接从事生态修复项目。所有这些反应都令人满意，因为我们知道我们为解决事关众人的生态问题做出了前瞻性的行为。

　　右上象限代表生态特征，这些特征是评估完整、健康的生态系统和生态景观所应具备的。而对生物圈而言，这些特征同样适应于其完整性和相互关联性。这个象限表达了个人层面对生态破坏的理性反应。这种理性反应是基于对自然区域、生物物理组成成分、生态过程了解的基础上的。生态恢复让这些失去的属性和我们赋予它们的价值得以挽回。

　　右下象限代表了由于生态系统受损而减少或丧失的生态系统服务的集体社会经济价值。因为生态破坏，我们可能正将自己置于更大的洪水泛滥的威胁之中，又或者我们不得不支付更高的费用用以净化水体。而我们喜爱的海鲜也将变得更加稀缺，更加昂贵。换句话说，我们在社会经济方面共同创造的价值正因为生态破坏而遭受损失，相应的，对环境的破坏又反过来降低了人类的生活水平和福祉，甚至会威胁到我们的生存。生态恢复使我们能够通过增加生态系统服务来恢复这些社会经济价值。这些生态服务能促进经济强势增长，规避经济危机，增强整个社会的融合能力。

左下象限代表了我们的集体文化价值观受到生态系统损坏的影响。那种标志性的记忆场所，例如公园或者其他具有神秘感的区域一经破坏，总是会让我们的心理上缺少一种归属。如果我们作为社区的一份子去修复我们所缺失的环境。那么那份邻里之间以及全社会的凝聚力将会因为我们共同的贡献而得到巩固。我们将从环境中学到更多。那些参与修复活动的儿童，会借此学习到自然历史和生态素养方面的重要课程。他们从学校书本上或各式各样媒介上学习到的关于生物多样性的理解，将会通过自身的直接实践予以加深。一旦那些致力于生态修复项目的人们获得了对生物多样性概念的深度认知，环境伦理学的发展就只剩下一小步了。以上所有的价值都是从我们直接或间接参与到生态修复中取得的。对这些价值观的满足强化了自然和文化之间的关联。

大部分但不是所有的主观价值都是通过开展生态修复活动来实现的，然而所有客观价值都要在生态修复完成之后实现。除了一些审美价值之外，几乎所有个人的主观价值需求都可以通过开展生态修复活动来实现。开展生态修复活动促成了一些文化价值——特别是社会凝聚力的发展，还有那些与生态文化有关的价值的实现，这些价值是通过在项目地的亲身体验来满足的。

图 2.1 描绘了双线分隔的四个象限，表明了分离与独立的程度。这种分离是有意为之的，代表了不同领域的专业人士对每一个象限关注时的分析倾向。威尔伯（2001）警告说，那些忽视整体，只关注单一象限的人是不能看到各个独立部分间联系性的。对这些具有偏见性的人，威尔伯称他们为井底之蛙，并将他们与文艺复兴前那些无视越来越多的证据证明地球是圆形的腐朽知识分子相提并论。与这种想法相反的是，地球生态修复必须以整体的方式审视与构思。

每一个参与生态修复的人，都有个人观点和一套自己的价值观。例如，生态学家和保护主义者可能更多关注于右上象限提到的生态价值。对于他们而言，修复的目的就是生态环境的恢复。相比之下，负责管理自然资源的人更关注的是完善被破坏的生态系统服务，如为濒危物种提供清洁的水资源或者栖息地。他们不一定关注生态环境细节，却醉心于生态系统提供的社会经济价值的实现上。其他一些人则会因为个人原因而侧重于左上象限。这些人从事生态修复工作，一方面是因为生态修复工作满足内心亲近自然的需求，另一方面也是为破坏环境的行为进行自我救赎。而另外一些人基于文化方面的考虑，如一位老师兴奋地期待借助校园修复项目，将学生们的生态素养提高到一个仅靠课堂教育难以达到的高度。

不论个人观点如何，最重要的是每个生态修复的参与者，都能意识到四个象限的价值存在。这种广泛关注的现状使最初旨在实现单一象限价值的既定目标变得更有意义。事实上，许多修复项目的既定目标只涉及满足一或两个象限的价值。我们认为每一个成熟的、完整的生态修复项目，不管其预期目标怎样，都应满足图 2.1 中的四个象限的要求。我们现在讨论一些更加重要的价值，这些价值通过生态修复在每一个象限内都可以实现。

生态价值

从客观、科学的角度来看，生态修复的关键生态价值在于将受损的生态系统恢复到生态完整与健康。反过来说，这些价值通过项目地点的一些干预措施的实施，达到恢复受损的生物物理学条件的目的来实现。在这之后，由于每个生态系统共有的生物活动，在没有人工修复的情况下，受损生态系统其他的一些生态特征属性也开始显现。这些生态特征属性包括生物过程的再次启动；生态系统不断增强的复杂性、韧性、自我恢复能力和自我可持续性；以及遵循生态轨迹，恢复生态系统的历史延续性。这些属性被生态学者视为重要的生态价值，将在第 4 章和第 5 章中进行更加详细的描述。最终，这些价值为支撑整个生物圈做出了如下贡献：调节大气层中的氧和二氧化碳的含量，促进太阳辐射的热反射，并为濒危物种提供栖息地。洛夫洛克（Lovelock 1991）引出古希腊神话中的盖娅女神的寓言来强调生物圈的互联性，暗示地球本身就是一个自我运行的有机生命体。盖娅女神论在生物物理学现实性的层面上，容易受到唯物主义科学的挑战，而它作为对生物圈整体方法重要性的提醒并不有用。我们在这里以及整本书中表明，生态修复可以为支持生物圈的健康发展发挥重要作用。

对于很多读者来说，生态修复的目标是显而易见的。但是我们需要在这里谨慎行事并说明一个观点，与所有目标一样，生态修复的目标也被一系列相关价值体系所左右。大卫和斯洛博金和兰克（2004）主张，诸如"破坏""修复""完整与健康"等都是主观的、带有价值的、缺乏科学客观性的术语。兰克写道：

> "例如，一个人对生态系统的"破坏"其实等于另一个人的"改善"。一个"健康"的生态系统既可以是一块可传染疟疾的沼泽，也可以是将同一块地人工改造之后集约化管理的玉米田。除了从个人价值观和偏好的角度看，这两种情况都不能视为是健康"（2004，45）。

抛开这些生态术语和条件的限制，我们同意生态修复是有效的。

在第 1 章中，在生态破坏和修复的科学背景下，我们界定了生态系统的完整与健康程度。当然这些术语不可能也不应该是毫无价值的。因为它们完全适用于在第 3 章和第 5 章提到的一些可以衡量的情形。

个人价值

谈到个人价值方面，我们给读者准备了一个问题，以此抛砖引玉：从个人和个体深层次的角度上讲，你为什么想要恢复受损的生态系统？基于该问题，我们总结了三种经常听到的答案。每一种答案都代表了一种价值倾向。

"因为生态修复让我用一种特别有意义的方式重新拥抱大自然。"

"重返自然价值"这一术语是由比尔·乔丹提出的，他将生态修复称作重新建立人与自然和谐关系或重新进入大自然的工具。乔丹（1986）表示有很多可以与自然亲密接触的方式。这些方式可以是以游览者的身份参与徒步旅行、背包远足、划独木舟、登山、观鸟或者研究自然活动，也可以更具开发性或交互性，包括打猎、捕鱼、农业、园艺，或采集野生植物用于食用或制作染料。与自然建立浅层联系并不像重返自然那样意义深远或令人心满意足。乔丹（1986，2）认为这些与自然接触的方式中，没有一种是"通过发挥我们作为人类的全部能力，"即作为自然世界的创造者、居民和真正成员，让我们完全沉浸在自然之中的。在这方面，生态修复为从业者提供了参与自然演进过程中的机会，这种人员参与的深度是从生态过程的表皮到骨髓的，而不仅仅作为一个被招来解决问题的技术工人浅尝辄止的。生态修复从业者与他们修复的景观之间存在亲密的联系。这种深入与联系的多重性鼓舞了从业者积极地修复受损的生态环境。而这种为扭转对环境破坏现状所做出的积极的努力使从业者感到满意。

在世界上那些富裕的、工业发达的地区，重返自然的冲动是根深蒂固的，且通常把其与娱乐消遣等同起来。令人愉悦的身心活动让我们暂时的从忙碌单调而又纷繁复杂的现世生活中脱离了出来，重塑自我。对于回归自然，除了欣赏之外，这里还有另外一个不可忽略的因素，那就是对大自然美的认同。或许巍峨的山脉并不那么常见，惊鸿一瞥的壮美之感也不过岁月的长河一瞬，但当来到你我的身旁，看那鱼竿甩动、鱼儿跃出水面的刹那，那近乎完美对称的身躯、那光芒万千的鳞片，无一不昭示了美的存在。这种感受就像是儿时第一次拨弄瓢虫的斑点，那份源于美的惊喜让人终生难忘。这就是深层次意义上的美学。生态修复工作者在找寻生态修复的过程中会慢慢地沉浸于充满美的感觉与回忆的世界。美学敏感度、文化归属感和身份认同感可以引导着我们进行生态修复。我们最终都会回归到文化价值上。

"因为我们面临着一场环境危机，而我要为此做点什么！"

这可能是大家从事生态修复行业最主要的个人原因了。作家兼记者的帕迪·伍德沃思（个人交流，2007）将之称为生态危机的响应价值（或简称环境危机应对）。这种响应价值认识到，整个地球以及全人类都面临着环境问题，我们最好现在就处理环境问题，以确保我们未来的福祉。生态修复是一项特别为世人所关注的解决方案，特别是那些愿意承担环境责任的人，因为这是一个阻止地球的毁灭显而易见的方法。

"因为这可以让我感受到与自然同在。"

从业者可能会突然意识到，他们与被修复着的生态系统已经存在着密切联系，并最终无法区分（克莱威尔，2001）。这种强烈的直觉或感性意识会在日常工作中意外出现。这是非常个人化的、主观的体验，难以被理性化、简单描述。我们并不知道这种体验具有怎样的共性和个性；然而，我们怀疑它的存在不具有偶然性，并且从业者可能因为觉得这些体验太个人化了，而不能分享给他人。我们跟随生态修复团队在进行实地调研中发现，当工人用一个下午的时间在修复地点种植苗木时，我们经常询问他们是否感到与所修复的生态系统达到精神上的物我合一的状态。有那么一些人会不可避免地达到这种状态。我们把这种意识暗指为个人对深层意识或与自然合一的超越。

重返自然、应对环境危机、达到物我合一的体验即是使生态修复深入到我们内心的强劲驱动力。我们可能会合理地认为选择从事生态修复相关工作，是因为我们在大学里学过这方面的课程，或者因为我们得到了从事修复工作的公司或机构的一份工作。我们之所以选择或考虑那份工作，很可能是因为它与我们实现一个或多个相关价值观的渴望产生了共鸣。

是否真的有必要在一些人还没成为从业者之前先了解他们的动机呢？也许不是，但我们认为任何进入生态修复这样新学科的人，应自觉了解选择生态修复的目的并且认识到修复的重要价值。这不仅会让从业者在这样的深度理解中受益匪浅，还有助于以不同方式参与生态修复的人，包括管理者、融资者以及那些制定自然资源相关公共政策的公务人员去了解生态修复的意义。如果他们都认识到修复生态系统的重要性并且将对这项事业的耐心和奉献贯彻始终，那么每一个人都可以从相同的价值基础上获益。

社会经济价值

我们依赖自然，并且不断向自然索取着各种资源，如用以呼吸的空气、饮用的水、消耗的食物、实现小康生活和推动城市工业基地发展的原材料。我们同样依赖并珍视自然来稳定土壤，使其免受侵害、调节地表径流、免于洪涝灾害，同时还提供许多其他的生态系统服务。我们对这些自然价值的重视程度取决于我们的生活之处和所从事的工作。许多城市居民对这种依赖性的认识只是略知一二。而那些农村居民，特别是生活在自然资源贫瘠地区的农村居民对此有更清晰的认识，因为他们的生存和福祉直接依赖于大自然的馈赠和生态系统服务。另外，在即将展开讨论的第 10 章；会介绍尚未被现在的市场行情认识清楚的自然的真正价值，而且尚未受到公共政策制定者的高度关注。然而，鉴于人们对环境问题给予持续的关注，包括生物多样性加速且不可逆转的丧失和全球气候变化等一系列问题，许多专业人员正在清楚地重新评估这一领域的个人和社会价值。

生态系统源源不断地向我们提供经济生活所依赖的原材料和生态系统服务。这些原材料和服务是不需要花费成本就可以方便获得的。相比之下，农业和制造业的产品则需要成本投入，而且进行农业和工业生产所需的工具也需要花费成本。生态系统所提供的自然原料的丰富性和重要性在最近的跨学科工作中获得了更好地普及，参与这方面工作的如韦斯特曼（1977）和戴利（1997），以及意义非凡的千年生态系统评估项目（MA 2005）和近期的 TEEB 研究（生态系统和生物多样性经济学：TEEB 基金会 2010；TEEB 2011；http://www.teebweb.org/），涉及众多领域，参与者包括经济学者、管理者、财政官员、政策制定者、普通观众和商界精英。一些更重要的也更常见的自然原料在表 2.1 当中排列出来。温带地区的一种重要的自然原材料就是竹子，图 2.2 展示的就是正在等待加工成新闻用纸的竹子。

生态系统产品抽样	表2.1
用于建造的木制品，例如木材、柱子和枕木	
用作覆盖和铺垫的草类，由棕榈叶和草组成	
纺织品和绳索需要的纤维	
家庭烹饪取暖用的柴火和木炭制品	
牲畜在草场或者牧场食用的饲料	
为家畜储备的干草料	
制作药品的药用植物	
纺织品、食物和化妆品所需的染料	
从植物提炼的树胶、松香、乳胶	
蜂蜜和油类	
植物食品，如根、坚果、浆果和蘑菇	
仪式用自然原料，如薰香	
海产品包括鱼、甲壳类水生动物、大型藻类和海洋哺乳类动物	
大量由脊椎动物和无脊椎动物制成的肉制品，用于食用，并利用其兽皮、筋、骨头、牙齿、鲸脂和其他原材料	

图2.2　从印度的自然生态系统中收获的竹子正堆叠在一起，准备用于制成纸张

　　这些自然产品中的大多数的确都存在人工合成或人工培育的替代品，至少对于从经济全球化获益的资产阶级是这样的。但是对于大部分人来说，当地几乎没有替代品。此外，通过成本收益分析可以看出，使用替代品会引发全球制造成本提高，而这种情况应该尽量避免。如果我们还考虑到生态系统提供的各种自然生态系统服务，这种反思就更有意义了。表2.2列出了对人类有价值的生态系统服务。

　　那些管理和调控自然资源的人将自然原料和自然服务统称为生态系统服务。我们的经济结构和社会结构和与生态系统服务唇亡齿寒，休戚与共。在第10章我们将探究通过生态修复来扩大生态产品的规模，增加生态系统服务的种类和数量，并以此缓解贫困，降低失业率，保护那些因为环境恶化以及生态产品和服务缺乏而受到牵连的难民。

文化价值

　　我们在生态修复当中所取得的价值在文化方面是具有共享性的。生态修复既致力于修复人们肉体上所需要开展的休闲活动的地方，例如公园或者保护区，又致力于修复人们心灵上所需要的神圣区域，以此感受精神和宗教意义上的洗礼。图2.3展示了位于印度一个山顶的圣林，图2.4展示了为精神目的而造访圣林的村民。当对国有土地进行修复时，我们可能要参与到当地相关管理工作的程序当中，而这些土地正遭受着过度的旅游开发和娱乐使用，如滑雪场或者小径，还有被越野车横贯的沙丘。我们还可能会加入一项社区工作，清理疏通那些被污染阻塞的溪流河道，并且恢复滨水区域沿岸的森林生态系统，通过这些方式努力吸引本地鲑鱼重新返回上游繁殖区。

当对生态修复志趣相投的人为了提升当地的景观生态而参与到社区的生态修复项目中时，会引发起一种强烈的场所感和集体感（克莱威尔 1995）。这类项目已经赢得了市民们的称赞，甚至让参与者喜结连理（霍兰德 1994）。20 世纪 90 年代初期，社区型生态修复项目的出现带动了一场以地方为基础的运动。这成为对二战后在冷战思维影响下，美国人经常变换住所地理位置的一种回应。这种迁徙式的生活方式把人们抛入到一个他们一无所知、毫无归属感的环境。新居民在做土地利用决策时，考虑并不周到，而这导致了居住地环境质量的恶化。这种社区型组织方式也被非政府组织所采纳，应用于如下区域：南美的热带城镇、马达加斯加岛及其他原始丛林的边缘区域。这些地区的大多数人都是新的生态难民和移民，因为他们既没有文化上的根基，也没有足以支撑生存的农业传统。

生态系统服务案例	表2.2
通过植物树冠截流和吸收雪融水保护水源补给区，同时截留地表径流，使其渗入土壤蓄水层，留待以后使用	
通过湿地降低洪水泛滥的可能性，并补给地下水	
通过植物根系固定土壤和根际微生物环境，减少土壤腐蚀，进而减少沉积物	
通过单位体积内生物量和沉积碎屑的脱氮作用以及矿物质营养盐储存，完成过量营养物质的转化	
通过有机物和土壤中的其他胶体物质固定和吸收重金属、农用化学品、致病生物、污染的雨水和工业污水	
通过森林和其他地面植被清洁和净化空气中的微粒	
通过水生、湿生植物吸附表层的有机物颗粒和过滤水体，对水体进行净化	
利用主要树木植被衰减噪声污染	
通过腐殖土和矿物土结合或腐叶土和淤泥的分解更新表层土壤	
保护生殖质（基因材料），例如祖先耕种的植物和驯养的动物，要防止近亲交配，寻找抗病基因，发展新的经济品种；当然，等位基因的保存也是生物多样性保护的体现	
农作物生命周期的完成通常需要自然的栖息地，尤其对于农作物来说，要保护花粉传播所需的栖息地	
对于食肉的节肢动物（像是昆虫、蜘蛛）或者其他作为庄稼害虫的捕食者而言，其生命周期的完成也需要栖息地	
要为那些稀有的、濒临灭绝的、受到威胁的和列入世界自然保护联盟红色名录的动物提供栖息地，也需要为能够狩猎的动物（如鱼）保护栖息地	
稀释水中和土壤中的酸度	
调节大气层中氧气和二氧化碳的浓度	
保护野外休闲区域，提倡生态旅游	
通过太阳热辐射的耗散减少来抑制极端气候的发生	
通过海岸缓冲波浪作用、海啸和风暴潮的影响	

图 2.3　印度中西部山顶上的神圣小树林，周围是部落村庄入口处的牧场。这片小树林正在进行生态修复，以扩大其规模，并恢复由于家畜无限制放牧而失去的生态系统健康

图 2.4　印度的一处部落居民向保佑他们的地方神做完礼拜（一种尊敬的行为）后离开圣林

对教育和研究的知识追求是根深蒂固的文化价值。为了提高生态学知识的普及度，许多生态修复的案例已经走进了校园和大学课堂（Orr 1994）。位于威斯康星大学植物园内著名的柯蒂斯草原修复于 1930 年，以便在交通受限时允许大学生进入草原进行生态学研究（Jordan 2003）。

进行生态修复的一个主要原因是保护生物多样性——也被称为恢复栖息地。生物多样性有着广泛的价值诉求，这一点已经被许多学校和媒体节目所证实。"生物多样性价值"这个词语已经在大众媒体和科学媒体都广泛提及。当然，生态修复参与者所理解的生物多样性内涵，是普通民众通过有线电视上的自然节目所无法了解到的。

生态研究可以看作是一种文化事业，就像教育一样。哈珀和布拉德肖（1987）关于生态修复是否是生态理论的严峻考验的观点被频繁引用。这种观点是乐观的，因为生态修复过程是具有连续性和累积性的，而这限制了测量单一变量的能力。然而科学的研究规划和统计学的方法可以帮助修复学家们解决这些问题。

因此，生态修复价值的驱动力是多样的。大多数文化背景的人们都可以涉及其中的某一部分。这是一种乐观主义精神，那就是生态修复一旦被公众所接受，那么我们则会走上解决 21 世纪棘手环境问题的康庄大道。

组织结构的子整体和领域

图 2.1 的四个象限是从图 2.5 当中提取出来重新绘制的，并且从肯·威尔伯（2001）那里引用了两个附加的属性。这个示意图包含了四条轴线，由此划分出了四个象限，由中心引出的虚线又将每个象限再次划分。挑选出来的价值都标注在了虚线上。这些值的排列方式使每一个值都建立（或合并）在靠近中心的相邻值之上。威尔伯称每个轴为子整体。四象限模型的中心点是子整体的源头。每当我们开始设想一个新的生态修复项目时，它总会有一个理想化的价值预期。

子整体是由连续的各种要素组成的，这种相互关联性对生态修复四象限模型的建立是意义重大的。

割让元素是生态恢复四象限模型的核心。围绕中心点的那些生物物理范畴的价值是关于物质需求的，与生物物理学的和社会组织的人口统计数量相关。在图 2.5 中，将生物物理学范畴向外延展即是概念化范畴。下一个全子元素是概念性的，并与我们赋予的生物物理领域元素的意义有关。尽管这些元素包含生物物理元素，但它们在亚里士多德学派中是智力的、有逻辑的，而不是形而上学的，没有它们，就没有什么可概念化的东西。最外层的直觉范畴超过一般思考过程，直到感性洞察的层面。这些直觉体验是偶发的且难以理解的。我们与直觉范畴的认识与托马斯·库恩（1996）的想法

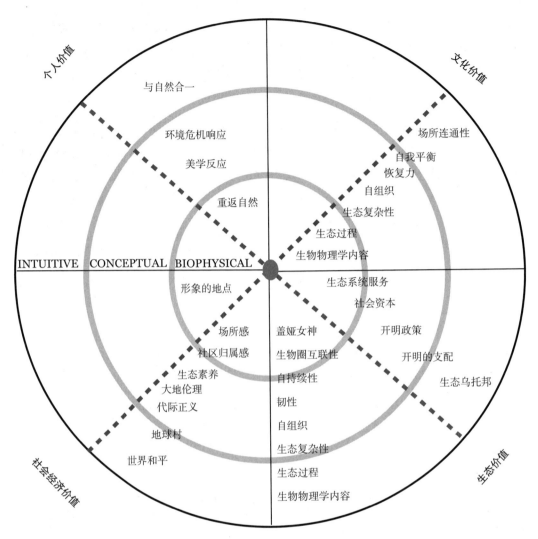

图 2.5 生态修复四象限模型展示了四个象限（个人的、生态的、文化的和社会经济的价值），展示了四个子整体（从中心点引出的虚线划分开），也展示了从每一个子整体挑选出来的价值。同心圆表明了各种价值在生物物理学上的、概念上的和直觉领域上的相互关系

相一致，库恩在他的经典著作《科学结构的革命》（122-123）中提出，所有的科学上的发展都是由在假说的演绎和数据的分析过程中的灵光一现所推动的。从这个角度说，我们回到了更类似于柏拉图提到的《理想国》中所描述的状态（Rouse 1956）。

在生态价值的象限当中，子整体由普遍存在的生态特征组成，这将在之后的第5章里继续探讨。这个子整体始于生物物理范畴，涉及生态系统的生物物理属性。中间发展部分属于概念化范畴，涉及生态过程以及复杂性、自组织性、韧性、自持续性等生态系统属性。以上生态系统属性都有助于实现生物圈的持续性和互联性，这就属于直觉范畴了。

子整体中的个人价值象限是从重返自然价值、个人审美价值开始的，从而满足个人的审美反应。这两种价值促使个人积极应对环境危机，这是对生态系统损害的反应。作为一名生态修复从业者，会慢慢地产生一种与生态系统的交融感。这是一种实现与自然的物我合一的认识，也是一种在生态修复过程中重拾自我的心灵历程。

社会经济价值的子整体开始于生物物理学范畴的生态系统服务。对于生态系统服务的认识刺激了社会资本的投入，而这些资助者都是那些真正认识到自然区域提供的生态系统服务的人。这种政治共识同样推动了开明的公共政策的出台，同时，这些政策也推动了自然区域的培育保护、管理和修复，与自然资源的合理分配、明智利用。这些处理方式最终将在那些人与自然和谐共存的区域产生理想化的未来国家或者文化。我们借用了《生态乌托邦》（Callenbach 1975）这本小说的标题定义这种理想化的生态模式，它是一种充满生态智慧和生态文化可持续性的文明社会。这些元素和价值都是层层递进的，如果没有它们依赖的之前的元素，每一个元素都不可能存在。

文化价值子整体始于生物物理学范畴，如富有文化内涵的公园、圣林等具有标志性的景观区域。对标志性景观区域进行以社区为基础的生态修复可以激发社区的场所感与社区归属感。在这一过程中，会增加民众对生物多样性内涵的了解，进一步提高民众的生态素养。最终，会将奥尔多·利奥波德（Aldo Leopold1949）提倡的大地伦理理念再往前推进一步，并达成共识。这种意识进步会让大家认识到，如果想要更好地保护和继承环境文化价值，就必须分担文化责任。这种认识也会激发民众对代际公平的关注。具备大地伦理意识与代际公平意识的文化，会克服贪婪倾向，且会树立起以同情和责任作为潜在驱动力的伦理观念。如果同情心和信任感的种子播撒人间，那么不再依靠军事条约和军事手段，世界和平就近在眼前。从这个角度上讲，子整体已经进入了直觉范畴。

四象限模型当被绘制成二维的图像时，有一个特征在图 2.5 的二维模型中不易被发现。这一特征即，在直觉范畴，各价值要素是融为一体的。如前所述，我们所要完成的是对生态乌托邦、世界和平、物我合一和生物圈互联性的一次全面的征途。没有世界和平，没有生物圈的可持续性和互联性，就不可能实现生态乌托邦。世界和平与个人内心的平和是紧密相关的，二者都属于直觉范畴。图 2.5 开始于整体的基础，然后分出四个象限。生态修复的项目的相关组成部分正如每一象限展现的那样是可以辨识的。最后，它们又重新回到直觉领域。这种整体性在图 2.5 向图 2.6 的变化中一目了然。

那么，我们是否就可以认为生态修复不是一个单向度的活动？相反，在每一条轴线和基本的、必需的、不可分割的四个象限的所有子整体中，它们都是浑然一体、不

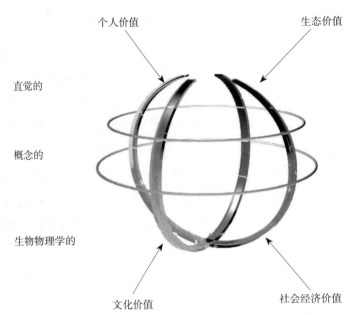

图2.6 生态修复的四象限模型，展示了一个动态变化的四个向上弯曲的拱形的子整体，它从生态物理学范畴的底部的相交点分离，又重新在顶端的直觉范畴相聚

可分割的，这是所有学者和管理者各方面共同努力的结果。即使这种融合并没有实现，仍不可忽略其中的各个要素。我们在这里费尽心思所要阐释的基本观点就是，生态修复在人类生产生活的诸多领域都扮演着重要的积极角色。例如，气候问题的解决需要依靠生态修复，而其他的一些技术策略的落实需要依靠开明的公共政策与管理，一场文化革命会使全球社会实现可持续发展和世界和平的理想状态。

我们有时候会提到"生态修复承诺"。这个词语看起来具有诗意，听起来也仅像是一种让人感觉不错的概念，但是我们可以预见生态修复的胜利女神正在不远处向我们挥手。"生态修复承诺"这一理念提供了将生态修复中严谨与热情交叉并存的可能性。这是一种理想主义的存在，都与图2.6中的直觉范畴相关。生态修复的价值潜力巨大，因为正如本书开始部分论述的那样，我们在保护自然回报自然的同时，大自然也在哺育着我们。

第 3 章

干扰与损害

我们人类善于操纵生存的生物物理环境。而我们的远古祖先为了保障生存和维持生计，除了被动地改变着自己居住的生态系统之外别无选择。在这方面，他们与其他动物物种并无差别。水獭阻断溪流，彻底改变了流域的自然环境；亚洲大象生活的森林廊道则发展成了以竹子为主的生态系统，这些生态系统都是因为大型野生动物迁移时造成的机械性损伤而发展起来的。白蚁构建巢穴所使用的复合材料不仅具有复杂的热力学特性，而且能对土壤产生极大的影响。甚至连真菌和细菌都可以通过分泌含有可消化有机物质的酶来改变它们的生存环境，以适应其自身小尺度。

现如今，迅速增长的人口对全球生态系统资源的需求正在逐步增加，已经对生态系统造成了极大损害，生物圈和几乎整个地球生态系统都在持续退化。世界人口在过去一个世纪已经翻了 3 倍，而众多贫困地区的人们却只能勉强维持生计，一部分原因在于他们为求生存而开发生态系统的传统模式，更重要的原因是由于人类社会内部和社会之间公然存在的不公正和侵略。过度放牧家畜和过度采伐作为燃料的木材是第一个问题的普遍例子。战争和殖民侵略是造成第二个问题的主要原因。与此同时，印度生态学家加吉尔（1995）针对一小部分富裕人群提出了所谓的"生物圈人"概念，这一小部分富裕人群在各个方面对生态系统资源和服务的过度需求，威胁着全球生态系统的完整性、健康和可持续性。作为 21 世纪初为了争取更多社会公平和更加可持续发展的生态战略，生态修复力图修复生态损害、并解决上述问题，从而帮助消减日益增长的人类生态印记和足迹对生态的影响，这一战略应当受到重视。

修复主义者是否也应该尝试修复和恢复受到非人类活动影响的生态系统呢？即使没有了人类的"帮助"，山峦会倒坍，森林也会掩埋于废墟之下。但是，假定的自然生态损害有时是由人类因素介入或加剧的。森林在遭到砍伐后，山体将会滑坡，土壤也将暴露于不受控制的侵蚀之下。如果这些沿海红树林森林之前没有被迁移的话，本可以减轻 2004 年印度洋大海啸对生态的破坏。有些人则会认为，此种情况下的修复是对环境的干扰，并且是另一种人类掠夺自然或忽视自然周期和规律的手段与狂妄，除了哲学层面上的反对意见之外，也经常会有经济等理由主张恢复非人类活动造成生态系统损害，从而恢复服务的流动，维护人类利益，保存人类的全部价值。尽管如此，当前几乎所有的生态恢复项目都是针对人类所造成的损害，在本书中，我们也将重点关注这些情况。

然而，在受到自然灾害威胁尤为强烈的某些区域，灾害发生之前就开始寻求恢复受损生态系统的方式，可能会更有效，也更具有社会吸引力。2005 年，卡特里娜飓风所造成的新奥尔良财产损失因为之前对潮汐沼泽的破坏而大幅增加，若非如此，风暴潮带来的损失将会大大降低。当卡特里娜摧毁了城市中大部分尚未完全恢复的地区时，那些多年来一直提倡恢复潮汐沼泽的人的主张得到了证实。很明显，在我们恢复水源湿地以消纳融雪和春季降雨之前，密西西比河流域几乎每年一次的破坏性洪水并不会减弱。在此之前，城市都将继续遭受着像 1993 年密苏里州圣路易斯郊区和 2011 年田纳西州孟菲斯市那样的洪水。在过去的两个世纪里，许多水源地被排干以扩大农业土地面积，但现在是重新评估这些行动的时候了。

我们继续细述干扰的自然历史。由于环境的干扰，生态修复是十分必要的，但并非所有的干扰都需要进行生态恢复。相反，许多干扰对于维持生态系统的完整性和确保长期可持续性是至关重要的，修复工作者需要区分不同程度和类型的干扰。

干扰

干扰，有时也称之为扰动，是科学家用来描述生态功能的严重破坏和生物特征改变的科学术语，特别是在生物量和群落尺度上。许多干扰源于外来（外部）影响，如长期干旱、洪水或缺氧；极端温度事件、严重泥石流、火灾或盐度冲击。当然，我们必须承认由于考虑不周的土地利用活动所造成的损害，例如过度放养牲畜，采伐清除多龄木材，开采石油、天然气或其他资源，以及忽视景观生态学基础的城市或交通基础设施安装。当由预期引起的内部过程——如森林中树木倒下形成的林冠间隙，或由于穴居哺乳动物挖掘导致的矿质土壤暴露干扰被认为是内源性的。换句话说，它们有助于恢复生态生产力和维持生态系统连续性的正常干扰机制。

如果外部干扰事件引起净生态变化或改变，则称为"驱动因素"，如果它们引起突然变化，则称为"触发因素"，如果它们导致生态系统从先前的稳定状态转变为具有对比生物群和功能性的替代稳定状态，则称为"强制因素"。强制因素通常是人为因素，包括家畜长期密集放牧，定期割草，火灾和导致土壤变化的做法，如机械设备或牲畜集中所造成的土壤压实。外部干扰因素不应与代表特定生态系统正常环境条件的因素相混淆。例如，在大多数海洋环境中，盐度升高是正常的。干旱期间过度蒸发可引发高盐期，这代表了河口和其他沿海生态系统中的外源性干扰事件，但高盐期在开阔的海洋中并不存在。

生态系统应对干扰的反应

多种类型的干扰都有可能会发生，每一种也都具有不同的强度级别。它们会引起不同程度的损害，也会引起生态系统的广泛反应。干扰（不包括正常的干扰机制）大致可分为三种类型：

1. 强调维护生态系统的完整性；

2. 适度的干扰，生态系统可以在没有帮助的情况下及时恢复；

3. 更严重情况下的损害，可能需要人为干预，以防止其发生不可接受的转变，成为另一种生态活力可能较少的替代状态。

"压力"会暂时阻碍生物量和生产力的增长，但不会威胁到生态系统的完整性和健康。恰恰相反，"压力"可能会灭绝或压制非该生态系统的本地动植物，或在先前的"压力"事件之后定居的动植物。如果不加以控制，这些非典型或入侵的有机体可能会成功竞争上位，并将生态系统转变为另一种状态。周期性压力事件阻止了转化并维持了生态系统的完整性。反复出现并阻碍非特征物种建立的干扰称为"压力源"和"干扰过滤器"。压力源和扰动过滤器都被列入驱动因素或触发因素。受压者在生产力和生物量方面确实受到了损害，这是为确保生态系统的完整性和健康而付出的生态代价。所有的生态系统在某种程度上都可能是由压力源维持的。

"热原"（由火产生和调节）生态系统是由火作为压力源维持的，通常会阻止木本植物——或至少那些形体大或覆盖面积较宽的木本植物——形成植物的地上部分被火吞噬，但是它们会直接从其多年生繁殖结构（根状茎等）中恢复生长。火灾的长时间停止通常会导致"热原"生态系统转变为另一种高度对比的状态。预防火灾是一种常用的私人和公共土地管理技术，包括美国和澳大利亚等国的国家公园均在使用。

其他类型的压力源包括冻结温度，潮汐环境中的盐度冲击，其中盐水含量受到浓度快速变化的影响，以及通常在湿地中呈季节性地发生的土壤缺氧。在每一种情况下，不耐压力的入侵物种都会被消灭或控制。压力事件通常以预期的规律性重复再现，并构成所谓的干扰机制。这些反复出现的干扰是生态系统的特征，因此，在该生态系统的变化范围内，这些干扰可以认为是长期存在的、进化上稳定的先例。例如，如果改为间歇地放牧，那么被家养或游牧的草食动物群大量放牧的草原将会恢复。如果所有的放牧停止了，系统很可能会切换到一个新的轨道。在生态修复工程中，区分维持生态完整所需的正常压力源和更加密集和更加具有破坏性的干扰源是至关重要的。尽管它们的自发恢复相对较快，但并非所有的压力事件都能保护生态系统的完整性。

中度干扰比通常反复发生的压力事件更加严重，但并不足以造成损害。其结果是一定程度的破坏，而这种破坏可以通过生态系统固有的恢复力来弥补。回弹的过程即是恢复生态系统健康和完整性的响应网络。尽管人为干预可以加速恢复，但这是不必要的。正如已故生态学家沃尔特·韦斯特曼（Walt Westman 1978）早前所指出的那样，恢复力可以通过受损生态系统受到干扰后恢复到原来状态时结构和功能恢复的程度、方式和速度来衡量。霍林（1973）和冈德森（2000）首先将恢复力定义为生态系统从干扰中自我恢复的速度，并由此推断出其在受到干扰后自我恢复的能力。就我们的目的而言，简单地说，如果一个生态系统有足够的复原能力，能够在没有帮助的情况下从干扰中恢复过来，并且是在一段看似"合理"的时间内，那么通常就没有必要恢复它。虽然有些复杂，但我们可以看出，恢复力也可以说是描述生态系统在转变为由一组不同过程控制的替代状态之前所能承受的干扰程度。例如，在气候变得更热、更干燥的情况下，一个森林生态系统能够承受多大的变化，才能达到一个不可逆的临界值，并转变到另一种状态，如灌木丛或灌木林？类似的，外来入侵物种的影响——我们在本章的后面和其他地方将要讨论的话题——似乎已经到了一个不可逆的地步，现在也被称为"临界点"。在未来几年里，修复主义者经常会遇到这种情况。

在决定是选择模仿场地以前的历史状态作为修复目标，抑或选择在一系列新的环境条件下维持自身作为修复目标时，恢复加另一个定义就变得非常重要。如果恢复是针对未来的状态，那么它应该是一个不受干扰的生态系统所可能发展的应对持续环境变化的恢复。换句话说，未来的状态是根据该生态系统的历史轨迹延续来预测的，以响应外部条件的预期趋势。在第 7 章中，我们将更详细地讨论这个话题。

其次，不管是突发性的还是长期的、第三级的干扰、损伤都是由严重损害所引起的。在这些情况下，恢复力被压制，生态过程开始停止或显著改变，有时可能就是永久性的。生物的多样性被改变了。如果发生自然（自发）恢复，便是长期的，通常是以显著的生物量转变为标志，这可能由多个（演替）群落组成的阶段表现出来的。生态恢复是一种特殊的损伤解毒剂，可能是重新启动或加速恢复的生态过程的唯一选择，但并无法保证自发恢复或修复会回到损伤前的状态。

探索这些问题的一个重要的领域是世界上最大的生态系统——深海。令人信服的证据现已出现，深海生物群及其栖息地可能已经达到了一个临界点，这是由于不加区别地开发渔业（包括无意的副渔获物）；渔船对底栖栖息地的冲刷；污水、其他污染物和固体废物的排放；以及采矿作业的排放。随着石油和矿产开采量的增加，特别是在大陆边缘的深部以及更深处，这个问题很有可能会继续恶化（Levin and Day-ton 2009）。受损的海洋环境有望为生态恢复学家带来了新的机遇和巨大的挑战。

退化、损害和破坏

现在让我们来比较退化、损害和破坏，它们是三种有些相互重叠的干扰方式。退化发生在干扰长期持续但并不严重时。这可能是由慢性、低级别的干扰引起的，例如当一个自然区域被长期过度放牧家畜时。退化也可能是由于一系列间断式的轻微的影响引发的，使频率控制在影响事件之间处于不能完全恢复的程度。例如，森林以超过其更新率的频率对森林中个体树进行砍伐，以降低它的规模。最理想的物种便是通过这种做法去除的，这种做法称为"高等级"，而阿图罗·伯卡特（1976）将其恰当地称之为是"人为消极选择"。最理想的木材树被逐渐砍伐和去除，从而导致其被更不尽人意的生态质量和价值较差的物种所替代。令人遗憾的是，这在历史上一直是全世界人民的普遍做法，在还尚未考虑到未来的时候，一种资源的最好部分就已经耗尽了。马达加斯加的第一批猎人首先灭绝了最大的狐猴。大约在 45000 年前，最先抵达的原住民很快就在澳大利亚灭绝了最大袋鼠种类，作为他们的食物。长期的和间歇性的干扰会逐渐削弱生态系统，直到生态系统达到生态阈值，超过此生态阈值将无法在与人类相关的时间范围内恢复到原来的状态。这些需要我们以改进管理实践、限制过度开发的法规和生态恢复的形式进行干预。

与生态系统受损前的状态相比，替代性退化状态通常简化了生态复杂性，在大幅降低生物多样性，丧失了提供生态系统服务的能力。然而，由于单一入侵物种占据主导地位，导致的一种改变的状态也可能具有恢复力，例如金雀儿（Scotch broom）和白茅（cogon grass）。因此，重要的是避免将弹性等同于从社会角度出发的先天优势！从人类的角度来看，当有问题的生态系统向社会提供稳定的生态系统服务，并且似乎能够适应不断变化的环境条件，表明进化的"引擎"正在发挥作用时，恢复力才是可取的。

其次，损害是适用于在单一、急性冲击或干扰事件中发生的重大干扰或损伤的术语。假如没有进行恢复，损害有时会变得非常严重，甚至导致生态系统被改变并转向替代状态。引入生物种群之前，作为一种干预措施，在恢复期间投资修复受损生态系统的非生物基础设施是很有必要的。损害和退化不仅仅是受损生态系统的唯一特性。压力和中等干扰也可以表现为退化和损害。

破坏是《SER 指南》（SER 2002）中确认的干扰的最终表现。在陆地生态系统遭到破坏的过程中，基本上所有有机物质，包括生物和碎屑的生物量都被去除了：想象一个回填的露天矿场。如果发生了恢复，则需要为所有植物物种招募，或有意引进种子或其他繁殖体，同时恢复或替换土壤及其生物群。在水生系统遭破坏的情况下，非生物环境的重新设计和工程设计通常是至关重要的，只要未切断与其他水生系统的连通性，

图 3.1 移除原生生态系统后形成的沟渠。为防止未来出现沟渠，在沟壑填满土壤和植被之前，可能必须每隔一段时间安装由石块或其他坚硬天然材料组成的地下检查坝

之后大多数甚至于全部的水生物种将通过其固有的流动性重新出现。形成沟渠是局部地区的一种常见的破坏形式（图 3.1）；然而，由于对下游小流域水文和沉积的破坏，其有害影响可能覆盖更广的区域。

退化、损害和破坏之间的关系可以做出如下说明。个别树木的砍伐频率超过其更新率，森林就会退化。或者，同一片森林可能在某个单次事件期间被砍伐掉全部的树木，那么它将被一次性破坏。如果砍伐导致土壤失去稳定性并受到侵蚀，就会加剧损害。如果森林的砍伐造成了山体的大量流失（滑坡），又或者如果有意挖掘土壤以暴露煤层，以便露天开采，那个森林可能已经彻底摧毁了。

损害的生态后果

在一个经历退化、损害或者被摧毁的生态系统中会发生什么？还是过去曾经被人们有意改造的，现在却处于人们认为不理想的状态或状况？答案取决于场地；但是，一些后果还是可以被提前预测的，尤其是在陆地生态系统中。这些结果包括典型物种的丧失和广布物种的增加，入侵物种定殖，群落结构的简化，微气候被破坏，有利土壤特性的消失，矿物养分保留能力降低，以及水分状况的改变。简而言之，损害简化了生态系统。在这里，我们将描述这些可提前预测的后果以及其他三个后果——营养级联、荒漠化和盐碱化——当人类对资源的管理出现问题时，这些后果可能会影响整个景观或地区。事实上，生态系统的修复研究和实践的重要前沿领域涉及生态系统之间的相互作用：如果一个系统受到严重压力，那么对同一景观中相邻或相互关联的系统有什么影响？相反，如果一个生态系统得到恢复，我们能否期望邻近生态系统中的一系列积极影响？

典型物种的丧失和广布物种的增加

植被覆盖的根本变化通常是生态系统遭到损害和简化的明显标示。当一个生态系统受损时，在这个生态系统中生长的植被覆盖往往，至少会有一部分，被快速增长的杂草、灌木替代，或者有时被一些树木所替代，这些树木在生态系统受损之前并不显眼，有些甚至并不存在。这些替代者不需要专门的栖息地，并且可以忍受不稳定或者物理扰动的场所条件。因此，它们被称为广布物种。这些物种往往会定期大量地生产种子或孢子。木本物种在较早期繁殖，通常会产生小种子和果实。广布物种放弃了其具有压倒性繁殖能力的竞争潜力。麦克阿瑟（McArthur）和威尔逊（Wilson 1967）将这些植物归类为 r-strategists（r- 战略者）这个术语，这种植物通常被称为 ruderals（杂草），这个词最初意味着在瓦砾上生长的植物。受到干扰后，广布物种的入侵通常会增加物种组成，乍看起来似乎会增加生态系统的复杂性，而不是简化生态系统。然而，生态系统结构被简化，随着受干扰的特殊植物物种的损失，以前的生态复杂性大大降低。但是，简化的是生态系统结构，再加上由于干扰造成的典型植物物种的丧失，以前的生态复杂性大大降低了。

相比之下，成熟和完整的生态系统中的物种往往具有竞争力和持久性。它们喜欢稳定的生存条件，如特殊的、分化良好的栖息地。它们的繁殖往往没有规律，至少不是大量繁殖。相反，它们将其光合作用（最终从光合作用中得到的碳水化合物和其他富含能量的化合物）专门用于营养结构，强化抗压和竞争的能力并增加其寿命。麦克阿瑟和威尔逊将 "K- 战略者" 这个术语称呼完整生态系统的典型物种，这意味着它们的生命历史主要取决于给定环境的种群承载能力（K）。

格里姆（Grime 1979）提出了一种替代补充的分析方案，他认识到植物物种适应环境的三个基本策略，即干扰耐受者、压力耐受者以及竞争者。他指出，大多数物种表现出这三种策略的组合。格里姆将竞争定义为相邻植物利用相同体积的空间和相同资源（水、营养、太阳辐射）的趋势。他将压力定义为限制植物干物质生产的各种外部限制，如极端温度；水和营养元素的长期缺乏；盐度、缺氧和阴凉处引起的渗透张力。

干扰是格里姆用于形容被某些方式减少或破坏植物生物量的过程，这些方式如暴雨和洪水、燃烧、食草动物、病原体、割草和践踏等引起的机械损伤。格里姆的 C-S-R 三部曲通常被绘制为三角形，并以"格里姆三角形"而著称，我们看到采用干扰忍受策略的植物倾向于占据高度不稳定的地点，被定义为 r- 战略者。格里姆往往将植物的竞争者以及压力耐受者称之为是 K- 战略者。C-S-R 分类可用于确定在修复项目的现场所要种植的物种的相对丰度。

并没有参考文献列出了 C-S-R 类别中的 K- 战略者和 r- 战略者或物种分布。随着对当地自然历史的日益熟悉，这些植物策略变得显而易见。实践者需要密切关注项目现场物种间进行这些策略的证据。在生态恢复项目中，苗木种植者倾向于收获 r- 战略者的种子，因为他们可以被大量获取并且容易生长。修复者倾向于种植 r- 战略者，因为他们的苗圃库存更容易获取且价格便宜。监管人员倾向于授权 r- 战略者的种植，因为他们能够确保受到监管的各方可以获得这些物种的库存。不幸的是，K- 战略者有时在项目地点的代表性不足，不利于生态系统的恢复。我们建议那些准备修复计划的人尽可能地制定 K- 战略者恢复计划，而不是期望这些物种自发回归。

入侵物种定殖

本地物种（也称为乡土物种）是那些自然存在于某个地方的物种，而不是已知的由人类机构有意或无意传送过来的物种。被人类机构从其他地方引入某个地点的物种（或非特异性分类群体）被称为外来的、非本地的、非乡土的、引进的或是外地物种。这些术语适用于植物、动物以及微生物。这些新来者通常在新的栖息地获得立足点，干扰当地物种的竞争。

通常在没有正常的数量统计学控制预防外来物种在本土地区扩散时，如果外来物种激增并明显替代了本土物种，就被称为入侵物种。虽然长期以来人们一直注意到外来物种的扩散现象，但对于被认定的入侵物种，近来才提出术语"入侵物种"以及相关术语"生物入侵"，但是对于什么时候能够将一个物种定义为入侵物种，人们缺乏共识。当生态系统受到损害时，本土物种有转变为入侵物种的倾向，这使得对入侵物种的认识变得复杂，尤其它们在异地生长时，也就是当它们占据之前未受干扰的栖息地或生态位生长时。

通常，"外来"和"本土"术语的使用限制太宽松，也就是说，没有遵守生物地理标准。欧洲殖民者引入西半球的植物和动物物种按理可能会被认为是入侵者。然而，与 1492 年相关的日期在非洲或欧亚没有意义。在地中海盆地内，生物文化融合已经超过 10 万年，在许多情况下，确定哪些物种是真的本土生物，纯粹是推测性的，在另外一些情况下是主观性的。一些入侵科学专家，例如佩谢克（1995），追溯到 10500 年之前，认为一种物种只有在全新世或新石器时期之前出现在欧洲，才可以视它原产于这。然而，如果一个物种随后出现，但此时还没有人类活动，是否应该认为它是本土物种？

许多生物保护学家和环境保护主义者主张灭绝或控制所有外来物种，特别是对于那些已知具有潜在入侵性的物种。在生态修复方面，我们也关注生物入侵，因为它们在早期阶段通过选择空间和利用生态系统资源阻止生态恢复，这些生态系统资源本来是我们想要重建的当地物种可以利用的。此外，外来入侵物种也损害了生态功能和生态系统的整体性。

常见的种群数量统计模式是在不被注意的情况下，外来物种在几年或几十年的时间内数量缓慢地增加（称为滞后时间），直到达到阈值种群数量为止。此后，它的数量迅速增加，其种群数量增长模式似乎达到"爆炸式"。例如，亚洲科贡草被引入了佛罗里达州，并且在那几年还不常见。在 20 世纪 80 年代初，它被认为是一种无关紧要的植物学奇观。在这一个 10 年即将结束之前，科贡草已经成为强势入侵物种，形成单一的特定群落，覆盖了该州广泛的受灾地区。

入侵植物通常需要用除草剂、割草、生物防治或针对入侵动物的杀虫剂、射杀和捕获等方式进行控制。否则，它们威胁到本土生态系统的完整性，并极大地改变生态系统的动态。然而，所有这些措施——尤其是生物防治——其自身就会带来环境危险。

只要不与本地物种竞争，并且如果它们在数量上，或只出现在路边等边缘地区，外来植物种类对成功的修复几乎不构成威胁。然而，在生态系统中，本土 r- 战略者具有特色，需要定期暴露在开放的生态位才能够持续存在，这样外来物种的出现就会有威胁。例如，VFT 2 说明了在法国的地中海草原植被，其中以本地一年生植被为主。最令人关注的是外来的 K 战略者，可能会阻止这个生态系统中的生态位更新，无限期地取代本地个体物种或全部种群。修复实践者充分熟悉当地植被，对于识别威胁和了解哪些是外来物种至关重要。

城市附近的外来物种问题可能会妨碍生态恢复的可能。鸟类以装饰了居住区花园的外来植物物种的果实为食，将种子散布到相邻的自然区域。本地生态系统可能因持续下雨，被这些发芽的外来物种的种子淹没。例如，在佛罗里达州塔拉哈西，一个在各个层次中都被外来物种（肉桂、女贞、阿迪斯、南迪那等）占主导的森林在 43 年内取代了一个本土的松木 – 阔叶森林（图 3.2）。

有时表现为入侵性的本地物种通常是葡萄藤和攀缘灌木，它们在干扰后繁殖成群，并且延迟甚至阻止在受干扰的地区自然再生。美国东南部的例子包括茯苓、葡萄、悬钩子属等。然而，这些更实际地被称为滋扰物种（Clewell and lea 1990），因为它们的竞争优势最终会消失，并没有持久的效果。它们推迟了但并没有阻止恢复。

图 3.2 佛罗里达州塔拉哈西以樟树（Cinnamomum camphora）和其他外来入侵物种为主的森林（Clewell and Tobe 2011）

　　其他明确为本地的物种可能具有入侵性。在英文中，我们没有词汇来区别这两种入侵。举个例子，美国东南部排水良好的高原上有肥沃的土壤，最初适于以橡树（例如星毛栎、南方红栎、美洲黑栎、马里兰栎）、山核桃（毛山核桃）和短叶松种类（棘松）为特征的橡树–山核桃和松树–橡树–山核桃林的生长，这些树种偶尔会被轻微的地表火灾烧伤。这些林地大多数在 17 世纪、18 世纪和 19 世纪早期被砍伐，用于集约化的农作物生产。此后，许多农田被撂荒并且在潮湿低地又遍布着依旧丰富的树木种子，这些低地区排水不良而无法种植农作物。这些低地树木森林（例如：火炬松、北美枫香、黑栎、目桂、野黑樱桃、美国红枫、白蜡和广玉兰）在遗弃的农业高地上生长出来。这些树木在高地上繁衍并维持了这个低地森林。由于茂密的森林结构提供了竞争阻碍了火势的蔓延和高地物种种子的匮乏，因此低地森林阻碍了原始高地物种的自然再生（Van Lear 2004）。地面火灾原本是数量控制的重要因素，使得低地种群的树木不能在高地定殖。根据布鲁尔（2001）和克莱威尔（2011）的说法，在高地生长为持续森林的低地物种的树木，符合本地入侵物种的条件，这些森林不能在高地恢复。有趣的是，克莱威尔和托比（2011）描述的松树阔叶森林最初由这些相同的本土入侵物种组成，这个森林在 40 年内被外来入侵物种所取代。

目前入侵物种占据的地球表面面积巨大，而且每年都在大幅增加。入侵物种在全球范围内对生态系统结构和功能造成了严重的生态破坏。随着新入侵物种的加速引入，这个问题就越来越多，而对于它们来说，受干扰的栖息地也越来越多。由于具有竞争优势，入侵植物物种可以有效地阻止大斑块中植物的繁衍。一些入侵性动物物种——各种大小和形状——可能对本地动物种群造成严重破坏。例如包括猪、山羊、老鼠、野猫、印度猫鼬、蜗牛、蜜蜂和蛇，以及无数的微生物。

一些生态学家和许多不太专业的观察家主张，入侵物种不能再被控制，而应该在新的生物学规范下被接受。这一主题正在引起热烈的讨论。一些忠实且善意的保守主义者，例如施莱普费尔等人（2011）指出，非本土物种提供了保护价值。其他人表示担忧，这并不意味着我们应该放弃保护和修复实践，而是从许多成功的运动中获得勇气，用我们掌握的一切手段控制或消除有害入侵者，并本着同样的精神继续下去，尽我们所能。

修复实践人员通常面临着一个决定——是否将有限项目资金分配一部分，以消除新的和未预料到的入侵物种，或是忽视它们，并将资金全部用于执行先前的修复任务。我们建议修复主义者打击明确构成威胁的入侵物种，不要通过试图消除那些暂时还没有形成威胁的入侵物种，或者在没有长期有效控制措施的情况下消耗预算。应该密切关注在其他地方侵入的新来物种，或者在入侵本地之前消除它们。然而，在项目实施的地点，修复主义者必须进行分类，进一步确定哪些入侵行为可以有效地消除，哪些入侵行为已成定局并且无法再被干扰。

最近的研究表明，通过利用与潜在外来入侵物种具有相似的生物生态学和功能特征的本地物种填充可利用的生态位，可以用来恢复抵抗–入侵的生态系统。这个想法是，本地物种将战胜外来侵略者。这种理论的检验将为修复生态学家直接与修复计划者和实践者进行合作创造极好的机会。如果证明该理论有效，它将在科学家和实践者的密切合作下实施。另一种策略是调整正在修复的地点的环境，以便有利于本地物种的生存，并阻碍外来物种种群的建立。

预防措施应成为抵御潜在有害生物分类群的第一道防线；与建立后管理问题相比，它具有更高的成本效益，并且避免了管理偶尔带来的不被希望的副作用。2002 年，《生物多样性公约》通过的关于对入侵物种的指导原则，主张采用分级方式：预防优先，及早发现，迅速应对，抵御失败后尽量根除，以长期管理为最后选择。

群落结构的简化

对生态系统的结构破坏会导致生态复杂性的全面丧失，最终导致生态功能受损。

如第1章所述，群落结构通常是其物种的大小、丰度、空间配置和生命形式分布的函数（综合体现）。在陆地环境中，结构主要取决于当前优势植物物种。在水生环境中，有时可以通过定居动物，主要是珊瑚、牡蛎和底栖动物确定结构。在浮游和自游群落，结构不是固定的或有形的，构成这些群落的生物仍然具有大小、生命形式和丰富度方面的特征，并且往往以特征性的空间形态并列。受损简化并扭曲了结构。物种丧失或者其丰度减少，特别是需要专门栖息地的物种。K-战略者往往被R-战略者所取代。当暴风雨连根拔起一棵大树时，特定大小类别的植物可能丧失。垂直分层通常会减少或简化。

生态系统损害可能导致生命形式及其组成的功能群的简化。例如，印度东北部喜马拉雅山的一个山谷，在人工干预下，人工种植的松树林替代了橡树林，使之达到了临界点。由松针组成的叶片堆积到一定的深度和密度，以致雨水不能再渗透到矿物土壤中。相反，水在叶片的上层和内层，汇集到下面的溪流中，使得山脉的矿物土壤在一年中绝大部分时间都是干燥的。松叶——这个地区以前不存在的东西——带来了严重的火灾危险。

微气候破坏

微气候是指由生态系统引起并在内部发生的与主要气候（大气候）的气象偏差。微气候的一个明显例证是，在炎热的天气中走进凉爽的阴凉森林。生态系统的总体影响是改变或改善该地区盛行的大气候的极端天气条件。例如，植被降低了风速，并随之降低了风的干燥作用。湿度相应增加，并且水分保留在生态系统中。在凉爽的天气中，水分增加会保留热量。霜冻和结冰的发生率降低了。在炎热的天气中，阴凉、蒸腾和蒸发冷却会减轻极端热量。小气候的微小差异可能会对生物区系产生重大影响。草原上地面上方微风速的降低可能会拯救小型生物。简化群落结构会减少微气候影响，并使生物体暴露于极端天气中。干燥加速和霜冻是两个常见的后果，并且都阻碍了生态功能。

有利土壤特性的丧失

土壤是复杂的，并且可以通过多种方式受到生态系统损害的不利影响，包括压实、侵蚀、营养物和污染物的引入、导电性变化和水分供给。土壤压实可能是由采掘过程中使用的重型车辆引起的，也可能是由家畜的蹄重复践踏引起的。机械和牲畜会压缩挖洞性的虫子，臭虫和昆虫幼虫而形成的大孔。防止降水渗入压实的土壤中，避免随后渗入大孔中。过多的水流失，导致溪流排水量增大，降水时导致地下水位下降。压实阻碍了根系渗透。减少土壤内空气，进而降低好氧土壤生物体的代谢，包括植物根系、多种土壤动物、真菌和大多数细菌。对土壤的其他影响可以引发类似破坏生态功能的连锁反应。这些影响包括侵蚀、沉淀、营养物质的浸出、有机物的氧化、盐的积累，以及农业作业造成的养分引入和工业废水以及城市径流造成的污染物过量。

矿物养分保留能力降低

复杂的陆地生态系统的一个常见属性是其拦截（捕获）和回收再利用矿物质营养物质的能力。土壤中的水分渗透到根部区域以下的深度，或降雨的侧向径流流入溪流中，可能会使土壤中的可溶性养分在生态系统中流失。这种损失被生态学家称为渗漏。渗漏对其他稳定的生态系统至少有两个负面影响。首先，养分损失降低了 K 战略者植物的生产力。这样的植物倾向于在其生物质中以及它们产生的缓慢分解的凋落物中隔离和积累矿物质营养。这些养分中的一些会被释放，并在短时间内渗漏中，然后才能被根吸收。如果土壤遭破坏，渗漏的机会就会增加，可溶性养分会流失，而 K 战略者隔离养分的竞争能力也会丧失。其次，渗漏使 r 战略者植物获得了养分，而后者通常需要充足且容易获得的矿物质养分。对土壤的损害会影响土壤真菌，它们其中许多与维管植物的根部形成菌根密切相关，并可以将营养物质转移到其中以换取碳水化合物。如果这些真菌受到伤害，并且使其营养吸收的菌丝网络大量减少，其维管植物共生体相应的营养供应也将减少。营养损失是一个明显的问题。相反，农业养分（特别是氮）的过量补充所产生的残留效应也可能给适应贫瘠土壤的生态系统造成严重压力。

水分状况的变化

通过自我组织，生态系统通常表现出对水分循环以及水的投入和产出的严格控制。大多数稳定的陆地生态系统都建立了隔离水分的机制。这可以通过保持适宜温度以及减少蒸发的有利微气候来实现。它还可以通过产生吸收降水和露水的植物结构，通过延缓渗透和径流的生长形式，通过腐殖质和其他吸收水分的碎屑的积累，以及通过使土壤颗粒疏松的土壤生物的活动保持水分的通道。在其他生态系统中，则出现相反的问题：过量的水积聚必须渗出或排出，以允许土壤通气。例如，菊芋生长出大量密集的浅层根和根茎，可抵抗频繁潮汐淹没引起的水渗透。水随着地表径流流失，下面的矿质土壤和植物根仍然保持通气状态（Kurz and Wagner 1957）。对生态系统的外部影响会降低水分调节的有效性，从而降低其生产力和稳定性。

设计和管理恢复项目的人员应该意识到随着恢复项目现场的植被成熟和演替而进行的水预算的变化。例如，树木是土壤水分的导体，在生长季节中通过蒸腾作用使地下水位降低 1 米甚至更多。土壤的水分含量可能随着项目现场种植的树木的生长和蒸腾作用的不断变化，并在连续几年中不断增加。此外，树冠在雨水到达地面之前会拦截大量蒸发的降水。水预算中的这些变量需要恢复项目的计划者考虑。

营养级联

"营养级联"是一个术语，是指由于捕食者数量的减少而导致捕食者，被捕食者和生产者之间群落关系的不稳定。在捕食之后，食草动物的种群扩大并且过度消耗植被，使典型植物种类严重减少，群落结构受到损害。这是在陆地和水生环境中普遍存在的现象，可以通过修复计划来解决，方法是重新引入捕食者，恢复破碎的生态系统，以促进大范围捕食者的活动，并采取其他行动来恢复失踪的捕食者。艾森伯格（Eisenberg 2010）描述了她对北美营养级联的研究，通过猎杀狼能够从捕食关系中释放出麋鹿。麋鹿再次繁盛起来，他们将白杨树苗吃光了，这些树苗没有能成长为大树。缺乏了青葱的白杨森林，海狸和鸣鸟的种群数量减少，这两者都依赖于年轻白杨作为食物和栖息地。艾森伯格也回顾了潘恩（1966，1969）关于从潮汐池中去除原始棘皮动物（蛇尾海星）的工作，这使得它捕食的贻贝种群大量增加。反过来，贻贝密集地生长，一系列海洋植物和动物所需要的栖息地被抢占。

荒漠化

许多景观地带，特别是但不仅限于世界不富裕的地区，因管理不善或者用于农业和资源开采，超出其恢复能力，或者遭到入侵部落和帝国战争以及军队的生态破坏。一个常见的后果是土壤中有机物质的流失，降低了阳离子交换能力，导致了营养浸出，并阻碍了土壤水分的保留。土壤压实以及侵蚀随之而来，增加了地表径流速率。作为回应，这样的景观变得更干燥，生产力更低，这个过程称为荒漠化。这个过程创造出比以前更干旱或干燥的土地，不过这种土地不一定是沙漠。除非进行大量的、昂贵的长期恢复工作，否则这种趋势一般是不可逆转的。

由于以前蒸发产生的水蒸气减少，沙漠化地区的降雨量和露水量可能较少。水生生态系统遭受流域其他地方发生的荒漠化的影响。降水不再保留在陆地上，而是通过地表径流迅速进入溪流。河流流量的幅度增大，在丰水期出现涌浪或尖峰，随后长时间出现低水位。排放的水更可能会因为从侵蚀的土地上下来的悬浮颗粒而浑浊。排放的水将从陆地带来更多的营养物质，这将在接收水域造成富营养化。脉冲流流入河口会导致海洋生物盐度的压力变化。

荒漠化环境给恢复从业人员带来严重挑战。在非洲和其他地方，已经尝试恢复荒漠化土地（不幸的是成效微弱）。恢复荒漠化土地的新方法的应用正在变得越来越广泛。

然而，在干旱和半干旱地区的现状气候下，完全恢复严重退化的生态系统，可能永远不会完全实现。荒漠化景观的恢复越来越多地被纳入国际条约的规定。"联合国防治荒漠化公约"呼吁生态恢复，生物多样性公约也是如此。

盐碱化

荒漠化的另一种形式是盐碱化，世界各地的干旱地区已经大规模发生了这一现象。当农田被灌溉水淹没时，通常会发生盐碱化，其中一些水分蒸发并在土壤表面留下残留的溶解盐。反复灌溉会导致电导率增加，进而对植物产生毒性。

在那些盐类溶解于植物生根区以下的地下水中的干旱地区，盐碱化也会发展。如果有足够的降雨量，土壤会变得湿润，到达盐水地下水的深度，盐会向上扩散到土壤表面。通常，降雨量少，加上深根树木对土壤水分蒸腾速率高，阻止雨水渗透到土壤中足够深的地区。如果树木被清除，降雨量可能继续向下渗出，一直到盐水地下水。溶解的盐逐渐扩散到表面，在那里水分蒸发并留下盐水。该过程一直持续到表面的盐含量对植物产生毒性，导致所谓的盐渍。这些盐的沉积物在地表径流中的具有高度流动性，并且可以将它们的毒性扩散到低海拔地区。这种盐可能到达溪流，在那里它会提升盐度并影响水生生态系统。

在拉各斯、尼日利亚、孟买、印度和墨西哥城等城市的贫民窟，许多人逃离了成为荒漠化、盐碱化或因开发而退化的土地，并以只能被称为"生态难民"的方式生活。那些留在农村地区的人在为谋生而斗争时加剧了荒漠化。为防止这种螺旋式下降，在加利福尼亚州南部成立了一个公共私人联盟，以防止用于饮用和灌溉的水变得越来越咸。生态恢复，与包括这样一个公私联盟的自然资本修复计划相结合，可能是预防甚至逆转大规模退化的最有效策略。

虚拟实地调研 1
美国佛罗里达州长叶松草原恢复

大卫·普林蒂斯

　　无穷无尽的松树热带草原曾经覆盖了美国东南部的大部分沿海平原，从卡罗来纳州南部到佛罗里达州，西部到得克萨斯州。这些植物区系多样、由火维持的生态系统存在于同一生态景观中，景观范围从干旱的沙质高地（称为沙丘或沙脊）覆盖到在雨季被浅水淹没的沼泽。如今只有 2% 或 3% 的松树稀树草原仍然存在，而且许多林分受火势改变的影响，这使得不需要火维持的植物群落中的典型木本物种得以入侵（图 1）。

图 1　干旱的沙丘和二次生长的长叶松稀树草原，具有以狗尾草为主的灌木丛。这是位于两侧森林覆盖的陡峭沟壑之间一个参考地点和一个灌木种子供体地点

　　构成东南松稀树草原生物群落的大多数植物群落特征是（或曾经）在密集的多物种和以草为主的地被植物中生长的大间距长叶松（Pinus palustris）开阔林分。狗尾草（Aristida stricta）——一种长寿草，为频繁的地表火灾提供大部分燃料——

盛行于佛罗里达州的松树稀树草原。每公顷大约有 30~80 种额外物种在狗尾草中穿插散布生长，潮湿的地方物种多，干燥的地方物种少。这些额外的物种包括草、莎草、其他草本植物和低矮灌木。一些小树散布在其中，通常在它们被频繁的火灾修剪回它们的根冠状态之前长成矮树丛，不比草本覆盖物高多少。在干旱沙丘中发现的两种最常见的树木是火鸡橡树（Quercus laevis）和沙生橡树（Quercus geminata）。

在佛罗里达州北部，许多以前的干旱松树稀树草原已转变为工业用地。其中一个地区位于德克萨斯州自由郡北部的阿巴拉契科拉河东侧，位于佛罗里达州布里斯托尔和托雷亚州立公园之间。可能在 20 世纪 30 年代或更早，长叶松成熟、原始的生长在此。以狗尾草为主的地被植物完好无损，松树幼苗重新生长。在 20 世纪 50 年代后期，这些次生松树被砍伐。地被植物，包括狗尾草和伐木碎片，用根耙清除并堆放在一起，为纸浆木生产所用的坚硬松木的异地种植做准备。

该地区长期以来，以其不寻常的地质和生物地理特征而闻名。它的沙子被一种称为掏蚀侵蚀的不寻常过程形成的陡峭沟壑深深切割。丰富的降水通过沙子渗透，直到被地表以下约 50 米的黏土层横向转移，并在沟壑的顶部作为淡水泉涌出。泉水携带的沙子不断侵蚀沟壑（"掏蚀"），形成所谓的陡坡。陡峭的沟壑仅出现在全球少数几个地方，为异常多样的混合硬木坡地森林提供栖息地，其中包含稀有和生长范围狭隘的地方性物种，包括两种针叶树：榧树（Torreya taxfolia）和佛罗里达红豆杉（Taxus floridanus）。这些和其他稀有物种曾经是阿巴拉契亚山脉植物群的一部分，在更新世被向南推移，并在潮湿、相对凉爽的峡谷中作为残余种群存在（图 2）。

由于异常干燥和贫瘠的土壤，工业化的坚硬松木种植园项目失败了。大自然保护协会（TNC）于 1982 年购买了这片土地中的 6295 英亩，称为阿巴拉契科拉悬崖和峡谷保护区（ABRP），以维持和保护峡谷中的斜坡森林和渗流溪流。收购后不久，TNC 人员就很快发现，相邻的沙丘和他们所保护的干旱长叶松稀树草原与斜坡森林的生态健康密不可分。例如，火舌偶尔会从沙丘中燃烧到峡谷中，并维持该地区一些特有物种的栖息地。从最初的一个相对简单的土地保护项目发展成为一个大型的沙丘修复项目。

在 ABRP 开始恢复之前，对干旱松稀树草原恢复所需的工具和方法知之甚少，我们甚至不知道如何管理狗尾草，使其产生有活力的种子。因此，该项目的

图2 从沙丘到陡峭的沟壑,最近有火舌烧过

前10年致力于测试修复技术,以发现哪些技术可以以可接受的成本有效地用于大面积区域。在20世纪90年代中期,一小批敬业的工作人员聚集起来,并配备了应用所学知识的装备。尽管随后几年的操作和设备发生了很大变化,但初步恢复工作的基本发现得到证实:频繁发生火灾至关重要,并且需要以草为主的茂密地面覆盖物作为火灾燃料。

幸运的是,ABRP一些大片土地没有铲除植物根部。这些土地被用作参考地点和地被植物种子供体地点以进行恢复。在ABRP的其他地方,用推土机将平整堆垛,将剩余的沙子和表土散布在整片土地上,为恢复做准备。推土机淘汰了异地硬木(例如环鳞烟斗柯、黑栎),还减少了在工业森林作业中幸存下来并在过去无火的几十年中增殖的高地橡树树种(例如火鸡橡树和沙生橡树)的丰度。一些硬木被环带并用除草剂处理。这种看似严格的方法对于减少竞争和重新引入理想的物种是必要的。减小发育不良的异地红松(Pinus elliottii)密度但并未完全移除,以便一旦恢复燃烧,它们的可燃落叶将提供燃料。

生长季节在供体地点,燃烧地被植物,特别是在5月,以刺激狗尾草和相关地被植物物种的种子产生。种子在同年11月和12月收获,使用安装在全地形车和拖拉机上的 FlailVac® 和 Prairie Harvester 种子收集器进行种子收集。一旦可行（通常在 1 月或 2 月），使用 Grasslander® 播种机在恢复地点种植混合种子。种子从 Grasslander 播种机的料斗落入它所形成的犁沟中，这些犁沟立即被橡胶轮胎的压力压实，确保种子与矿质土壤紧密接触。Grasslander 播种机改装了弹簧齿耙，而不是使用圆盘，以形成犁沟，因为尖齿能够比圆盘更好地处理残留的木质根、树桩和碎片。在种植后的接下来 12 个月的雨季中，狗尾草种子发芽。地被植物种子混合物播种后，立即以每公顷 615 棵树的比率种植集装箱长叶松。这个植物群落的密度很高，最终可能需减小。然而，这些松树会产生树脂状的落叶，大大增加了表面精细燃料的可燃性（图 3 和图 4）。

种植 40 个月后，以狗尾草为主的地被植物被烧毁。在燃烧时，一些种植的长叶松已经长到足以在火中存活的高度，而另一些则留在草期（没有气生茎的莲座丛），并且很容易在火中存活。少数种植的松树被火烧死。它们的消失减少了以后减小松树种群密度的需要，并且它们的针叶造成的可燃性损失被幸存树木所取代，这些树木随着它们继续生长而产生越来越多的针叶生物量。至此，大部分修复任务已顺利完成，后续活动将主要在生态系统管理的支持下进行（图 5）。

图 3　照拖拉机牵引的 Grassland® 播种机在新准备的项目场地上种植林下混合种子

图 4　在背景中看到，Grasslander® 播种机种植了灌木丛植物的种子后替代性春休志愿者立即种植长叶松幼苗

图 5　恢复的旱生长叶松－狗尾草稀树草原延伸到地平线。种植 40 个月后，以狗尾草为主的地被植物被烧毁，年轻的长叶松树在火灾中幸存下来（较大的树大约有 15 年的树龄）。这张照片是几个月后拍摄的，当时狗尾草已经从火中恢复并开始生产种子。与图 1 比较

最早的修复试验集中在苗圃，种植狗尾草栓并在修复地点进行外植。使用这种方法是成功的，但最终证明成本过高（Seamon 1998）。第一个直接播种方案非常成功：在 75225 平方米的地块中直接播种的初始抽样显示，研究地块中的植物物种平均值为 48.5~66.3，表明物种组成恢复。然而，它依赖于几个独立的设备与密集型的劳动。这些早期尝试的资金预算最少，TNC 人员的聪明才智和来自塔拉哈西及周边地区众多志愿者奉献精神，推动了这些尝试的进展。

目前使用 Grasslander 播种机的直接播种方法是在 20 世纪 90 年代后期开发的，已被证明既可靠又高效。对结果的调查和比较表明，在恢复灌木丛方面取得了类似的成功。在过去的七年中，以每公顷 1250~1700 美元的成本，TNC 人员每年都使用它在 ABRP 和 Torreya 州立公园附近的土地上恢复 200 英亩的长叶松沙丘，包括场地准备、种子收集、直接播种和松树种植。

当前直接播种方法的修复项目中大部分体力劳动是由当地惩教机构的志愿者提供的。劳工小组由约 8 名囚犯和一名受过 TNC 人员培训的囚犯主管组成。他们的任务包括松树种植、一些硬木清除和种子混合物的粗清洁。囚犯受到尊重，并被允许使用与其他志愿者和工作人员相同的大部分工具。众所周知，尽管不得不在佛罗里达州无情的阳光下度过一天，但囚犯仍然非常喜欢在 TNC 那里工作（而不是在其他地方从事工作琐事）。

直到目前的技术被开发出来之前，人们普遍认为干旱长叶松线草稀树草原无法实现生态恢复，如果不是技术原因的话，至少在成本方面是这样。如果是这样，那么大西洋沿岸平原上的大片地区将永远无法恢复。然而，目前的技术已经证明这种修复在技术上和经济上都是可行的。重要的是，除了规定的燃烧之外，后续生态系统管理应该很少或没有必要花费成本。所有东南部松树稀树草原上都需要燃烧，包括那些从未受到干扰的稀树草原。

虚拟实地调研 2
法国地中海草原修复

蒂埃里·杜托伊特、雷诺·焦纳和埃莉斯·比松

　　法国东南部的拉克劳（La Crau）草原是一个干旱的半文化景观，自新石器时代以来，由绵羊放牧与土壤和气候相互作用而形成（图1）。这些相互作用是造成植物群落组织从地方到区域尺度时空变化的原因（Henry et al. 2010）。该地气候属地中海气候，年平均降水量540毫米，主要集中在春季和秋季。土壤深约40厘米，其一半体积由硅质石组成。土壤覆盖在植物根部不易穿透的钙质砾岩上。植物群落种类丰富（40余种/平方米），由127种组成，以一年生植物为主。它以多年生草（Brachypodium retusum）和百里香（Thymus vulgaris）为主。这个群落在欧洲是独一无二的。它是许多草原鸟类的栖息地，例如针尾沙鸡（Pterocles alcata）和小鸨（Tetrax tetrax）和两种地方性昆虫（一种甲虫 Acmaeoderella cyanipennis per-roti 和一种濒临灭绝的蚱蜢 Prionotropis hystrix rhodanica）。

　　自17世纪以来，大面积的拉克劳草原被用于耕种，原始面积减少了80%。未来的发展威胁着剩余地区。为避免进一步的损失，政府 CDC 银行的生物多样

图1　来自参考文献，经过几十年的放牧但没有耕作的半文化草原。前景是拉克劳的特色石头，上面有苔藓和百年历史的地衣

性司、法国环境部和各地区政府机构于 2008 年联合资助了一个生态恢复试点项目。该试点项目将促进未来恢复项目的规划,该恢复项目规划需要在开发之前补偿预期的环境损害。试点项目地点选择了一处废弃的工业果园,其在 1987 年草原中心附近建立,并于 2006 年废弃。购买了 357 公顷的场地,以便可以在大面积区域上对几种恢复技术进行实验比较。恢复的参考模型是莫里尼尔(Molinier)和塔隆(Tallon)(1950)发表的拉克劳草原生态描述。2008 年,在恢复之前对植被和土壤特征进行了清点,以记录受损场地。2009 年,20 万棵果树和 10 万棵杨树被砍伐并移除,后者作为果树的防风林而种植。此后,平整土壤。

恢复项目工作的两年目标是建立特色草原物种并限制竞争性杂草(藜属、苋属植物、溴属植物、水飞蓟属等物种)的入侵(图 2)。为了重建传统文化习俗,当地绵羊饲养员于 2010 年春季重新引入放牧羊群。放牧的早期好处是控制杂草生长(图 3)。长期(大于 10 年)的目标是在植物物种组成、丰富度和群落结构方面,使植物群落按照所需的演替轨迹重新定向到参考草原。

植物群落的有意自然更新不是修复的一种选择,至少在短期内不是,因为目标物种传播种子的可能性很低,并且有来自杂草的竞争,这些杂草对会以前耕种土壤上残留的肥力增加做出反应(Römermann,2005)。

尝试了四种大规模修复处理:

- 保育物种建立;
- 表土挖掘和清除;
- 本地物种的直接播种;
- 改良捐赠表土。

对于保育处理,多年生黑麦草、羊茅和红豆草的种子混合物被播种。选择这些物种是因为它们对牲畜的适口性、它们在当地植物苗圃中的可用性以及它们快速覆盖裸地的能力。表土清除处理包括挖掘和清除富含营养的上层土层至 20 厘米的深度。对于直接播种,在 2009 年夏季通过空气吸尘方式收集种子(图 4),然后立即将它们吹到恢复场地的表土上(每公顷 1.5 公斤),无需任何特殊的整地。用于改良的土壤是从一个由未受干扰的草原组成的捐赠地点挖掘出来的,这些草原已经被指定为未来的建设区。2009 年秋季,在一场大雨前几个小时,上层 20 厘米的土壤被大量收集、运输和撒播在废弃的果园中。为了保护当地种群的遗传完整性,从新石器时代到 1987 年果园建立之前,一直在致力于放牧的地区收集

图2 树木被移除几个月后，项目现场的原始植物物种（此处为水飞蓟）入侵

图3 与图2相同的视图，在重新引入绵羊放牧一年后。植物群落现在以常见草种为主

图 4 工人从附近完整的草原上用真空收集种子

图 5 本地种子播种 2 年后恢复项目现场

种子和土壤改良材料。项目现场的一个区域没有经过处理作为修复处理对照。

我们在 2011 年，也就是应用它们两年后对这四种处理方法进行了评估。用来自捐赠地点的改良土壤修复的区域产生了良好的结果。物种丰富度与参考草原非常相似。大多数参考物种（已知的 127 种草原物种中的 107 种，占 84%）至少在处理过的地区被记录过一次，但最常见的三种物种除外：短柄草、百里香和阿福花科。

直接播种导致参考模型中十几种理想物种的发芽，这些物种的植物分布不均（图 5）。只要竞争性杂草被绵羊放牧控制，这些草原物种就有可能增加丰度并变得更均匀。

与参考模型相比，通过播种保育物种和去除挖掘的表土处理的区域的物种丰富度和物种相似性值较低。然而，所有四个处理区的理想物种丰富度始终高于对照地块。保育物种抑制了不受欢迎的物种的入侵。去除表层土也去除了原始物种的种子库，当然还有可能仍然存在的任何理想物种。所有四种处理的结果都将用于其在拉克劳草原后续恢复项目中的潜在应用的评估。

虚拟实地调研 3
印度的绍拉草原和沼泽恢复

蒂埃里·杜托伊特、雷诺·焦纳和埃莉斯·比松

　　西高止山脉——一个沿着印度西海岸延伸的崎岖山脉——在印度中南部向东突出，成为帕尔尼山。这个多山高地的原始植被由称为绍拉的热带常绿森林组成。胸径很大但发育不良，大概是由于它们所在的海拔（1500~2400 米），它们维持各种灌木丛。在以前的地质时代可能普遍存在的绍拉斯（Sholas）现在仅限于山谷和沟壑。在最近几十年的土地利用发展之前，超过 75% 的帕尔尼山被草原覆盖，草原是在冰川时期建立起来的，由具有喜马拉雅亲缘关系的物种组成。*shola* 一词通常用于作为生态景观的常绿森林及其相关的草原（图 1）。

　　大约从 1830 年开始，绍拉草原被越来越多地用作种植马铃薯和家养牛羊放牧的农田。建立了异国情调的人工林，并逐渐取代了草原。这些人工林树木繁殖并变得具有入侵性，包括松树、澳大利亚桉树和金合欢（特别是黑荆树）。黑荆树是一种小而短命的树，因其含有单宁而被引入。所有这些外来树木都是水生植

图 1　完整的绍拉景观，由草原和坐落在峡谷中的常绿森林组成

物，即具有深根的树木，常年吸收地下水，与绍拉斯的草形成鲜明对比，后者在旱季休眠一月至三月的时间。由于草原正在重新分配到树木种植园，因此为了木材和家庭烹饪燃料大量砍伐绍拉森林。

帕尔尼山的小城市科代卡纳尔（$10°12'N$，$77°28'E$；海拔 2100 米）是英国殖民统治时期的热门避暑胜地，后来成为全年旅游胜地。我们于 1986 年在那里定居，并很快建立了一个苗圃。瓦塔卡纳尔保护信托（Vattakanal Conservation Trust，VCT）是一个当地非政府组织（vattalkanalconservationtrust.org），成立于 2001 年，旨在恢复绍拉，并以适度的方式改善当地状况。与此同时，城里的年轻人在一个外部社会机构的支持下组织起来。我们建立了瓦塔卡纳尔树苗圃，为家庭燃料供应黑荆树，以减少在绍拉森林砍伐树木的需要。我们还种植了本土绍拉树，帮助恢复受损的森林。

另一个问题是，前草原上异国情调的树木种植园造成过度蒸腾导致流域干涸。另一个组织——帕尔尼山保护委员会制作了一部纪录片，将异国情调的树木种植园与供水减少之间的关系戏剧化。我们放映了这部电影，它激发了更多科代卡纳尔居民加入我们的工作。植树成为一项流行活动。频繁的报纸文章促进了这些志愿者的努力。1993 年，我们安排志愿者在另一个正在进行类似保护工作的社区度过几天。这一场合有助于提高人们的认识，即科代卡纳尔的当地倡议是更大的保护运动的一部分。这一经历有助于促进瓦塔卡纳尔青年、社区和环境组织（VOYCE）的发展，该组织很快吸引了英国学生团体的慈善捐款。年轻女性参与其中，其中一些变得精通植物鉴定和植物标本馆标本的制备。我们为保护绍拉所做的努力取得了成倍的成果。在一个节日里，学童们表演了一个名为"不要砍树"的戏剧。在英国的支持下成立了一个当地花园俱乐部，该俱乐部是公民自豪感的焦点，并与森林管理交织在一起。

与此同时，负责管理公共土地（Palni Hills）的泰米尔纳德邦国家林业部开始关注公共供水减少，并意识到来自外来种植园的蒸腾作用可能是一个影响因素，尽管在这个问题上技术意见存在分歧。林业部决定改善野生动物的牧场，包括距离科代卡纳尔 5 公里的 37 公顷瓦塔帕赖流域。VCT 签订了一项协议，林业部将根据该协议移除树木。VCT 将负责恢复草原和监测地下水。这片昔日的草原被黑荆树和一些桉树密密麻麻地覆盖着。4 条狭窄的溪流排干了上坡的水。它们随着流域底部的坡度减小，合并成一个单一的通道，该通道扩大为一个小（约 0.5 公顷）沼泽。由于该地点已被森林覆盖，溪流和沼泽通常是干燥的，大概是由于外来树木的过度蒸腾作用。树木已经部分占据了沼泽，其中的水不足以养活野生动物。在我们的项目启动之前，林业部在沼泽地内挖掘了一个小水池，并在水池内铺上混凝土，收集野生动物可以饮用的水（图 2）。

2005 年，河流两侧和干燥沼泽中大约 5 公顷的森林被砍伐。VCT 与来自澳大利亚的米歇尔·唐纳利（Michelle Donnelly）合作，在新清理的土地上建立地下水监测井，沼泽两侧各有一口井，随着海拔升高，河道沿岸增加了另外 4 口井。

VCT 的年度预算为 3250 美元，用于进行监测、促进草地和沼泽的重建，并与来自瓦塔卡纳尔流域种子充沛的黑荆树的出现作持续的斗争。当地两所学校的孩子们，以及附近旅游景点的店主，已经移除了许多黑荆树苗。2009 年、2010 年和 2011 年，我们收集了本地草原和沼泽物种的种子，在我们的苗圃中种植并进行了外植（图 3 和图 4）。种植的草包括野古草、臭根子草、猪笼草、短颖臂形草、香根草、画眉草、棕茅、长序大豆（阿尔尼山的特有种）、扭黄茅、细毛鸭嘴草、狗尾草、菅草和草沙蚕。2011 年，我们将苗圃中种植的壮观且低矮生长的草地灌木斯特罗比兰斯的苗木种植在外。一些本地草、杂草和灌木自发地移植（例如艳丽的龙胆科植物），其他树种则坚持与黑荆树竞争（例如树蕨）。定居

图 2　在干涸的沼泽中挖掘的水池，为野生动物提供水源

图 3　修罗草原恢复——森林砍伐后的项目现场。可以看到一条小溪、树桩和两个水监测井的白色外壳。照片由 M. Donnelly 提供

的沼泽物种包括黑火蚁、丝叶球柱草、翠丽薹草、小丽草、密花荸荠、印度谷精草、飘拂草柄锈菌、天胡荽、遍地金、小金梅草、锡金柳叶箬、灯芯草、江南灯芯草、华湖瓜草、莎草砖子苗、球穗扁莎、红鳞扁莎、圆叶节节菜、潮沟、禾叶挖耳草。我们用种子种植了长叶苔草并将其种植在沼泽中。到 2008 年，我们已在项目现场鉴定了 85 种植物；到 2011 年，它们的数量为 122。我们很幸运能够获得帕尔尼山的植物群（K.M.Matthews，Rapinat Herbarium，Tiruchi，1999），它是这个高度退化地区宝贵的二级参考信息来源。

我们必须对家畜保持警惕，它会毁坏我们新种植的植物并导致土壤板结。一些外来的草尚未得到控制，尤其是狼尾草（东非）。从陡峭的坡度上去除荆棘需要修复初期的侵蚀问题。

自 2005 年树木移除以来，沼泽中的积水每年都在增加，现在每年都有水。2011 年，我们观察到地下水从沼泽地的地面上升，通往它的两条溪流全年流动。监测数据有待技术分析，但现场观察显示，在从 5 公顷的项目场地移除树木后，地下水增加，然后就立即产生了效果。鱼在沼泽中栖息，蜻蜓季节性丰富。

图 4　种草。黑荆棘密生在空地边缘

我们现在有印度野牛的常住种群。在 2010 年捕食和生态功能的一个突出实例中，野狗将一只年幼的野牛追入沼泽并制服了它。野猪在此栖息，水鹿也曾到访过该地点。项目开始后出现的鸟类包括游隼、蓝翠鸟、稻田鹨和弯刀鹛。

恢复工作仍在继续，希望林业部能够促进移除剩下的树木。到目前为止，林业部与当地社区组织，尤其是 VOYCE 和 VCT 的联盟之间的伙伴关系是成功的。2008 年，林业部人员正式参加了为期一天的草原恢复活动，部门专业人员有时会以个人名义为项目提供支持。

我们恢复什么

第二部分准确地阐述了我们试图恢复的内容。这远比我们目前了解的要多，它要求我们"像生态系统一样思考"，这不是一项日常工作。恢复受损害的生态系统是生态修复的显著目的，然而生态系统在很大程度上是人类与非人类的干扰所产生的产物，所以我们需要梳理干扰、压力和损害的概念。第 4 章开始试图解释这一悖论，并解释修复是一个具有多重含义的高度微妙的概念。在第 5 章中，我们谈到了我们所理解的生态恢复核心——全面修复。在这里，我们确定了构成生态系统的 11 个属性。第 6 章回到了干扰的主题，但这一次是从文化活动的角度出发，文化活动有时会促进生态系统的完整性——另一个悖论。这里的关键术语是扰乱机制——某种与暴饮暴食相反类似良好饮食的理性平衡的东西。

恢复

根据 SER 在 2004 年所给出的定义，生态修复有助于恢复。那么，恢复是什么意思呢？恢复看似是一个简单的术语，但其实是一个极为复杂的概念。如果我们回收了一辆古董汽车用于展览，它可以无限期地保持其翻新后的状态，让所有人都钦佩它是我们工业历史上遗留下来的光辉遗产。生态系统的组成成分与由惰性材料组成的汽车相比是极为不同的。它包含了鲜活的有机体，这些有机体不断在内部与外部非生物（abiotic）环境之间做出反应。正如第 1 章所述，生态系统可以恢复（restored）其原有的历史轨迹，但不能成为先前状态的复制品。原因在于，生态系统中的动植物不能像粘贴在植物标本室表上或保存在福尔马林中的标本一样永久封存。物种种群也会经历类似人口统计学方面的连续变化——诞生、死亡、生长、繁殖、迁徙、进化和灭绝。生态系统时时刻刻都在发生变化，至少会微妙地，发生哪怕眨眼间工夫的变化。

恢复（restoration）和修复（recovery）具有不同的含义，但是这两个词经常被互换使用。根据《韦氏第三版新国际英语词典》（1993），恢复的意思是恢复到以前或最初的状态。修复的意思是通过营救、治愈、抢救恢复到自我正常的状态。根据这些解释，恢复意味着物种回归到原本状态，然而修复意味着物种回归的潜力，从而预期后续的活动。根据这些解释，你可以恢复一辆老爷车，但是不能修复它。相反，你可以修复一个受损伤的生态系统，将其还原至其常态，重启其生态演替过程，但是你不能恢复它。我们认为现在将学科名称变更为生态修复（Ecological Recovery），已经为时已晚。而且，恢复一词在世界各地的已产生语言共鸣。因此，就让我们继续用这个词吧。

根据 SER 在 2004 年对于生态修复的定义——我们只能辅助修复（recovery）。这种定义提醒了我们，生态系统自身在其恢复（restoration）过程中发挥着重要作用。我们人工干预仅为恢复（restoration）提供了条件，人类仅是恢复过程中的一个因素而已。如果我们要恢复一辆汽车，我们将致力于参与恢复的各个方面，直至达到可供展出的程度。在生态修复的过程中，几乎所有的修复是由鲜活的有机体完成的。作为修复者，我们只是为动植物和微生物提供条件促进其完成修复。如果人工干预过多，那么这一过程将不再是生态恢复过程，而是园艺、景观设计、农学、生态工程或一些其他活动，在这些活动中，我们将在相对较窄的范围内得到最终的生态结果。我们将创造出一个生态系统的版本，它不仅符合我们对自然概念的认知，并且符合我们的预算和时间限制。尽管它包含有生命的有机体并且表面上符合自然特征，但这种生态系统必然是受人类起源影响的（anthropogenic）。根据我们的设计和对自然的特定设想，可以选择出一些物种并将它们组织在一起，并结合园艺、农业、生态工程相关学科的知识协助恢复。但与这些学科的不同之处在于，生态恢复可以让生态系统根据其自身的固有属性进行演替。一旦患者得到足够的帮助可以重新行走，他 / 她就会自主选择行进的方向。

作为辅助修复的推动者，我们所能做的有限。我们可以规避损伤的诱因。我们可以对生物物理环境进行纠正，以促进生态过程的恢复。我们能促进有机体及各种物质与周围环境的正常交换。通过这种方式干预，我们本质上是让生态系统依靠自身内在的生态进程逐渐自我恢复。我们的行动可能需要高超的技能、艰苦的努力和敏锐的洞察力，但这些努力归根结底就是修复生态系统对物理环境的影响，重新引入和培养灭绝的物种，以及移除或控制不良物种。如果我们把这种干预应用至修复古董车的例子上，将相当于把老爷车移至车库，卸去它废弃的零件，将崭新的零件和多种工具放置在工作台上。汽车会重新组装并鸣喇叭，让我们知道它什么时候完成。

生态恢复的产物必然是开放的、不确定的。作为人类，我们试图控制我们的环境。作为恢复者，我们放弃了控制自然过程的倾向。这样，恢复后的生态系统才会尽可能地呈现出自然状态。因此，尽管有些类似和重合，但生态恢复的方法还是区别于生态工程从业者、农民和景观设计师，因为三者的工作会有明确的结果。而生态修复的过程更像是养育孩子。我们最初可以培养和控制孩子们的行为，可是，随着孩子们的成长，我们必须要放手，让他们找到自己想走的人生之路。对于他们的成长结果，我们可能有个大致的预期。但是，在孩子长大之前，我们不知道孩子们的成长结果究竟是什么样的，甚至可能会对其感到惊讶。

我们限制对生态系统的干预，以便受损的生态系统恢复到与受损前完全相同的自然状态，但是这种观念过于理想化，难以全部实现。之所以会这样，在第 1 章中已阐释过两个原因。一个原因是整个生物圈都已经深受人类影响（anthropogenic），包括外来生物的人为引入和工业污染物的全球扩散。所以，当生态修复试图解决这些问题时，发现有些问题由于财政预算难以解决，或者有些问题超出了我们现有的生态恢复能力范围而无法克服。因此，在一些生态系统恢复过程中，我们不得不与入侵物种共存，使这些入侵物种继续存在，但需在一定程度上对它们的蔓延程度加以控制。另一个原因是许多（也许是大多数）生态系统都是半自然的生态系统，必须将人类活动考虑为影响生态系统的环境因素之一。此外，即使干预活动包含了再次引入已灭绝的物种，生态恢复者实施的任何一种干预行为，都难以脱离人为因素的影响。当我们声称，我们正在恢复自然生态系统或者将生态系统恢复至其自然状态时，都会或多或少地将人为因素渗入其中。

当确定该项生态恢复项目是可行的，且资助机构决定实施后，计划书则会准备得当。计划书中描述了受损的生态系统完成恢复任务和随后一段时间后的预期情况，同时阐述了生态系统本身恢复到受损之前的状态存在的复杂性。施工项目现场竣工与生态系统恢复到该规划文件预定状态之间通常需要相当长的时间间隔。如果愿景是一片古老的森林群落，那么完成所有恢复任务可能需要 10 年的时间，完全实现预期目标可能需要几个世纪的时间。时间的滞后也并不是总这么长。比如，通过抢救表层土壤的技术，一些草本湿地生态系统在十年之内即可恢复至成熟群落状态，如图 4.1 所示。对于多数类型的生态系统，滞后期都会比这长得多。正如莫雷诺（Morenno-Mateos 2012）等人所证实的那样，多数湿地的功能完全恢复所需时间还是较长的。

随着生态系统恢复过程的推进，多种属性均能显现出来。在第 5 章中，将会详细阐述这些生态属性。这些属性包括恢复停滞的生态过程和加速迟缓的生态进程；群落结构和生态复杂性的发展，包括生境和生态位的分化；自我组织能力；抗干扰的韧性能

图 4.1 美国佛罗里达州最近恢复的淡水沼泽，主要由梭鱼草（Pontederia cordata）组成

力；在动态变化情景中的自我持续性；对生物圈的支持能力。我们试图将生态系统的这些属性都恢复之后，这个生态系统才会恢复自然属性。

一张生态系统的照片不是自然的，至少反映不了生态系统的自然过程。相反，自然性是在有机体之间，或有机体和环境之间相互作用的生态过程中显现出来的。这些相互作用是物质在一定的时空范围内产生的。时间的连续性是相互作用发生的必要条件。这就是一张照片表现不了自然性的原因。正如生物群落中的形式和结构所表达的那样，物理条件的变化是这些相互作用不可避免的结果。我们可以这样表述，自然性是动态的，因为它是随时间而变化的表达。一个生态系统是以历史连续性为特征的，生态进程引起了生物群落的连续性变化。作为变化的结果，连续性是一个引起惊异的看似矛盾实则正确的观点。这个观点引导我们理解生态恢复最重要的原则，即我们在修复暂时中断的动态生态系统过程中对其历史连续性方面应给予重点关注。正是连续性的修复（自然性的本质），为参与生态修复的工作人员带来巨大的满足感。

如果我们走进一家慈善机构的办公室，去申请资助修复历史连续性和自然性，那么，工作人员很可能会礼貌地拒绝我们。一个更加有说服力的方法是，将我们受损的生态系统比作火车残骸，并指出我们需要资金让火车（受损的生态系统）重回正轨，也就是帮助它重建暂时中断的历史生态轨迹。当解释生态修复专家的工作时，火车是一个很有用的比喻。我们曾在本书的第一版中使用过这个比喻；然而，这个比喻有一个主要的缺点。火车是在预先铺好的轨道上驶行，并且只能到达预定的终点，而生态系统的发展轨迹却是开放的。

我们在这里提出航海的比喻，这样就可纠正上述的不合理。可以说修复生态系统的历史连续性就像是解救一艘搁浅在坚硬浅滩上的轮船。这艘轮船就像是生态系统，航线就像是历史连续性。浅滩代表着损伤。作为生态恢复者，我们需要对漏水的船壳做出必要的修理工作。此后，轮船恢复到原初航线重新起航，这意味着它和原有的历史轨迹相连接，并重建了它的历史连续性。我们不能预测轮船的长远航线，因为它可能被暴风雨（相当于外部环境条件）吹离航线，也可能由于船长的想法改变（相当于内部的变动）而改变航行方向。尽管如此，我们可以确定的是这艘船会永远航行（相当于自组织性和自维持性），在这个过程中只需要定期加油和维修保养（相当于生态管理）。

回到生态恢复的定义（SER 2004），我们重申，生态恢复是帮助生态系统进行恢复的过程。帮助通常需要预先安排并具有目的性。因此，生态恢复也是一种需要预先安排和具有目的性的过程。生态系统可能会经历自然修复，也称自我修复（self-recovery）、自发修复（spontaneous recovery）和非辅助生物学自然演替（unassisted biological succession）。如果自然修复得以发生，那么不需施加人工干预。笔者曾经使用"被动修复"一词作为自然修复的同义词。姑且不管其普及程度，因为"被动修复"这个词是矛盾的，我们在本书中将不再使用，希望随后的作者也这样做。人工干预通常会包含对项目场地或周边景观的生物物理环境进行某种程度的控制。当然，并非所有的干预都包含此种控制，这将在第 8 章进行详细阐述。但是，干预都是预先安排和具有目的性的，因此就不是"被动的"。

恢复的生态观点

很显然，生态修复的过程一半是生态修复者实施的协助工作，一半是自然再生。我们将在第 8 章讨论两者的平衡关系。在这一章，我们将注意力转向自然再生恢复的主要模式，因为在某种程度上，生态修复者需要判断何时，生态系统能够不需协助就可以自我恢复。生态学者通常会从两种视角观察生态恢复过程。一种视角是群落集聚，这种理论解释了哪些物种可以参与新群落的物种组成。另一种视角是群落演替，这种理论解释了物种如何被重新安排，形成一个持久的群落，有时也被称为端点，它可以保持自己在一个生态平衡的状态。这两种视角的主要区别在于，还原到它们的基本要素来说，群落集聚理论决定了某一时间点的物种组成内容，演替理论决定了物种间出现的先后顺序。这两种视角的区分，有时也不甚明显，因为物种组成虽由集聚理论所决定，但对演替理论的也有很大的影响。

在过去的一个世纪里，演替理论领域产生了大量文献，这些文献多是集中于以下两个方面，一是演替过程的有序程度或混乱程度；二是顶级群落可被预测的精确程度。群落集聚则是一种相对新颖的恢复观点。这一理论涌现后，吸引了大量学者的关注，也随即涌现了大量文献。我们试图从大量文献中归纳出来一些重要概念和相关专业术语，以供对生态恢复感兴趣的读者参阅。我们首先开始阐述演替理论，接下来阐述群落集聚理论。随后，我们介绍另外两种生态恢复观点。一是多重平衡理论，这一理论认为存在如下可能性，即一个场地可能会出现不止一种的稳定状态。二是非平衡理论，这一理论认为生态平衡永远无法实现，生态系统处于不断的发展变化之中。

演替

演替（Succession），又称为自然演替、生物演替和生态演替，可以定义为生态系统在向生态平衡发展过程中，生物多样性发生的一系列变化。经典的演替理论是考尔斯（Cowles）在 1899 年提出的，他描述了他观察到的植物群落演替。克莱门茨（Clements）在 1916 年将考尔斯的研究结果表述为演替理论，也称为顶级理论。这种演替发生在美国密西根湖岸边一系列更古老的沙丘上。以生态平衡结束的整个群落发展序列称为一个演替系列，而演替系列中的每个中间阶段都可称为系列群落。依据经典演替理论，一个演替系列的发展终点是顶级群落。顶级群落被假定为，能够在一个稳定状态下无限地自我繁殖，这反过来反映了现在已经过时的自然平衡理念（Pimm 1991）。生态平衡是一个近期出现的术语，已经在很大程度上取代了顶级群落这一较久的术语。现在看来，顶级群落的内涵较为狭义，理论适用性较差，在某种程度上存在着一定的误导性。

生态修复原则是以演替理论为基础的。在一个演替系列初期出现的植物种类能够通过植物的遮阴和死亡植物的腐殖化增加土壤的腐殖质含量，进而调整和改善受破坏或其他开放的物理环境。后期出现的植物种类则能够比较容易地适应已经得到改善的环境条件，将会逐步取代前期的植物种类。换句话说，整个植物群落依次相互替换，直到达到顶级群落。生态修复者预测的群落物种组成，可以通过竞争或是抑制效应得以调整。这些抑制效应可以防止其他预期物种的定植，这种效应称为抑制原理。

演替理论假定，群落内存在强大的管理和反馈机制——一个生态进程会加强下一个的反馈。比如北方森林和苔原地区长期低于冰点的冬季天气，这种恶劣的气候条件会影响群落自我管理的效果。在这样的区域内，植物群落的物种组成和群落结构的潜力受到限制。这一观点的重要性在于，经典演替理论更适用于那些植物物种数量被限制在能够忍受相对恶劣的物理条件的地区。

在演替理论出现不久后，这一理论即被广泛接受，其中的原生演替理论用于解释原生裸地上发生的生态过程，次生演替理论用于解释遭受损害的场地上发生的生态修复过程。演替理论以其简约性和机械论的可预测性而引人注目。这使得生态学家将生态学等同于自然学科的精确性。这些学者宣称，任何一个既定区域通过演替过程都可能形成一个顶级群落，这种理论即为单元顶级理论。但是，随着特例和反对意见的出现，演替理论开始备受质疑。格里森（Gleason）在1939年提出了多元顶级理论，即在同一景观单元中，由于土壤和地理条件的不同，演替可形成多种群落类型。还有一些生态学者提出了反对意见，他们举例由火灾或诸多大型食草动物（如野牛和大象）对生态系统造成的干扰会大面积复发。以这种方式未能到达真正顶级群落前的生态群落被称为偏途顶级群落。

由于种种特例的出现，演替已经开始变为仅指草本群落的变化，而不是群落向着顶级群落或生态平衡的演变。因此，演替理论和顶级群落的理论已经丧失了一些预测能力，这使得"演替"这个词的地位变为一个描述性的术语，意为群落随着时间发生的演变。尽管如此，一些演替理论的衍生理论，特别是简化原则，仍具有重要性。

如果仅从群落结构的视角，而非从物种组成的视角，演替理论则更具可信性和解释力。在世界上的大部分地区，当演替理论侧重于群落结构的以下方面时，如优势种的生活型、优势植物的策略、优势物种达到的规模、分层，物种的相对丰度和频率分布等，而非侧重于特定的物种组成时，演替理论能够恰当解释受损生态系统的修复过程。生态系统服务更多是依赖于群落结构和功能组团，而非依赖于特定的物种组成，这些物种群体有时会被称为协会，现在更常见的是功能群。从这些视角看，物种在演替过程中由自组织发展为自维持，进而形成具有适应能力的群落。当引用的参照点是一个由不确定物种组成的动态群落结构，而非具有严格物种组成的顶级群落时，演替理论才更易被接受和更具有解释力。

群落集聚（Community Assembly）

作为对岛屿生物地理学研究的延伸，生态学者开始探索物种如何组合成一个新群落的原理，以此作为岛屿生物地理学的外延研究。该理论最初要回答的一个问题是确定在大陆上众多的潜在物种中，哪一种能够成功地分散并在一个仅能维持少数物种生存的无人岛上建立一个新的群落。另一项研究，是在实验室条件下关于浮游动物群落的集聚机制。对集聚研究的结果，后来被扩展至植物群落的研究领域（Diamond 1975；Weiher and Keddy 1999），这其中包括研究集聚机制在生态修复项目设计中应用的适宜性。

根据集聚原则的逻辑，相对于后来占领场地的物种来说，最初占据一片开敞场地的数种物种，生存下来并成为这个新群落特征物种的可能性最大。这种场地可以像在海洋中刚形成的小岛那样大，也可以像草原牧场上哺乳动物挖掘的入口洞口周围的裸露土壤那样小。如果同一种物种组合以不同的次序占领这两种相同的开敞场地的话，产生的群落在存活的物种种类和物种丰度方面均有所差异（Bastow Wilson et al.1996）。物种的迁入过程会影响群落结构，并最终影响生态过程。涉及的相关原理称为优先效应或历史偶发性效应。拥有优先特权的物种就是那些率先出现的物种。一个新群落特征的呈现，具有物种出现顺序和时机方面的偶发性。优先效应是能够随机统计证实的，但是这一理论并不能扩展应用至预测层面。这意味着，假设物种繁衍扩散的能力相等，在区域潜在的种库中存在的任何物种都具有平等性。

关于集聚规则的研究具有探究和证实环境过滤的作用。从更大的区域种库层面讲，环境过滤能够决定哪些物种能够出现在群落的物种构成中。多种环境过滤已经得到了证实，这包括扩散过滤（dispersal filter），即能够允许或阻止物种进入场地的环境过滤类型；耐受过滤（tolerance filter），即在经过扩散过滤后，能够决定哪些物种能在残酷的物理环境中成功生存下来；干扰过滤（disturbance filter），即在经过耐受过滤后，决定哪些物种能够在干扰事件后能够幸存下来，同时排除或消除其他物种。

在群落集聚转变为一个普通的生态学术语之前，弗兰克·埃格勒（Frank Egler）在1954年就记录了这样一种研究，在某种特定条件下，当第一批植物开始在开阔场地中存活之后，能够保持在稳定状态，后续的演替不会发生。这项研究预示了优先效应概念的产生，并在当时秉承演替理论的生态学者中引起了恐慌。埃格勒将这种类似于群落集聚的概念，称之为初始植物区系组成（initial floristic composition）。当耐受性强的物种占优势时，群落易于由初始植物区系组成（Grime 1979）。佛罗里达湿地是能够说明初始植物区系组成理论的典型案例，其优势种即为耐受性强的物种。经过5000年的自然选择，佛罗里达湿地的优势种都是一些耐受力强的物种，如可适应营养贫乏、含氧量变动、火灾频繁、暴风雨频发和高盐度胁迫偶发造成的恶劣环境的锯草。

初始植物区系组成（IFC）理论在很大程度上能够解释很多生态系统的演变过程。前三个真实案例（VFT1、2、3）的生态修复都依据了初始植物区系理论模型。每一个发展阶段都是简化后的，并且对已存种群依据统计学原则进行了调整。在这三个案例的生态修复过程中重新引入已消失的具有区系特征的物种是非常重要的，而不是依赖于这些物种在后期发展阶段自发重新引入。

演替理论更适用于格赖姆（Crime）所指的具有竞争性物种的环境，这些环境包括北美洲东部、亚洲东部和欧洲大部分地区的温带落叶林区域。演替理论更适宜解释这些地区的生态修复过程。演替理论在这些地区的大学中发展起来，这些学者深受当地环境的影响，试图将演替理论应用到并不适宜该理论的众多区域。生态修复者从初始植物区系组成理论中得到的启发是，在项目场地初始存在的一些物种可能会长期存在。物种和种源选择对生态系统具有长期且持续的影响，需要被深思熟虑和详细规划。

尽管历史偶发性理论对于任意生态集聚原理的讨论都密切相关，但场地的初始条件也是应该重点关注的。这些条件包括场地具有的一系列环境因子，如土壤类型、降雨量、气候、土壤盐度、气温、地下水位。初始条件还包括生态遗产——有机物在受损后仍然存在，并对新群落集聚产生作用的有生命和无生命的有机物。例如，倒下的树木可以为种子提供微生境，可提高生境的异质性。此外，幸存的一些物理结构有助于生态遗产，如树木倒伏后裸露的凹凸不平的矿质土壤。（Maser和Sedell，1994）生态学者对集聚规则中的初始条件效应感兴趣，并称之为生态决定论。决定论蕴含了群落集聚过程的可预测性，然而优先效应则隐含了随机性和不可预测性。群落集聚理论则平衡了二者的关系。

相对于功能组团物种的研究，群落集聚理论对一些特殊物种的研究较少。所谓功能组团物种是指在生态进程中发挥相似作用，对既定干扰反映相似的物种组合。在环境和群落都稳定的条件下，群落中属于同一功能组团的多种本地物种，被认为在实施生态进程方面的作用是可以相互交换的，且生态系统是动态的。因此，物种间的相互作用更易在理论构建中被认可，而较难为自然界所证实。

　　当在一个研究环境中仅考虑单个生态进程时，特定功能组团的各物种的功能可被简化。然而，既定物种参与的生态过程往往不止一个，并且可以同时属于多个功能组团。当为一个生态修复项目制定计划时，必须从整体上考虑所有的生态过程，这就会使得功能组团的物种功能安排得更加复杂。尽管如此，在构建参照模型时和设计生态修复项目时，功能组团的概念化还是具有实用性的。我们将在第 5 章详细阐述功能组团的相关内容。

多重平衡（Multiple Equilibria）

　　近年来，生态学者们认识到，根据生态系统受干扰后的发展变化，一个地点可能会出现不止一个的潜在终点或生态稳定状态。这一见解符合多重平衡概念，就像霍布斯（Hobbs）和苏丁（2007）总结的那样。多重平衡概念是指急剧退化的环境导致一种生态系统被另一种迅速替代，后者的生物多样性会减少，生态服务功能也会变弱。生态学者们已经在状态转化模型中揭示了群落间的替代。替代状态（alternative state）概念描述了在环境发生了不可逆的转变后，交替的生态系统所产生的急剧转变。介于两个交替状态之间的环境临界点被称为不可回归阈值，或第 2 章阐述过的不可逆阈值。

　　状态转换模式是由研究牧场的生态学者们首次提出的（如韦斯特比等人，1989；米尔顿等，1994），他们证实了在土地应用和土地管理过程中的外因干扰是状态转化的限制性因素，而非优先效应。状态转化理论已经证实了生态修复的必要性，但是未能阐明实践者将生态修复到先前状态的具体策略。格兰特（2006）应用状态转换理论来检测和评估恢复项目地点的生态系统发展阶段，这一生态系统的发展并未达到阈值，也未发生状态转换。稳定状态间交替的可能性增加了生态修复的机遇，这样可为生态修复项目选择合适的目标。我们将在第 6 章中介绍状态转换的案例，讨论如何为生态修复选择合适的目标。

非平衡理论（Nonequilibria）

　　依据非平衡理论，考虑到斑块中不同物种间自然能量流的持续动态变化，许多生态系统都是处于发展和进化的过程中，但难以到达平衡状态。生态学者将"斑块动态理论"这一术语用于描述发生在较大群落或小型景观单元内的局部压力和干扰事件的生态效应。根据这一概念，由于内因和外因的双重作用，内部生态进程的随机结果和外部压力事件的普遍存在，微地块的局部演替导致了一种永久的非平衡状态，这增加了生态表达的不可预测性。因此，正如韦斯托比等人（1989）和韦塞尔等人（2007）对天然牧场描述的那样，任何生物群落都是处在一种永久的生态状态中不断进化的。

大型景观单元的群落实际上是由小斑块中的不同种群构成的，每一斑块为了应对局部的生物物理条件的变化，总是处于自己的发展过程之中。马勒尔（Van der Maarel）和赛克斯（Sykes）（1993）提出了旋球转盘模型（carousel model），即生态系统由不同发展阶段的微小尺度单元组成。帕尔默（Palmer）等人在 1997 年用"大乐透原则"这一术语指代旋球转盘模型的随机本质。这些类比强调了小尺度的随机性能够逆转生态金字塔的可预测性。小尺度的周转确保了正在恢复的生态系统中的所有发展阶段的物种和群落结构特征是可重现和无限存在的。在一个成熟的生态系统中，至少存在一些竞争敏感度高的物种，如 R- 策略物种，可以说，它们能从一个微小尺度扩散至邻近的可供殖民的地块中。

斑块动态理论是一个更为普遍的现象。当我们在森林中穿行时，我们的眼睛倾向于去观察大树，而通常会忽略林冠空隙在我们眼前发生的一系列动态变化。当一棵大树倒伏后，会出现林间空地，这些空隙就形成了，随后会引发一个小尺度的局部演替，即究竟是哪棵树苗最终能够取代那棵倒下的树，这将引发激烈的竞争。同样地，拥有简单群落的草原和稀树草原生态系统的许多物种也会呈现出不规则的扩散和转移模式。尽管当我们漫步其中时，会认为这些群落环境从表面上看上去都是类似的。但通常是这些空间异质性促成了斑块动态理论的成立。

一些生态学者已经接受了非平衡理论。霍布斯和诺顿（1996）断言，干扰是生态系统的正常状态，而不是稳定。他们解释了生态系统正是以非稳定性为特征的，而不是以持久稳定为特征的。正因如此，非平衡理论应该取代长久盛行的平衡理论。能量流变化和斑块动态理论是非平衡理论的重要组成部分。这与经典自然演替理论中的单一平衡理论（单元顶级论）的立场是相反的。非平衡理论持有者认为，生态系统因为经历着持续不断的能量流变化，所以难以达到像演替理论那样预测的稳定状态。《生态修复入门》（THE SER Primer）也发表过类似的观点："被修复的生态系统不一定必须恢复至初始状态，因为时代的影响和条件限制可能会使它沿着改变的轨道发展。"非平衡理论在很大程度上解释了生态系统和生态修复呈现开放状态的原因，同时也解释了为什么当被修复的生态系统达到成熟后，生态系统不是必须实现修复之初制定的目标。

生态理论和修复

生态学理论对那些致力于生态系统恢复的人提出了实际挑战。例如，一个生态修复项目在为场地引进物种时，应在何种程度上依据优先效应进行项目设计呢？另一种选择则是有目的性地引进物种。例如，入海口区域的生态修复，可能仅有少数物种（比如珊瑚、牡蛎和海草）需要被有目的地进入，进而提供原始初期的群落结构。而不必引入浮游藻类，如果基质环境合适，大型藻类地游动孢子会在这个区域进行大规模扩散。这种随机扩散可能会激活优先效应，进而决定了其他海口区域的群落物种构成。

一些植物种类通常会被有目的地引入陆生群落，特别是如果这些物种无法接触最近的种源或因其他因素而不可能在恢复地点生长。自然再生（依据优先效应）和有目的地引入（依据生态决定理论）二者之间的平衡，更多地取决于生态修复者倾向何种理论立场。由于为自然再生过程做选择需要一个有意识的决定，这种现象是不可避免的。在生态修复过程中，我们难以避免决策环节。

另一种需要做的选择是在生态修复方案中，应在多大程度上考虑能量流和随之产生的非平衡因素呢？在半人工生态系统（semicultural ecosystems）中，这个问题尤其关键，因为人为因素实质上对生态系统的平衡在很大程度上产生了影响。例如，在欧洲，有很多针对深受人们喜爱的草甸的生态修复项目。这些草甸形成了大面积优美的田园风光，是徒步旅行者和野参者的目的地，也是众多诗人和小说家经常描绘的画面。这些草甸拥有数目众多的乡土植物种类，这其中包括一些珍稀物种和国家自然保护协会（IUCN）列出的保护物种。这些草甸也是初期的丛林群落，一旦被森林取代就会迅速消失。为了保护草甸的生物多样性，人们每年都会对草甸进行修剪，有时是以手持镰刀的传统方式进行修剪，有时也会在草甸上播撒一些动物粪肥。如果生态修复的目的是形成森林群落，那么采取的修复措施是在项目场地直接恢复一片森林，而非对草甸群落演替阶段进行干预。森林群落和草甸群落是两种截然不同的生态系统类型。选择哪一种类型进行保护，需要土地持有者和项目资助者做出决策。

还有一个需要生态修复项目的设计者考虑的因素是生态系统的加速恢复。在自然条件下，群落的演替发展通常需要很长时间。自然生态系统没有内在动力去推动实现生态修复的加速。生态修复者提供了加速修复的机会，通过在项目的修复过程中引进典型的后续阶段的物种，并通过调节非生物环境条件使其符合这些物种的生长需求，以利于它们的持久存在。虽然这些被引进的物种能够在项目场地存活下来，但它们很可能不会大量繁衍，至少在场地的非生物环境发生变化前不会大量繁衍。例如，土壤中的有机物需要经过累积后，才能支持大量菌根共生体的生长，在这个基础上，后续的植物种类才能繁茂生长。一种加速演替的修复策略如下：提高土壤的有机物含量，在土壤中加入菌根共生体，并在晚生树种的苗木外栽植植物。经过一段时间后，生态系统能够衍生出合适的非生物环境，这些植物的种子出现在场地中，进而能够加快繁衍扩散。如果在生态修复设计中不引进这种加速策略，这些植物物种从场地外自然扩散至该生态系统中需要很长时间才能发生，或者根本就不能发生，这取决于非现场繁殖树种的可用性。

许多生态修复项目旨在取代集聚过程和后续工作。取而代之的是进行生物物理操作，以充分恢复受损的生态系统，使其生态过程恢复到正常水平，而不需要该生态系统经历很漫长的自然恢复过程。再一次引用一个医疗例子，这种目的性类似于医师凭借药物、外科手术和物理疗法对病人进行治疗，相比让患者自然愈合，这无疑节省了很多时间。

生态修复从业者需要熟悉群落集聚、演替的概念，了解在自然条件下的其他修复模式。在此基础上，受损的生态系统才能被修复，其恢复过程也能够以科学且合理的方式得到加速。重申一下，生态修复看似一个简单的术语，实则是一个相当复杂的概念。

第 5 章

修复生态系统的生态属性

在这一章中，我们将识别并描述生态系统被成功修复的 11 个生态属性。这些属性的再现，标志着第 4 章所述的生态修复取得了令人满意的进展。其中，前 4 个是可直接实现的属性，它是在生态修复从业者在项目现场进行的生物物理干预措施后直接表现出的。这些属性包括参考模型所确定的适当的物种组成、初具规模的群落结构、维持生物群生存的非生物（abiotic）环境，以及良好的景观环境。以为周边地区正常的物质流动和交换提供便利条件，对恢复后的生态系统没有威胁。

另外 7 个是可间接实现的属性，这意味着它们的出现或形成是由于生物之间及其非生物环境之间的相互作用，而不是由从业者所直接促成。如果从业者为获得直接属性而采取了恰当的修复措施，那么间接属性也会逐渐实现了。间接属性包括：在生态过程中生态功能的重建、历史延续性的重建、生态复杂性的发展、自组织能力、复原力、可持续性的发展和对生物圈支持能力的发展。与 4 个直接属性不同的是，7 个间接属性不易被测量和记录。由于不可避免的技术问题和现实原因，大多数的生态修复工程只能实现部分属性。重要的一点是，生态修复者会尝试探索实现所有属性的多种方法。

任何一个生态系统，无论它是否曾经被修复过，如果一个生态系统具备这 11 个属性，那么它就可以说是处于一个完整的状态。克莱威尔和阿伦森使用了"整体生态修复"这个术语，这是指以参照模型为依据，使受损的生态系统在这 11 个属性方面恢复完整性。

阿伦森等人（1993a）最初倡导针对生态属性进行恢复。克莱威尔（2000a）编写了一个更通用的属性列表，后来被凝练并发表于美国生态修复协会启蒙读物《生态修复入门》。在这一章中，我们结合了来自《生态修复入门》中的一些属性，增添了一些其他属性，并提炼了一些描述（表 5.1）。图 5.1 描述了在生态系统进行修复的过程中各种属性之间的相互影响。

物种组成

植物物种组成不仅代表了生态系统（生产者）的基本营养水平，而且影响并最终支配其他所有的生态系统属性（表 5.1）。因此确保一个全面且适当的植物物种组成是陆地和水生生态系统修复的主要任务，即使在浮游植物盛行的地方也是如此。在理想情况下，植物物种组成包括完整生态系统发生受损之前的物种；在必要情况下，可将相同功能群的其他物种作为替代。然而，在一些环境条件已经发生改变的项目现场，也需要增加适应能力更强的物种。对于替代物种的合理解释是，一个群落区域物种库的物种数量比某个特定区域（如修复项目现场）的物种数量多。修复后的生态系统的物种数量要与受损前生态系统的物种数量大致持平。物种的代表性不足可能导致生态系统功能的低效和不稳定。可以引入更多的物种以诱发竞争，这样有利于最适物种脱颖而出。我们用"综合物种组成"指代接近于生态系统损伤前的物种组成状况，这种替换是非常符合生态修复的合理性。

阿尔多（Aldo Leopold 1887–1948）充满激情地强调物种组成的重要性：

> 在谈及某种动物或植物时，有些人总会问："它有什么好处？"这是一种无知的表现。如果土地整体的自我运行机制是完善的，那么每一部分都会是完善的，不论我们是否了解这样的概念。无论我们是否能够理解其深层原因。如果生物在亿万年的演变过程中已经建立了一些我们喜欢但不了解的东西，那么除了傻瓜谁会放弃那些看似无用的部分？（利奥波德 1993，146–47）

恢复的生态系统的生态属性   表5.1

可直接实现的属性

物种组成：生态系统所包含的以参照模型为依据的潜在相互适应物种的全面组合。这些物种包括已知功能群的代表物种，且这些物种是本土的，尽量避免入侵物种。

群落结构：物种种群具备足够的丰度，并均匀地分布在项目场地内，能够促进群落结构的发展。

非生物环境：非生物环境具有维持修复后的生态系统的生物种群正常生存的能力。

景观环境：修复后的生态系统镶嵌于更大范围内的生态基质或景观环境之中，依据参照模型，二者之间存在着生物和非生物（abiotic）的物质流与物质交换过程。应尽可能降低景观环境对于修复场地生态系统健康和完整性的潜在威胁。

可间接实现的属性

生态功能性：修复后生态系统的生态进程正常演变，没有生态失调现象。

历史延续性：将受损的生物多样性恢复至其历史水平，恢复其历史延续性。

生态复杂性：生态系统发展出复杂的生态结构，有利于生态位的分化和生境的多样性。

自组织：生态系统发展了反馈循环，这增强了生态系统保护资源、增加自主性的潜力。

复原力：生态系统具有足够的抗干扰和自我恢复的能力。面对极端胁迫时，生态系统也具有一定的适应性，能够保持完整性。

自我可持续性：生态系统具有与参照系统类似的长期的自持续性。为了应对内部变动和外部环境的变化，其生物多样性可能会发生波动或改变。

生物圈支持：生态系统产生氧气，吸收二氧化碳，促进热反射，为珍稀物种提供栖息地。

利奥波德以修理老式怀表（其机械装置依赖于运动部件而非数字显示器）为例进行了著名的类比："保持每一个齿轮和轮子是智能修补的首要预防措施"。

利奥波德传达的信息十分明确。当我们修复受损的生态系统时，我们必须确保已

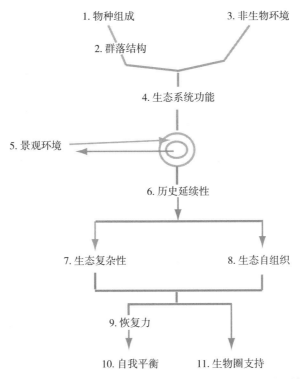

图 5.1　11 个生态属性和它们的主要关系，以及它们在生态修复期间和之后出现的顺序

考虑到生态系统受损前状态的所有部分。当然，这个比喻也有不当之处，因为是有机体完成了生态修复，而非从业者。然而，我们可以确保所有物种都是依据参照模型选定的。否则，生态修复可能无法恢复其原有结构，而且也可能无法像以前一样发挥作用。

在一些项目的现场，植物的物种组成可能不会受到影响。在其他项目地点，一些消失的物种可能通过自然扩散再次出现在项目现场，不需要重新引入。生态修复从业者应确定哪些物种已经出现在现场，哪些物种需要重新引入。不是每一种物种都必须在修复完成前引入，只要在修复后其能够自然衍生出现，那么晚一些也无妨。

因为动物具有流动性和发现并占据有利栖息地的倾向，所以动物往往不需要刻意引入。在 VFT3（丛林草原修复）中，树木的移除引发水域的增多，昆虫、鱼类、鸟类和大型哺乳动物对这一变化都做出了积极回应。动物可能不会自发地来到因碎片化而变得孤立的生态恢复栖息地。因此，在一些修复项目中，有时有必要通过人工养殖、迁移等方法引入某些动物物种。世界各地的多个地区都在不同程度上尝试应用过这种方法。诚然，大规模迁地保护珍稀动物物种引起了广泛争议。更多的学者支持采用就地保护的方法。在一些项目景观破碎化程度甚为严重的情况下，引入动物群落比构建植物群落可能更为重要。有时，一些较为缓和的干预措施可以加快动物栖息地的修复，如图 5.2 所示的人工设置的木堆即是一个成功的案例。

图 5.2 在澳大利亚西部采矿区新种植的桉树林中，人工设置的木堆可吸引蜥蜴和其他的小动物来此安家落户

野生动物栖息地的修复已经成为生态修复中的一个特殊专业，它融合了野生动物管理和生态修复两个学科的相关原理和方法（Morrison 2010）。此类修复的重点是确保项目设计能够提供合适的栖息地，如合适的水源、食物源、遮蔽场所、领域空间。在一些项目中，引入顶级捕食者可能是生态修复中的关键一步，相关内容曾在第 3 章的食物链部分阐述过。

接下来，我们继续探讨在生态修复方面关于物种组成的几个问题：相互适应的物种、功能群、冗余物种和外来物种。

相互适应的物种

我们经常看到许多相同的物种组合反复出现在多个生物群系或生态区域。早期的生态学家曾推测某些物种组合会赋予群落竞争优势。根据扩散协同进化理论，合理组合的物种会相互适应，这有利于它们的集体生存、种群延续和自组织能力。

扩散协同进化这一概念有若干的证据支持。植物和食草动物之间相互作用的研究表明，扩散协同进化与物种间反馈循环的发展密切相关。反馈循环能够调节物种数量和营养物质的相互作用，这将赋予群落竞争优势。这种现象是物种进化的延伸。例如，参与动物传粉、种子传播、固氮、菌根共生和拟态的物种会进化为更大的物种群。

扩散协同进化假说的一个补充或替代假说可以解释物种在群落中的共同适应现象，即形态共振，即通过前期群落模式影响后继相似群落模式的发展，这可以更有效地解释群落中物种之间的相互适应。形态共振理论借鉴了场理论和量子力学理论，并解释了"吸引力域"（basins of attraction）现象。既然形态共振理论作为一个综合性理论，可以解释行为和发育生物学，那么它也可以解释群落中物种相互适应的现象。我们认为，尽管形态共振理论仅代表了一种范例，许多修复生态学家不愿对其进行深入探究，但是这一理论仍然是修复生态学中一个具有前景的研究方向。

当我们确定物种的种子是在当地采集的，并重新应用至当地的生态修复项目时，那么我们也能确定这些物种应该可以相互适应。当我们为修复项目准备参照模型时，我们在项目现场记录潜在的相互适应的物种组成，并有意将其重组。我们可能不知道，这些重组物种能否在彼此影响下进行扩散协同进化，还是由于其他原因这些重组物种碰巧可以互补协作。但是，在任何情况下，这种重组会比我们从商业苗圃的产品目录和现货供应中随意选择物种种类具有更大的成功可能性。

以下这一假想案例，表明有一种方法可以达到相互适应的结果。假设在一个特定群落中 21 种植物物种形成了 K 策略。这些植物的根从七处不同的土壤深度中汲取水和矿质营养。每个深度都有三种植物长出根，这三种植物的根系在不同季节代谢活跃。因此，在空间和时间两个方面上，21 个物种对于水分和养料的竞争都实现了最小化，它们平等地共享着生态系统的资源。现在假设这个群落遭受了损害，修复从业者在苗圃的产品目录随意订购了 21 种植物进行生态修复。我们进一步假设，这些植物中彼此之间不能相互适应或互补，所有植物的根都在同一季节并且在相同的土壤深度，汲取到水分和矿物营养。几年后，只有最适应这种环境的物种存活下来，其他 20 个物种皆从竞争中败下阵来。这显然是个极端假想案例，但可以让人明白，我们要依靠生态系统先前的参照模型，因为它能告诉我们哪些物种能够相互适应。这样做便可以顺利实施生态修复，并保持其历史延续性。

功能群

一个功能群由某些特定物种组成，在生态系统中，这些物种发挥着特定的作用或采用适应的方式回应外界给定的压力和驱动力。功能群发挥的多种功能包括：通过光合作用固碳、固氮、将死去的植物分解为腐殖质、草食动物、加固土壤和小气候调控等。每一种功能都可以进一步细化为一系列的其他功能。

例如，枯死植物的分解活动开始于真菌，这些真菌溶解掉与植物细胞粘合在一起的果胶，紧接着昆虫幼虫开始消化部分分离的木材，位于昆虫的肠道的共生细菌消化溶解掉纤维素，并在昆虫的排便过程中继续其消化过程。还有一些其他功能作用，如腐烂的木头是被环节动物（蚯蚓）以及专门溶解组成木材的不同化合物的真菌消化分解掉的，反过来，一种真菌可能参与到树木的根系之间的菌根关系当中，然后将碳水化合物转化为矿质营养。一个物种可以发挥多个功能作用。此外，功能群和物种组成，在维持生态系统和景观尺度的恢复力方面发挥着作用（Sundstrom 2012）。显然，顶级捕食者会影响一些生态系统中的植物和草食动物（Schmitz 2004）。如果修复项目现场缺少关键的植物物种或功能群，那么这是需要生态修复从业者引入。例如，在采用物理方式修复表层矿区土壤时，需将蚯蚓引入这种新的土壤基质中。而底栖无脊椎动物和鱼类可以帮助修复河流和湿地。

由于当时的条件和制约因素，许多城区和近郊区的生态修复工程实施时可能会阻止以前所有功能群的修复或重新引入。例如，邻近的居住区对于顶级捕食者的再引入是一种威慑。有人最近提议将狼群送回到俄勒冈和加利福尼亚北部以及其他一些地方，猎人和农民对此可能会有强烈的反对意见；相应地，类似于鹿一类的草食动物种群增长到一定程度会造成过度放牧，进而会威胁到新修复的生态系统；同时因为损害当地居民种植的观赏植物，也对周围居民构成滋扰。在这种情况下，修复从业者不能采用引入顶级捕食者的方法来控制鹿的数量，但他们可以为专业人士准备计划，这些专业人士将承担修复生态系统的管理责任。该计划将从生物多样性的潜在损失和生态功能的角度来解决问题，但是如果鹿的数量没有得到有效控制，生态功能将会受到抑制。

直到最近，植物间的功能群才被认为是用来回应植物生态学者所谓的生活型的好办法。例如，在一片红松林中所有针叶树都有相同的生长方式。然而，假设一个既定的生长方式对应于一个特定的功能群是过于简单的。例如，一些豆科树木利用根部的根瘤菌来固定大气中的氮，但是许多其他的豆科树木却并不这样。在一些热带雨林中，例如在亚马逊森林的林下、林冠和新生林中，这两类豆科树木并行存在。因此，正如冠层树可能不会构成一个单一的功能群那样，林冠层的豆科树木也不会仅构成一个单一的功能群；这样，我们必须识别林冠层中所有的固氮豆科树木。

此外，最近的研究表明，即使在明确清晰的功能群内部，其生理生态和物候特征方面仍存在许多差异。目前，许多功能生态学者和行为生态学者致力于识别和研究个别类群的功能特征，而且他们否认在生活型和功能特征之间存在功能相关性。例如，在地中海型气候的 5 个地区中，我们发现许多木本植物具有一系列的抗火特征。

在动物方面，对生态系统起到多重影响的一个重要特征是食草动物的体量，因为这决定了捕食者种群可以占有的食物种类和食物资源量（Schmitz 2004）。这也影响了食草动物捕食的脆弱性，因为食草动物越多，植被承受的压力越大。显然，食草动物之间的体量差异很大。一般群落中不能只有一个单一的食草动物功能群。多种功能群可有效阻止外来物种的入侵。关于这方面的内容，我们将在本章的外来物种的这一小节中进行探讨。

冗余物种

　　许多生态系统开展特定生态进程所需物种较少，而生态系统实际上包含的物种数量则非常多，这是由沃克（Walker 1992）首次发现的。随着生态系统中物种数量的增加，功能冗余的可能性也越来越大。功能冗余被定义为两个或两个以上的物种在生态过程中会起到完全相同的功能作用。假设只需一个物种发挥作用，那么冗余物种是无关紧要的、多余的，甚至在生态修复项目的设计中可被忽略。另一个假设是，生态学者知道一个既定物种在生态系统中所起的作用，而且冗余物种可以识别出来。其实，这两种假设都未能得到有效证实。但是我们已经确定一个物种可以执行多种功能，在某个生态过程中冗余，在对另一个过程中确是不可或缺的。鉴于其他多种原因，冗余物种也具有重要作用。纳伊姆（Naeem 1997）和多夫（Doff 2001）等人认为，一个既定物种在生态系统中发挥功能的作用，会随着时间推移和空间转移而不断发生变化，特别是在成分复杂且多变的环境中。因此在多变的环境条件下，冗余物种将会确保功能作用的有效发挥。

　　沃克没有考虑到，一个物种在一个完整的生态系统中能发挥特定作用，然而在受损的生态系统中则未必能发挥作用。因此，表面上看起来冗余的物种实则在生态修复过程中可确保正常发挥作用。最后，一个完整的生态系统应对环境变化的能力很可能取决于冗余物种，因为它们能迅速适应新的环境条件。换言之，由于冗余物种在变化的环境条件中可以有效发挥作用，生态系统则可以重新适应新的、前所未有的环境条件（Naeem 1998）。无论一个物种是否是冗余物种，生态修复从业者都要尽可能多地引入乡土物种，促使生态修复的顺利进行。

外来物种

　　虽然有些外来物种与本地物种以互补的方式发挥作用，但是外来物种不能代表生态系统的历史轨迹，也不能与其他物种相互适应。具有入侵性的外来物种抢占大量的生态资源，这些资源原本是供本地物种利用的。许多外来物种大量涌入，即使他们不具备入略性，也可能威胁生态系统历史连续性的重建，同时也会降低本地物种间相互适应的生态效益。由于这些原因，在项目现场应该移除外来物种（包括外来物种亚种），以防它们存活下来后对当地环境产生负面影响，例如外来动物如果不被移除，它们会啃食当地植物或捕食当地动物。美国生态修复协会启蒙读物《生态修复入门》（SER 2004）建议生态修复应在最大的可行范围内保留本地物种。这一重任仍然落在项目资助者、规划者、从业者和利益攸关方的肩上，让他们来决定修复方案的可行性。在生态修复项目的设计和实施中，对于外来物种的识别和处理，只能以当地的自然历史知识和实用主义经验为基础，对外来物种进行逐一甄别。

如果外来物种的寿命相对短暂，而且不能自我繁衍，这样便不能威胁本地物种的群落。在这种条件下，外来物种可作为地被植物或保育植物。地被植物可以暂时固定暴露的土壤，保育植物则有利于理想物种的长期稳定生长。例如欧洲的一年生黑麦草（Lolium perenne），通常作为地被植物种植在北美的生态修复区域。保育植物的种植，能够增加矿质土壤的有机质含量；豆科植物的种植，则能够增加土壤的氮含量，尽管这些做法会引起竞争性杂草的生长。有时速生且寿命短的外来树种也会发挥保育作物的作用，如为新种植的森林物种发挥防风和遮阳作用，使其避免完全暴露于太阳辐射下而遭受致命伤害。为了上述目的种植外来植物时，我们需要确保种植益处远远大于入侵风险。

如果一些不具备入侵性的外来物种在很久之前就被引入一个区域，并似乎已经作为生态过程的参与者融入了当地群落，那么，这些非入侵性的外来物种有可能会被生态修复学者所忽略。这些外来物种有时称为归化物种。然而，这个术语并未统一使用。归化物种在半自然生态系统中尤为常见。如芒果和番木瓜这些在热带地区种植的果树即是归化物种。在有利条件下，许多外来杂草物种会伴随着某些作物的培育而产生协同进化。这些所谓的归化物种在半自然生态系统的恢复中可以适当存在。

生态从业者需要仔细斟酌移除某些外来物种所面临的成本与收益。然而，当生态修复从业者在湿地修复现场用机械化的方法清除归化物种时，难免会践踏和损伤许多本地植物。在其他项目现场，从业者用广谱除草剂处理外来物种，这同时也会杀死邻近的本地植物。在这些情况下，公共监管机构仅根据归化物种是外来的就要将其根除的做法未免不尽合理。要知道，这些物种中有一些不可能被根除，在生态修复从业者根除之后，在生态修复项目结束之后，它们无疑还会再生。因此，更好的做法是忽略这些归化物种，而不是一定要将其根除。全面根除归化物种的这种做法的强制执行仅是满足政策要求的过度响应，并不能真正促进生态修复的开展。监管人员之所以制定根除或控制外来物种的相关规定，也许是因为与其他衡量生态修复成功的标准相比，外来物种的根除或控制更易于监测。这些规定会阻碍有关外来物种的更合理的解决方法的应用。

群落结构

　　当我们提到群落结构的时候，主要是指的群落的形状和外貌。群落结构是三维的，可以描述为两个层面，即水平层和垂直层。虽然群落结构最终反映的是物种的组成，但是我们在这本书中将物种组成和群落结构做了明显的区分。每一个生物群落都由特殊的有机物组成，而这些组成部分最主要的决定因素是丰富度、并置性、同质性、异质性。复杂的群落结构为生态进程提供了诸多空间场所。群落的结构越复杂，其间有机物相互作用的机会也越多。

　　例如，湿生植物的在水下的部分大多都被硅藻和丝状的绿色水藻覆盖着，硅藻和水藻都称为附着生物。附着生物在这些生态系统中充当了食物链最底端的食物提供者的角色。要是没有这些湿生植物提供的群落结构基础，那这些附着生物也就像那无根的野草一般，失去了依靠。植物的垂直层比水平层提供了更多的群落结构。底栖动物（如牡蛎）可以提供多种群落结构，非生物环境也可以提供多种群落结构，如裸露的岩石和其他崎岖不平的地形地貌。而当生物与非生物环境相结合的时候，会极大地增加生态系统群落结构的多样性。木质残体（如图 5.3 中所展示的和 VTF 6 所描述的）和其

图 5.3　在美国的奥林匹克半岛上，木质残体被用于溪流修复项目当中，一方面可以改变溪流方向，稳固水岸；另一方面又是大型无脊椎动物和鱼类的栖息地

他有机物的残余，甚至是人类的遗骸，都可以成为生态系统群落结构的一部分。

从业者在生态修复项目中采取的修复措施，第一步往往都是对场地植物的调整，即引种适宜植物和移除不适植物。植物的空间分布和均匀度都会对最后的群落结构产生影响。修复规划包含的种植设计，即涉及植物的空间分布和均匀度。举个例子来说，VTF 1 项目就展示了松树在生态修复项目中的独特价值。松树的落叶具有易燃性，很容易引发地表火，对火的适应，是群落结构的首要决定因素。修复项目的实践过程仅仅会对群落结构产生较小的影响。而当修复项目实施后，生态系统中种群数量的持续增长和人口统计过程，则会使群落结构发生较大变化。生态修复通常都可以加快群落结构向有利方向发展。而后来这种群落结构的快速发展正代表了生态复杂性的发展前景。

非生物环境

非生物环境（Abiotic Environment），是生态系统修复的物理基础。假如没有了这些非生物环境，那么设想中的物种组成和群落结构将是不可持续的。陆生和水生生态系统的物理环境方面的破坏，其具体表现是水文、水质和土壤条件恶化。而当我们提到海底环境时，盐浓度是不可忽视的一个因素。开挖沟渠以蓄水排水和农业生产中的大水漫灌，都将改变水文学的很多方面，包括：地下水水位、湿度的季节性变化、土壤饱和度或者洪水泛滥量等。水文条件的改变会减少集水区水流的存留时间，增加溪流峰值流量，并且延长低流量的重现期。所有这些改变都会损坏生态系统。植物和动物的生存会因为湿度周期的剧烈变化而受到影响。另外，如果土壤水分流失，有机质会被氧化并导致严重退化。如果土壤是水分饱和的或者长期浸没在水中的，那土壤很可能会缺少氧气，并且会因为营养物质的缺乏无法支持土壤中生物的生长。与此同时，土壤同样会遭受其他的损伤，如腐蚀、板结和一些机械性破坏等。这些机械性破坏的原因可能是牲畜过度啃食，也可能是重型机械设备的施工作业。

在先前用作农业用地的生态修复项目地点，那里的土壤不仅富含过量的营养物质，而且土壤本身的 pH 值也发生了变化。而这两者会吸引来竞争力强的 r 对策入侵性物种。在这样的地方，人类通常会在土壤中掺杂上一些锯末或者木屑，这样当真菌分解纤维素的时候会消耗土壤中的含氮物质，从而降低了土壤的富营养化程度。在其他的地方，如在地中海的干草原恢复项目 VFT 2 所描述的那样，表层土壤和富营养化物质都已经被去除掉，这保证了污染物的有效去除。

水生生态系统的退化包括以下几个方面，如水文改变，它将影响水量的季节性变化；例如：水质恶化，浑浊度的上升；污染程度的加剧；水的化学性质和物理性质（如温度）的改变；通过冲刷、清淤、或沉淀等过程，改变河床的基面。水生系统退化的原因通常都是集水区的陆生系统发生了大的改变。例如伐木会加速地表径流进入受纳水体、升高水温、增加水体浑浊度、减少碎屑（底栖无脊椎动物的食物来源），并且造成侵蚀产物在河道的沉积。动物粪便和农业肥料进入地表径流当中，是造成水体富营养化的常见原因。内陆淡水的过度使用降低了内陆季节性河流的流量，在河流入海口处水体盐浓度的上升导致水生生态系统的退化。

水文改变的问题可以通过修复物理环境使水文周期得以正常恢复，或者演替成另一种适应新的水文变化的生态系统。当积水永久地改变了生态系统的水文条件时就演替成新的水文生态系统。这种变化一旦发生，将成为一种不可逆的环境状况，并会把生态系统引向退化。

物理环境的修复必须谨慎的统筹考虑。否则，后续的对动植物实施的相关计划，如植物区域的规划重建，可能会失败。考虑欠周的物理环境改变会既会增加成本，又会延长修复项目的时间。物理环境适宜性的最终考验是它能否使一定数量的种群维持自我繁衍。换句话说，生物量可作为考察一个物理环境适宜度的指标。

景观背景

生物、能量、水、营养物和其他物质在生态系统之间自由地移动，有些移动是跨越较大景观空间尺度的，有些移动甚至是跨洲的。生态系统依靠这些流动和交换，以维持它们的生态过程。当一个生态系统恢复的时候，一个基本的任务就是确保这些流动和交换达到正常的水平。迁徙的候鸟是流动和交换方面的明显例子。一只黑斑森莺可能在加拿大筑巢，而到厄瓜多尔越冬，在候鸟迁徙的过程中水、营养和能量每年都随之迁移。

在规划设计阶段，一个项目现场的景观背景是需要统筹考虑的。如果周边的景观背景是受损的，生态修复工作可能无法发挥其全部的生态潜能。如果因为特定的土地利用目的，一个修复项目周边的景观环境中的所有植物需要被清除掉。那么修复项目区域内的动物则将被限定在这个区域内，如果它们离开这个区域的话，就很容易被猎捕，难以生存。换句话说，景观修复项目的质量取决于它所处的大的景观背景环境的生态质量。修复从业者需要尽可能地对项目基地和周边的景观背景环境进行整体考虑。如果景观背景环境中存在着缺陷，那么在对项目基地进行修复决策前，利益相关者和项目资助者就应该意识到这个问题。

项目周边环境的威胁对项目质量来说是一种隐患。对于这些威胁，生态修复者应该尽可能去解决（正如我们在 VFT 3 中看到的那样）。例如，那些植被遭受破坏的项目周边区域，它的地表径流可能会更快速的流向项目地点，加剧土壤的腐蚀或者沉积物的沉降。如果项目邻近的区域被大量的入侵物种所占据，那么与这些土地的所有者及管理者协商合作，消除邻近区域的入侵物种也是确保生态修复项目质量的一项任务。协商合作的成本远比入侵物种泛滥之后亡羊补牢所付出的少得多。图 5.4 表明了另外一种情况，河流冲蚀会威胁到林地的生态修复。我们中的一些人曾解决过类似问题，即如何修复采矿区的低地森林。在低地森林周边的斜坡上，生长着具有入侵风险的外来草本植物。每次降雨后，斜坡上的外来草本植物种子就被地表径流带到现场，我们想通过除草剂的使用来规避这种风险，但是除草剂抑制不了这些草本植物，我们也无法改变斜坡上的地表径流的流向。地表径流所携带的这些种子，很可能会对低地森林产生消极影响。由此看来，这个问题还需要协调规划和更好的项目管理来解决。

由于责任方面的问题，控制性燃烧成了最有争议的问题之一。如果一个修复项目需要实施控制性燃烧，而且确定燃烧可以减少燃料负荷或改善栖息地环境，这对毗邻土地拥有者而言，是有益处的。那么，项目经理可以对项目毗邻的土地实施燃烧。然而，基于对个人财产风险的顾虑，毗邻的土地拥有者可以采取法律行动，防止控制性燃烧的发生。在一些案例中，可以向农民或土地所有者提供经济补偿，使保障修复从业者在项目周边实施控制性燃烧的权利，以形成修复区域的防火屏障。我们在马达加斯加东部的一个修复项目中试用了这个方法。

图 5.4   展示了在澳大利亚新南威尔士州林地修复项目中的树木栽种的过程。受侵蚀的河道威胁着林地生态系统的健康发展，这种威胁可以通过在河道中放置基石进行缓解。这些基石的放置不仅可以减少水体浑浊物的沉淀，也可以提高河床的海拔高度

生态功能

所谓生态功能，是指生物体与非生物环境相互作用时所发生的一系列生态过程。生态修复者确保在生态系统中出现适当的有机体，并确保非生物环境支持这些有机物进行生长、繁殖等一系列活动的同时参与其他生态过程。生态修复者不会让有机体之间因生长、繁殖过程而相互消耗，也不会参与其他冗余的生态过程。只有有生命的有机体才能完成这项"工作"。这种情况类似于打开一盏灯，我们不会直接通过电线把电推入灯泡。取而代之的是，我们扳动开关来完成电路。可以说，当我们纠正或调整生物物理属性时，我们也会触发生态开关，这样生态修复过程就可以发生，并执行修复功能。因此，我们在表 5.1 中承认生态功能是一个间接属性。生态系统被成功修复后的生态过程发生方式应与该生态系统在受损之前相同。在考虑到生态成熟阶段和环境条件等各种因素发生变化的情况下，生态过程应发生在类似的表现水平上。

生态功能指标可以根据生物体的生长和繁殖来监测，就像通过灯泡流明值来度量灯泡的输出。所有这些都是功能的间接度量。能量（所有生态功能的基础）不适合直接测量。如果能够克服室外实验的技术困难，我们就可能进行生理学研究，从而进一步了解生物体生长的过程。这样的测量过程将是困难的、昂贵的，并且超出了大多数从业者的技术能力和预算。此外，这种方式可能只会产生有限的信息。因此，我们唯一的选择就是寻找生态功能指标。

间接度量可能包括对植物大小、植被覆盖、种子产量和植物繁殖的测量。可以对土壤有机质进行监测，以检测土壤有机质的增加程度，这表明初级生产量和腐食生物的活动。植物活力是从缺乏胁迫指标中推断出来的。对生物体的胁迫可能出现在变色（褪绿或注入花青素）或坏死（有死斑）的叶片中。树木可能会提早落叶或在枝条间出现枯萎。在动物身上，异常的行为会发出胁迫信号。例如，鱼身上的病变和肿瘤是胁迫的一个迹象。在修复项目现场检测到胁迫特征是一个信号，表明修复者应该寻找原因并应用补救措施。

通过适度的培训和设备购入，生态修复者可以快速地进行指示功能的测量。物理环境可恢复到正常状态通常表明生态系统功能良好。例如，溪水清澈程度的提高可能表明新栽植植被对地表径流中的悬浮颗粒物的过滤起积极作用。每日溶解氧含量的增加表明水生系统的富营养化正在改善。温度、pH 值和电导率经设备测量后便可揭示生态系统相关功能的变化趋势。地下水位高程可以在测压井中测量，如智利温带常绿森林的恢复（正如 VFT 7 中所述），可以根据标尺或堰塞处的记录仪器计算水深数据最终推算水流流量。所有这些都是对生态系统相互作用的间接测量方法。

历史延续

历史生态延续性的重建意味着受破坏影响的生态系统生物物理条件得以纠正，生态过程得以恢复。我们已经在第4章描述了历史的延续性，并强调对受损生态系统的修复并不一定意味着使其恢复到受干扰前的状态。相反，生态修复意味着将生态系统重新恢复到其原有的生态轨迹，并重新建立暂时中断的历史延续性。用医学比喻，受损的生态系统就像卧床不起的病人，暂时无法正常生活。需要修正的生物物理条件是与表5.1中列出的前4个生态属性相关的条件。如果生态环境自损伤的环境状况一直保持稳定，并且可以根据参考模型对生态系统各项生物物理特性进行校正，那么生态系统可以完美衔接到其原有的生态轨迹，但这种程度的生态恢复很少达到，就如同内科病人身上可能留有疤痕，提醒人们受伤或手术切口带来的残留。

有时，自生态系统受损以来，环境已经发生了重大的变化。因此，参考模型以当前或预期的变化（如全球变暖引起的变化）为目标对受损严重的生态系统进行生物多样性修复，这会造成与受损前生态系统的生物多样性形成巨大对比。生物多样性的这种异常变化并不能代表一个生态轨迹的终结和一个新生态系统的开始（见第12章）。相反，如果生态系统从未发生损坏，完整的生态系统与生态系统受损时的环境相同，那么完整的生态系统将随着新的环境条件而进化。也许生物多样性的具体细节在完整生态系统的进化过程和受损生态系统的修复进程之间会有所不同，但是变化的方向将非常相似，足以被解释为生态轨迹的历史延续。

生态复杂性

生态复杂性和群落结构密切相关，因为没有功能的群落结构毫无意义。这种关系产生了生态位的概念，生态位可以定义为与生态过程相关的结构。从技术上讲，生态位被定义为生态系统内的多维空间，被选中物种的种群以允许个体参与生态过程的方式占据和利用生态系统资源。栖息地的概念与结构和复杂性密切相关。栖息地是一个物种的种群赖以生存的空间或地点，包括空间内的生态资源。对于动物种群来说，栖息地是寻找食物和水、躲避捕食和环境压力、参与行为仪式、产卵或哺育幼崽所需的空间。对于一种植物来说，它是一个物种或种群自然生长或生活的地方，如泥炭地、岩石悬崖、森林树冠等。复杂性是对该空间或位置的区分。生态复杂性使得生态过程可以加速或更有效地发生，或者允许更多的过程发生。生态位更多的是强调生态过程，而栖息地更接近于暗示生态结构。栖息地被许多作者随意地用作象征生态系统内所有生物的生存环境，但是我们保留它的一个更狭窄和更有意义的使用，它属于一个单一的分类单元或功能群。当该术语用于一个分类单元的自然地理区域和一个标本采集地时，也会产生歧义。

在修复项目现场的早期阶段，群落结构通常较为简单。修复实践者通常在进行生物物理校正的过程中推动群落结构发展。种植树苗时的挖洞过程会影响土壤结构，这些树苗的地上部分虽然很小，但会迅速增加地上群落结构。每一棵幼苗都构成了一个群落结构单元，修复项目开始时，初生的森林的结构等于幼苗的总和。经过几年的生长，这些幼苗已经成为小树，有助于初级生产，产生腐殖质，作为鸟类的筑巢地，为巢中的雏鸟提供阴凉，并有助于小气候调节。修复项目结束时，森林结构的总和远远大于各部分。树木结构产生了早期不存在的新属性。产生属性的结构被称为生态复杂性。生态复杂性通常（但不一定）在恢复项目现场完成实施任务后出现。

生态复杂性最终取决于物种的总和，应确保有足够的生物材料可以促使原栖息地发展成复杂的群落结构。在这方面，一个有经验的生态修复者应寻找契机，以促进生态位分化的复杂性。例如，将原木引入修复地点可以使栖息地多样化，并允许那些适应在腐烂枯木中或旁边生活的物种占据原本无法获得的生态位，如图 5.3 和 VFT6 所示。这已成为河流修复的标准技术，通过引入大型木质碎屑来稳定侵蚀河道，将河流段分为水池和浅滩，并为大量动物提供木质栖息地。

生态修复者提高生态复杂性的另一种方式是在河岸上密集种植植被。当河岸被水流冲刷时，这些植物的根会束缚土壤，使其不会坍塌（图 5.5）。低矮的河岸为两栖和爬行动物提供了躲避捕食者的掩护，从而增加了生物栖息地和复杂性。然而，应当注意的是，促进生态位分化需要提前预料结果发生的各种可能性。例如，生态修复者安放了一个灌木堆来吸引小型哺乳动物到项目现场。这项实验非常成功，以至于大量的哺乳动物啃食了新种植树苗上的所有树皮。对结果进行预判可以避免令人不快的意外，例如，灌木堆的安装可能需要推迟一年，直到树木长得更大。

生态自组织

在第 3 章中，我们描述了完整生态系统受到损伤会减弱的几个能力。这些能力包括保持水分和矿物质养分的能力，维持良好小气候的能力，对营养级联的预防能力，以及各种有益的土壤属性。后者涉及土壤稳定、通气、垂直混合、有机质积累、保湿和营养相互作用等。所有这些都是由于生态过程和群落结构之间由于相互作用而产生的生态自组织特性。

生态自组织本质上是反馈循环紧密运行的结果，这些反馈循环提高了生态系统的生态效率和稳定性。当一个生态过程的结果加强或以其他方式影响后续过程的结果时，就会形成反馈循环。例如，捕食者和猎物之间物种数量的波动代表了反馈的影响。捕食者的增加导致猎物的减少，以至于捕食者因食物不足而减少，这使得猎物增加。在

图 5.5 在佛罗里达州 Dogleg Branch 的修复区域，来自溪流生态修复的初期河床，恢复植被的根系将土壤固定在一起，防止土壤塌陷

一个复杂的生态系统中，许多类型的反馈调节同时运行，多个反馈调节过程可以以不同的方式影响物种种群。因此，物种数量受到严格控制。在生态环境较为稳定时，这样的生态系统可能有利于 K- 策略师群体的稳定性。

哈钦森（Hutchinson 1959）很久以前就提出，随着食物网中食物链数量的增加，一个群落的稳定性也会提高。食物链的数量和物种多样性具有相关性：物种越多，食物链越多，生态稳定性就越高。这一原则强调了我们恢复全面物种组成的重要性。尽管看起来很明显，维持生态系统功能需要一套功能多样的生物体，但直到最近 20 年，生物多样性和生态系统功能之间的关系才得到了深入的科学研究。对生态修复的影响才刚刚开始探索。

恢复力

恢复力，即生态系统从压力或干扰中自我恢复的能力，是由于生态系统功能、复杂性和自组织产生的一种属性。生态修复者在提高生态复原力方面几乎无能为力，只能制定一个有效的项目计划，并详细地实施各项安排以消除抑制因素并应用利于修复的触发因素。完成各项工作安排之后，生态修复者只能等待生态系统对外界压力或干扰的反应，以评估恢复的生态系统表现出多大的弹性。

工作安排中偶尔会要求观察检测，这暗示了生态修复工作的有效性。我们在佛罗里达州中部磷酸盐矿区开采和复垦土地上的项目现场检测了生态复原力。Hall Branch 是湿地森林源头修复的一个成功项目（Clewell 1999）。修复工程完成后，邻近的一处房产开始采矿，导致修复后的 Hall Branch 地下水位大幅下降。两年的时间经常发生异常严重的干旱。土壤干涸、开裂，有机质因氧化而流失。当完成湿地水文修复工作时，只有几棵树衰败，森林保持完好状态，尽管一些草本物种的覆盖率降低了，并且一些外来物种在该区域定居。勘测表明，恢复不久的森林湿地生态系统已经对水分有了调节能力。

自我维持

生态系统的持续性和自我维持能力是生态修复工作的终极理想。自我维持是由于生态的复杂性、自组织性和恢复力而出现的另一个生态属性。修复工作者不能修复生态系统的自我维持能力，但他们可以在设计和执行项目时考虑到生态系统自我维持能力。这就好比一个孩子参加体育运动，梦想着获得奥运金牌。让生态系统恢复自我维持能力的决心就如同孩子对金牌的追求一样，都是一个伟大的梦想。

自我维持能力并不意味着永久自治。相反，这意味着修复后的生态系统将达到可持续发展水平，可与占据类似景观环境的同类生态系统相媲美。如果这个生态系统是半耕作的，它就需要定期管理，要么是传统的土地管理方式，要么是更具技术性的生态系统管理方式。也可能需要生态系统管理以抵消人为的影响，或按照利益攸关方要求发展的几个阶段来维持生态系统。自我维持能力并不意味着停滞不前。相反，一个可自我维持的生态系统是动态的，有能力根据环境条件的变化而进化。

生物圈支持

除了在景观和生态区域中的固有价值和重要性之外，所有被修复的生态系统都归功于生物圈的支持。我们利用生物圈的支持来指定那些对维持或改善整个生物圈环境质量有特殊影响的局部生态系统属性。恢复过程中光合作用活动的增加产生了大气中的氧气并吸收了二氧化碳。有机碳被封存在植物生物量和腐质中，这减少了温室气体进入大气的可能性，从而可能导致气候变化。生态复杂性的恢复逐渐增加了生物圈的复杂性，从而增强了生物圈对人为因素导致气候变化的抵抗力。生态修复增加了热反射率能力，从而增加了地球的冷却效率。

在评价生物圈支持方面的重要性时，我们可能会低估修复干旱土地（相对于茂密的热带植被）的重要性，这是一个错误。成功的生态恢复过程可以增强干旱地区的植物多样性（Bainbridge 2007）、初级生产力，以及整体生态系统的功能和恢复力。最近马埃斯特（Maestre）和同事（2012）在世界干旱地区进行的一项详细的实证研究中表明，在干旱地区占地球陆地表面的 41% 的情况下，植物生物多样性的保护对于缓解气候变化和干旱地区沙漠化的负面影响至关重要，这类证据强调了生态修复对生物圈支持的价值。

目标和项目标准

表 5.1 和图 5.1 包括了生态系统修复后的生态属性，这些生态属性可以作为世界各地所有生态修复工程的目标。尽管可以增加更多的生态目标，但是目前已不需要。例如提供造福人类的特定生态系统服务或修复特定物种的栖息地。表 5.1 中的生态属性可以作为生态修复行业的实践标准。前 4 个属性需要直接测量，其他 7 个属性需要间接测量，并应根据生态修复的目标采取相应的生物物理干预规划和实施方式。否则，生态修复工程中途需要修正或适应性管理。

大多数项目将无法令人满意的实现所有属性，因为许多情况超出了生态修复者的控制。这些情况可能包括资金不足、期望过高、极端的天气条件、监管限制、在实施后没有足够的时间提供所需的后续护理以及周围景观的影响，这些都是生态修复者无法控制的。然而，一个准备不充分或者准备不当的参考模型并不是不可避免的。对于规划者和管理人员来说，应根据修复经验争取他们所需的资源，以确保修复项目及其生态修复预期目标与可用的资源条件相匹配。例如，一个项目可能被延长一段时间，不要将其与预算周期联系起来。在这方面，斯特隆伯格（Stromberg）等人（2007）描述了在加利福尼亚州草原恢复过程中，为了满足 SER（2004）认可的越来越多的生态属性修复标准，需要不断地、持续地努力。尽管我们希望提高修复项目的质量，但我们应该心怀感激并接受已经完成的工作，而不是因为一个项目不可避免的缺陷而诋毁它。如上所述，即使在计划最周密和资金最充足的项目中，也会出现令人惊讶的情况。修复者必须准备好应对生态系统中那些超出预测和能力范围的因素。

本章属于生态修复的生态属性。社会经济属性和文化属性同样重要，但它们以满足生态属性为基础。不然二者可能不会取得成果关于这个问题已经写了很多内容，我们将不再像第 2 章中提到的那样详述，在下一章中，将探索文化和社会经济价值因素对生态系统塑造的影响。在第 12 章，我们将讨论生态修复过程中的所需考虑的社会经济问题。

第 6 章

半人文景观与生态系统

到目前为止，我们对于生态系统受损前的发展轨迹这方面的内容讨论甚少，只是说生态系统的生物物理环境和功能在过去曾经完好无损。有些读者可能认为未受人为因素影响的生态系统才是自然的。本章将消除这一错误的理解。人类因素已经影响了整个生物圈，影响了所有生态系统。在一些生态系统中，人为因素影响的痕迹是非常明显的。在另一些生态系统中，人为因素影响的痕迹不甚明显，只有在全面地掌握当地自然历史知识后才能厘清人为因素的影响。当进行生态修复时，我们的实施措施通常会结合人类追求的生态遗产。这些生态遗产是在半自然生态系统中逐渐形成的。

在半自然生态系统之中进行的生活并非是田园诗般的。相关的人类学文献中，充满了环境退化，后随之而来的部落和社会族群的解体（Diamond 2005；Mann 2011）。住在这片土地上的部落居民更多关注的是他们的生存和温饱问题，并非与自然环境和谐相处的浪漫想象。当人口规模达到土地承载力时，生态环境即会发生退化。如果饥荒、疾病和战争不能缓解环境退化的问题，那么人口迁移是一种常见的解决办法。这一办法目前仍然通行。尽管第 2 章阐述过的生态愿景，仍然是人类的首要目标，但在人们学会在他们的环境预算范围内生活之前，这一目标是难以实现的。与此同时，生态修复人员将继续树立保护生态的意识，直至我们学会如何尊重自然。

人类的分布范围甚广，遍布于整个生物圈。深受人类活动影响的景观被称为人文景观。几乎所有景观都或多或少地受到了人类活动的影响。基于此，人文景观和自然景观应被视为统一体，其差异在于所受人为影响多少之别。景观被完全转变为生产系统，依据人类的目的重新分配资源，这种景观被称为人文景观（cultural landscapes）或社会经济学景观。另一种类型的景观称为自然景观，这种景观被自然所主导，其人工干预少。介于这两种类型之间的景观被称为半人文景观，同时受到自然因素和人为因素的共同影响。相似的，同时受自然因素和人为因素共同影响的生态系统被称为半自然生态系统。"社会生态景观"这一术语可与半人文景观互换使用，但是因其过于专业，未被广泛使用。

居住在半人文景观区域的人们，以土地为生，在土地承载力允许的范围内利用自然。在这种情况下，无需开展生态修复，无需应用外在的生态系统管理。尽管如此，如果半自然景观一经荒废，这些景观可能被用于更加密集的土地利用，也可能被空置而自然演变为非理想状态。在上述情况下，生态修复则变为必要的了。

实施半自然生态系统的生态修复项目时，如下问题经常被讨论。社会经济条件发生了何种程度的剧变，才导致没有人愿意继续传统的农业生产方式？半自然生态系统由于不合理的开发方式或外在因素，受到了何种程度的损伤，才导致受到了当地人的嫌弃？不需考虑这些生态系统以前的人工利用形式，而应该将其修复至更自然的状态吗？谁是土地的持有者呢？这些问题都需要和土地持有者讨论。这些土地持有者是属于传统的土地实践者呢？还是属于能够实施新型土地利用模式的革新者呢？当意识到传统的土地利用模式不复存在之后，半自然生态系统未必需要被修复至先前的自然状态。如果采取自然的修复目标，这些生态系统很可能会演变至不可逆的非理想状态，除非采取高强度的生态修复才能将其改变。在这种情况下，一种替代性的生态系统应该被选作修复目标。兰姆（Lamb）和吉尔摩（Gilmour）（2003）已经讨论过相关问题，即如何使被遗弃的半自然生态系统得以修复，并有利于改进当地居民的生活条件。

生态修复实施者需要熟悉传统的土地利用方式，例如，如何用火进行半文化生态系统的修复。尤其是实施者能够区分以下二者的差别，即正常土地利用状态与人类滥用导致的土地失衡。二者之间的区分通常并不是显而易见的。半自然生态系统因自然因素和人为因素的和谐关系，得以健康发展。然而，另一些半自然生态系统因不合理的土地利用方式，而遭受损害。罗杰斯－马丁内斯（Rogers-Martinez 1992）已明确阐述过，半自然生态系统的修复需要自然因素和人为因素的协调，二者缺一不可。

被赋予文化属性的景观

自然生态系统向半自然生态系统的转变，源于远古时期的两个事件，一是人们杀死了巨型陆生动物；二是发明了火。在 13000 年前，当克洛维斯人跨越白令海峡迁徙到西半球后的 1000 年左右，31 个巨型陆生动物属种已经绝迹，这些动物包括猛犸、乳齿象、犀牛、树懒、巨型犰狳、尖齿虎、马、骆驼和其他动物。这些动物中的食草动物消耗了大量的生产者。这些动物的绝迹一定引发了西半球生态环境的剧变，造成了这一地区生物多样性的剧变。麦肯（McCann 1999）针对为数不多的原始人对大范围的巨型陆生动物造成绝迹这一现象做出解释。这些绝迹对生物群落和生态区域造成的后续影响，引发了生物圈人工化的进程。

到目前为止，火被认为是塑造半人文的最重要的工具。我们会在本章详细讨论火的作用。火对于理解半人文非常重要。生态修复实施者也需要熟练掌握如何使用火这一重要的生态修复工具。研究火的历史学家史蒂芬·派恩（Stephen Pyne）阐述过这一无可争辩的事实，即火在景观人工化的过程中具有重要作用。他清晰地表述过："火和人类是协同进化的……二者在不断地重塑地球。"在大约 250 万年前，原始人类出现在非洲东部以后，火这一工具就伴随了原始人类各个阶段的进化过程。一些学者提出，原始人类区别于其早期祖先的重要特征在于他们会使用火做饭。

麦肯（McCann 1999）在派恩的研究基础上，提出了如下观点，即人类能够点燃任何可以燃烧的景观，并且用火来控制景观，以帮助定居过程。人类首先选择在易燃的生态区域定居，后来才选择不可燃的生态系统定居。尽管闪电和其他自然因素也会引起火的出现，但人类点燃是引起火灾出现的最重要原因（Komarek 1966）。

生态修复实践者在生态修复过程中使用火烧，主要基于以下两个主要原因：一是减少可燃物，二是生态效益。减少可燃物的点燃目的是在一个区域内减少发生大火的可能性。在一些区域风化碎屑的积累是因为燃烧的减少或有意地防止火灾的发生。燃烧次数的减少能够最终削弱生态系统，有可能将生态系统转至替代状态（alternative state）。有意减少可燃物的燃烧可以消耗掉积存的风化碎屑，以免这些风化碎屑引发具有破坏性的野火。

一些考虑到生态效益的点燃是为了改进物种构成和群落结构。一些不希望在群落中存在的并且对火不敏感的物种，会在这种燃烧过程中减少甚至灭绝。基于生态效益的燃烧可能一开始的目的是减少可燃物，此后通过更加具有目的导向性的燃烧能够产生理想的生态效益。有时，通过减少可燃物类型的燃火，可以将更下层的湿润碎屑风化物烘干，为其将来燃烧提供可能性。此类燃烧的另一个目的是，分季节地减少可燃物的量。以免所有可燃物集中燃烧时造成的燃烧过于剧烈，以至于烧死一些群落中的重要物种，或烧死一些树根已渗透至较低碎屑层的树木。

燃烧可以去除一些相互竞争较为激烈的植被，增加土壤的矿物含量，燃烧的灰烬会提供大量可溶的养分，这些条件都有利于植物的繁盛。在地中海区域的实验研究表明，灰烬覆盖有利于种子萌发，这一研究结果是令人吃惊的。燃烧的热量有时会刺激植物种子萌发。燃烧产生的熏烟也会刺激植物种子的萌发，如许多澳大利亚森林植物和一些地中海地区的植物。燃烧有利于种子萌发，这是在生态修复中实施燃烧的重要原因。

由于草类植物和莎草类植物的生长密度大、叶子内部夹板状生长形态引起的大气中氧气含量高，使得这两类植物尤其容易燃烧。另外，针叶树叶子中的萜烯和其他易燃物质含量高，这使得针叶树叶子的可燃性也较高。相反，许多植物不易燃，如许多双子叶阔叶植物。这些植物缺少易燃物质，落叶平铺地面降低了大气中氧气浓度。对于生态修复实施者来说，掌握相关燃料及其可燃性的知识是非常重要的。

易燃生态系统通常以火灾发生的频率为特征，用连续火灾之间的重现间隔或平均年数来表示。用生态学术语中的回归间隔表达这一过程会更准确，引发燃火的可燃物的积累量，反映了近期的降雨量和影响植物生长速度的具体环境条件。依据可燃物积累量，可以更加准确地预测生态系统地燃烧周期。大多易燃生态系统，比如长叶松草原（图6.1），经常发生地表火，烧死草本植物和其他可燃物。致命的温度仅存在于高出地表1米或数米的位置。在频繁的稀树草原自燃的发生过程中，树木已经基本适应了这种生存条件，它们之间宽阔的生长距离可以防止树冠的火势蔓延。在其他的易燃生态系统中，燃烧周期可能会长达数十年。在燃烧过程中，会烧死生长密集的高大灌木，也可能会引起乔木的树冠着火，进而烧死乔木。这种易燃生态系统包括，北美洲东南部的波科辛和海湾沼泽、非洲中东部大湖地区的北美短叶松森林生态系统、北美洲西部的美国黑松森林生态系统、澳大利亚的桉树森林生态系统、澳大利亚东南部和南非开普敦地区的地中海型的林地生态系统。

几乎所有的草原和稀树草原都是易燃生态系统。民众熟知的许多大型哺乳动物和鸟类都在这些生态系统中定居。这些动物与燃火相依而生，尽管有些虚构故事描述的是相反的情况。如著名的迪士尼电影《小鹿斑比》描述的那样即是与事实相反的。生态修复实施者需要知道受损的生态系统是否是易燃类型的、燃烧周期及其正常的燃烧

图6.1　美国佛罗里达州中部的长叶松树大草原

程度。这些信息都应融入生态修复模型中，并且融入修复后的管理过程中。在一些生态修复项目中，通常建议用除草剂或割草来代替规定的火。这种权宜之计，可以避免获取燃烧许可的麻烦，也可以避免人工点燃的成本和责任风险。但是，没有燃烧直接进行修剪过程会产生一层杂草，可能会引起垃圾表层，也可能会抑制与火相依而生的物种生长。除草剂在土壤中停留较长时间可能会进入地下水造成环境污染，这种消极的生态影响，通常是不能被接受的。相反，燃烧会消除垃圾、可溶性燃烧灰烬会快速释放矿物营养物。草本植物在吸收这些营养物质后，在下次降雨后又会开始下一个周期的繁茂生长。

半人文景观案例

我们现在来探究一下世界各地的半人文景观案例。半人文景观分布很广，与人类的居住的地方相伴而生。在那些曾经有过数千年人类密集居住史的地区，无论传统的土地和资源的使用方式是否仍在沿用，那里的大多生态系统和宜居区域景观都是半人文的。民族植物学者凯特·安德森（Kat Anderson 2005）对美国的加利福尼亚州的半自然生态系统进行了评估，结果显示，人文生态系统和景观的盛行程度远远超过以往西半球的认知水平。加利福尼亚州的面积很大，各地的地形和气候条件差异也很大，分布了各种类型的生态系统。安德森的研究工作表明，加利福尼亚的许多生态系统都被人为因素改变了，仅剩的自然生态系统是亚高山森林、沙漠、盐沼地、滨海沙丘、碱滩等生态系统。安德森（Anderson 2005.8）声称："今天我们看上去像是自然生态系统的，其实已经被印第安人改变过了。印第安人通过燃烧、耕作、修剪、播种和管理农田，影响了这些生态系统。"她认为："早期的作家、摄影师和风景画家所表现的加利福尼亚景观，并不是他们所想象的自然景观，而是人工景观或半人文景观。他们所描绘的野花实际上是可供食用的栽培植物。"比如，加利福尼亚山谷内开阔的和长满绿草的橡树稀树草原已经深受人工燃烧的影响。管理橡树是为了获得可作为食物的栎实，还为了其他一些用途。麦卡锡（McCarthy 1993）也认为，在人工燃烧出现之后，针叶树入侵至这些稀树草原内部，阻碍了橡树的生长。在过去，临海广阔的大草原上主要分布的是针叶树森林，这被印第安人通过燃火而改变。而且，印第安人还将这片森林作为采集食物和狩猎的主要场所（Anderson 2005）。

加利福尼亚半自然景观的普遍程度并不是一种令人吃惊的现象。大卫（1953）已经证明，在半个世纪前的美国地东北部地区，印第安人也引发了类似的生态影响。威斯康星大学的地理学者威廉·德尼凡（William Denevan 1992）发表了令人确信的观点，消除了所谓的"原始神话"。19世纪的浪漫主义者和自然主义作家们，如库珀（Cooper）、朗费罗（Longfellow）和梭罗（Thoreau），杜撰了这个广为接受的传说。直到最近，这个传说才被质疑。德尼凡（1992）证实了，在1492年有多达4000万到1亿人的原住民生活在西半球。他认为，欧洲人民所携带的疾病爆发后，引起了人口锐减。在158年后，即1650年，人口数减少了89%。到那时，在人工可持续土地利用方式的基础上，半自然生态系统的物种数量得到了一定程度的恢复。欧洲殖民者将这些生态系统误认为是自然的。

德尼凡（Denevan 1992）重点强调了："印第安人的影响不是温和的、局部的和短暂的。他们利用资源的方式，也不符合生态思想。"经过了数千年之后，在哥伦布到达美洲之前，美洲印第安原住民已经促成了半人文景观的出现。基于农业的发展，而进行的土地清理和燃烧使得很多森林转变成了耕种土地和半永久性的草甸、林中空地、稀树草原和大草原。

图 6.2　澳大利亚悉尼附近的桉树林，林下植物以木本植物为主

一些早期的有力证据表明, 有意图的史前燃烧起源于澳大利亚。鲍曼 (Bowman 1998) 声称, 人类在 4 万年前或更早的时候, 就开始在这个岛屿上居住了。源于湖底沉淀物的孢粉数据表明, 木炭颗粒、桉树及其他耐火树种花粉频率同步的急剧增长 (图 6.2)。这更容易解释, 此为原住民点燃, 而非气候变化和自然火灾。鲍曼写道, 在欧洲人到达澳大利亚以前, 人工燃烧对于维持众多澳大利亚景观已经起到了重要作用。这种燃烧让植被范围和人口结构发生了重大变化, 也引起了大量动植物的灭绝。

人工燃烧有利于草本植物和灌木的蔓延, 进而促使桉树群落统治雨林。弗兰纳里 (Flannery 1994) 认为, 澳洲土著居民曾经使用过 "火棍农业", 这种耕种方法改变了澳大利亚的生态系统。弗兰纳里和其他学者认为这种实践促发了协同进化进程, 降低了土壤的养分含量, 在除了澳洲东北角最潮湿的地区以外的其他区域都形成了适应燃烧的生态系统。弗兰纳里 (Flannery 2001) 认为, "火棍农业" 这种耕种方法也曾被应用于北美洲。这种人工耕种方式引发了令人困惑的问题, 即生态修复者认为, 对于大多数澳大利亚人来说, 耕种方式的需求与选择已经发生了改变。澳洲土著居民现在已经变得更加安静, 其生活方式也已经不同于祖先。

亚马逊流域的大部分地区在被欧洲人发现之前, 就已经形成了半人文景观。但是, 这种半自然景观究竟包含了多少人为因素, 仍然是一个问题。克莱门特 (2006) 估计那时的亚马逊流域拥有 400 万 ~500 万左右的人口规模。在 1542 年, 西班牙探险家加斯帕 (Gaspar de Carvajal) 描述了在亚马逊河床 180 英里的延展地带内, 密集地分布着村庄聚落 (Mann 2005)。巴利 (Balee 2000) 声称, 在亚马逊流域森林的土壤中发现了大量的陶瓷碎片。克莱门特证实了, 亚马逊流域的部落人民曾栽培过 138 种植物。这些植物中的许多种类能长出可供食用的果实或其他植物器官。这些植物被广泛种植于亚马逊流域, 形成了广阔的农林业 (agroforest)。北美洲伯利兹地区 (Ross 2011) 和法国圭亚那滨海稀树草原地区 (McKey 2010) 的生态学和考古学研究, 证实了那些景观是人和自然协同共建的。

阿根廷东部的洛马斯, 又称为雾之绿洲, 是这一区域内生物多样性最为丰富的地区。这一地区蔓延数百公里, 位于安第斯山脉朝向太平洋一侧, 海拔较低。洛马斯被干旱地区包围, 其周围智利北部和秘鲁南部的滨海沙漠都是地球上最为干旱的区域之一。洛马斯地区曾遍布刺云实森林, 这能促进雾的形成。在 20 世纪, 这片森林的面积锐减了 90%。多学科的研究团队已经针对这一问题, 设计保护策略。基因学和生理生态学方面的证据表明, 在欧洲人到达洛马斯之前, 刺云实已得到了广泛应用, 被当地人用来提取丹宁酸和用作自然染料。因此, 巴拉格尔 (Balaguer 2011) 建议洛马斯的恢复策略应包括农林业实践，以模仿过去的管理方式，并反映它们作为半自然生态系统的演变方式。半自然景观在欧洲也是非常普遍的，比如新石器时代荒野地区遍布落叶森林，现在演变成了低密度的灌木丛。与一般寒温带气候区的生物多样性相比，这种低密度灌木丛的生物多样性指数更高。第4章曾描述过的白垩草甸，形成了一种半自然景观。另一个典型的例子是欧洲栓皮栎，这是一种寿命长、用途多的树种，遍布于地中海西部地区。这个树种因其木材可用于制作瓶塞和多种其他产品，而广受赞誉。人们好像在史前时期就已经开始运输栎果，将其应用范围扩展至欧洲西南部和非洲西北部。如今在这些地区，欧洲栓皮栎已经成为林地的主要树种。这些半自然农业林需要大量的人力维护，包括应用人工燃火和有目的地引入其他物种。例如，在葡萄牙的栎树林中，松树引用至其中。在许多地方，栎树林被废弃了，对其进行人工燃烧的管理也减少了。这使得栎树林成为具有高度易燃的森林，存在着火灾风险。有些学者认为，应该将栎树林变为其他不易燃森林，以降低其火灾风险。但是，另外一些学者更加看重保护栎树林的遗产价值、野生栖息地价值和旅游价值。这些栎树林为濒危鸟类和猞猁提供了栖息地。以栎树林为例，可以看出需要公众政策来决定如何管理这些半人文景观。

为生态修复选择半人文目标

应对于不同方式和不同强度的人为因素影响，自然生态系统可演变为多种半自然生态系统。换句话说，第4章阐述过的多重平衡理论可以应用于生态修复过程中的目标选择。例如，北美洲中西部的高草草原生态系统现在是通过频繁的人工燃烧所维持的。在欧洲人到达北美洲之前，该生态系统已经被印第安人通过每年的人工燃烧所维持。另外，还有一些区域看上去像是草原，但其实散布着大果栎和一些草本植物种类（Packard 1988，1993）。这种有栎属植物分布的稀树草原生态系统可以看作是无规律的人工燃烧调节生态系统的产物。而有规律的人工燃烧，可以促使高草草原生态系统的出现。在幅员广阔的芝加哥地区，甚至扩展到威斯康星和其他一些邻近的州，人工燃烧的缩短可以促使落叶森林群落取代高草草原群落和栎树稀树草原群落。我们无法知道，这三种群落中的哪一种会成为最终的结果，而另外两种成为替代状态（alternative state）的结果。任何一种可供替代的结果都可以作为生态修复的有效目标。土地持有者的共识决定着选择倾向。

另一个案例位于北美洲东部，这片区域森林的优势种是美洲山毛榉和糖枫，这代表了俄亥俄州北部温度适中地区的顶级群落。美洲印第安人曾经大量居住在这一区域，他们经常点燃，以去除灌木丛和小乔木。这种措施促使原有的顶级群落演替为白栎树和山胡桃树混交林。卡尔·史密斯（Karl Smith）曾采用类似的方法，在山毛榉、枫林中燃烧，以恢复这片原本以橡树和山胡桃树为主的半自然生态系统。人工燃烧能够促进春季野花的萌发，这些草本植物的根茎曾经以休眠状态存在于山毛榉、枫林混交林中的土壤中（Smith 1994）。相似的，小范围的人工燃烧可以丰富成熟顶级群落中的物种组成和群落结构。这个结论在伊利诺伊州南部（Stritch 1990）和密苏里州的邻近区域（McCarty 1998）也得到了证实。

在地中海区域，不同的生态系统状态反映了人工燃烧程度、林中植物修剪强度和频率以及放牧程度的不同。每个可供替代生态系统的物种组成是相似的，但物种组成的相对丰富度和群落结构存在差异。最轻微的人工干扰，可以促使栎树林生长，这代表了最为自然的状态。但是，随着人类活动在这一区域的持续和活动强度的加剧，生态系统的自然状态也就不复存在了。人工燃烧及其相关活动可以促使橡树林群落演替为松树群落或者演替为以橡树为主的灌丛（这是在综合大量文献基础上得出的结论）。通过本地化的习俗进一步使常绿栎丛的结构发生了变化。通过频繁的燃烧、放牧和砍伐树木，可将常绿栎丛演替为荆豆属灌木丛或草甸群落。在生态修复过程中，可将上述任何一种生态系统作为参照模型。

在进行生态修复规划时，目标生态系统的替代选择是至关重要的。因为土地持有者和社区中广大居民的生活与修复结果息息相关。有时候，一些表象是具有欺骗性的。我们建议将以下指导原则作为选择目标参考系统或制定短期修复目标的重要原则。第一，实事求是！应当优先考虑那些在完成恢复后能够提供必要的生态系统管理而不采取其他措施的国家。例如，一个生态修复目标的实现需要频繁的人工燃烧，但是近期难以获得燃火许可。那么这个生态修复目标不具有可操作性，不应予以考虑。第二，应具有功能性。如果被修复的生态系统具有作为休闲场所和改善景观的需要，那么修复措施应有助于这种功能需求的实现。第三，如果长期的可持续性是一种修复目标，那么应选择相对稳定和持久的修复措施。

我们也许会问，通过传统人工方式，将自然生态系统转变为亚稳定状态的生态系统后，这种生态演变的后续进程是什么呢？最为常见的后续进程是森林、林地、稀树草原或草原。俄亥俄州的森林即是一个例子。生态学者和自然区域管理者经常会忽略这一事实，即人为因素与气候因素及其他自然因素具有同等重要的作用。传统的理论假设是，人为干扰形成的生态系统代表了生态系统演替的初级阶段。至少在北美洲、印度、澳大利亚，每当进行决策时，是选择保护自然区域，还是选择让当地居民继续管理土地，当地社区的意见倾向以前通常会被忽略。现在看来，当地居民可从公园或其他保护区域所提供的各种生态服务中直接获利。

虚拟实地调研 4
南非亚热带灌丛恢复

马里乌斯·范德维、理查德·考林、安东尼·米尔斯、阿扬达·西格韦拉、雪莉·考林和克里斯托·玛莱

亚热带灌木丛生物群的特点是分布有多刺多汁的乔木和灌木，树冠高度通常可达（2-5）米（图1）。基于其丰富的特有植物——特别是肉质植物和球茎——西南部亚热带灌丛形成了马普塔兰 – 蓬多兰 – 阿尔巴尼（MPA）生物热点区域。亚热带灌丛直到最近才被认为是一个独特的生物群；它在系统发育和功能上与热带森林相关，并早于沙漠、稀树草原和草原生物群落的演化。

亚热带灌丛的物种组成和结构随着环境梯度的变化而变化，环境梯度主要与年降雨量有关，从干旱的西部延伸到中东部。更干旱的地区（降水量 <450 毫米 / 年）主要是以肉质树冠树为主。马齿苋树,在当地被称为 Spekboom 或 Igwanishe（图2）。

图1 未受干扰的亚热带灌丛

图 2　密集种植的洞穴

图 3　左侧未受干扰，右侧因放牧而严重退化的亚热带灌丛航拍图

马齿苋树具有抗旱特性，如 CAM——光合作用，这使它即使在严重缺水的时候也能生长茂盛。此外，当下雨时，它能够转换到 C3——光合作用。马齿苋树很容易从折断的树枝上生长，并且也是野生有蹄类动物、大象、黑犀牛以及安哥拉山羊和其他家养山羊的食物。

一个多世纪以来，过度的山羊放牧活动和不可持续的管理实践已经消灭了曾经繁荣生长的马齿苋树种群，该种群中包括木本树冠乔木和灌木（图 3）。在 140 万公顷由马齿苋树支配的灌木丛中，只剩下 20 万公顷。取而代之的是贫瘠、荒漠化、类似热带草原的景观，有一些残存的长寿命的木质树冠物种、裸露的土壤、短暂的草本植物和草（称为"opslag"），以及与以前完整的灌丛景观不一样的灌木。Fenceline 对比提供了过度储存对以洞穴为主体的灌丛影响的明确证据。

与生态系统动力学的替代稳态模型（Milton And Hoffman 1994）一致，这些伪稀树大草原正在走向一种新的稳定状态。换句话说，它们正在迅速变成一片没有树木的 karoo（半沙漠）景观，因为既不会生长任何原始的灌木丛树冠物种，也没有马齿苋树群落。与那些在完好无损的灌木丛中茂盛生长的树木相比，剩下的长期存在的灌木丛显示出繁殖产量的降低和死亡率的生长。

在马齿苋树盛行的地方，它是树冠下厚重凋落物层的主要贡献者，它的树冠密实，底部具有独特的"裙子"，提供了一系列的微环境条件，如较低的温度、较高的入渗率、保留了土壤水分、养分和碳。这些都是促使木本树冠成为优势物种的必要条件，也是其他树冠下层成分的特征，这些都是马齿苋占据优势灌木丛的特征。

当地土地所有者种植马齿苋树枝（茎插条）以控制土壤侵蚀的地点，为我们提供了调查数十年前修复地点性质的机会，可将生态退化与完整的地点相比较（图 4）。马齿苋很容易在缺水的退化地点种植，随着时间的推移，可将恶劣的条件改善到完好的状态。一旦重新引入，马齿苋就超越了非生物的门槛，刺激了完整和正常功能的亚热带灌丛生态系统恢复。不同种植年限的马齿苋树干表明，灌丛植物的生物多样性在贮藏约 35 年后自发再生。这一发现缓解了人们的担忧，即单一地种植马齿苋树会导致物种匮乏，考虑到种植马齿苋树之外的物种成本较高和不切实际，这也加强了这种简单方法的可行性。

干旱的亚热带灌木丛地区周围的社区是南非当地最贫穷的社区之一。马齿苋

图 4 在修复工程工地安装马齿苋树干

灌木丛的生态恢复是否会为改善当地居民的生活带来好处？众所周知，亚热带灌丛对牲畜和猎物具有很高的载畜量。它改善了土壤的稳定性，增加了土壤的保水和消洪作用。此外，我们还发现了马齿苋灌木丛的固碳速度可与许多中等森林生态系统相媲美，这可以让我们进入全球碳市场，以便为修复工作提供资金。我们将完整植被下的土壤碳与修复后的土壤碳进行比较，并测量了马齿苋植被下的固存碳（Mills and Cowling 2006）。

直到最近，该地区还缺乏建立恢复计划和社区提升所需的社会资本和外部援助。已经与南非政府接触，要求为亚热带灌丛的景观恢复提供资金。2004 年，自然资源管理计划（NRMP）采纳了马齿苋修复项目，由环境事务部管理的多部门倡议，作为其对扩大公共工程计划（EPWP）贡献的一部分，旨在通过提供额外的工作机会和技能培训来减轻贫困。由此产生了亚热带灌丛研究项目（STRP），该项目由科学家和经济学家领导，并由执行机构 Gamtoos 灌溉委员会（GIB）管理。该项目采用招标方式进行，承包商和一组工人根据标准规格种植指定区域，并获得报酬。

STRP 的目标是创建一个可持续的农村经济，通过碳信用和支付其他生态系统服务，促进灌木丛恢复吸引新的收入流。种植合同为承包商提供培训方案，包括管理自己企业的技能——投标、簿记和财务管理，以及与生态修复有关的技术技能。工人团队的培训包括必要的技术技能和生活发展技能，如个人财务、艾滋病毒防治培训和初级保健。通过这种方式，景观的生态恢复是通过穷人中最贫穷者的工作来实施的，即能够从恢复中直接受益的失业当地人。在科学技术研究方案的指导下，亚热带灌丛的生态恢复有望实现生物多样性和人民福祉的重大区域恢复。

虚拟实地考察5
巴西一个水库的森林恢复

佩德罗·H. S. 布兰卡利昂

在巴西东南部的圣保罗州，大面积且植被种类丰富的大西洋森林已经转变为农业生产区域。在过去的两个世纪里，由于种植咖啡砍伐森林造成森林覆盖率从85%下降到了10%左右。在过去的几十年里，甘蔗田占据了主要的农业种植区域，覆盖了大约500万公顷的土地。甘蔗生产依赖于高度机械化的土壤耕作和人工燃火。这些做法加剧了河道的侵蚀和淤积，尤其是在河岸缓冲区内种植甘蔗的地方。淤泥堆积在水坝后面导致上游的水库在旱季水量较少。

一个令人遗憾的淤积实例发生在为伊拉西马波利斯市的提供饮用水的水库。在1985年的一次严重干旱中，毗邻水库的甘蔗地冲出的淤泥占满了水库，几个星期以来，人们因租用卡车从邻近城市运水而花费巨大。

为了防止类似情况再次发生，市议会大学与各类机构共同准备了一项通过提升大坝的高度，疏通水库，并扩大其蓄水能力的计划。一个新的河岸线和河岸带将在开阔的农业地域上形成。最初的计划是通过种植外来树种提菩豆（Tipuana Tipu）幼苗来修复这一区域。植树可以减少侵蚀，形成一个明确的甘蔗种植边界，超过这个边界就不能种植甘蔗。经过进一步考虑，坎皮纳斯州立大学的赫莫吉内斯·雷托·菲洛教授和圣保罗大学的里卡多·里贝罗·罗德里格斯教授提出了一个有远见的生态修复项目，种植一片由108种本地树木组成的森林。该建议于1988~1990年间实施。树木是在苗圃的花盆里人工种植的。一些比较常见的树种是菌类植物、紫檀（all legumes）、云杉（Rutaceae）、马蹄莲（Bignoniaceae）。

为了防止再次发生，市议会与大学和外展机构一起制定了一项计划，以提高大坝的高度、疏浚水库并扩大其蓄水能力。新的海岸线和河岸带将在开阔的农地上形成。最初的计划是通过种植一种外来树木蒂普阿纳（Tipuana tipu）的幼苗来恢复该区域。植树将减少侵蚀，并设定一个明确的边界，超过这个边界就不能种植甘蔗。经过进一步考虑，坎皮纳斯州立大学的赫莫根尼（Hermogenes Leitão Filho）教授和圣保罗大学的里卡多（Ricardo Ribeiro Rodrigues）提出了一个富有远见的生态修复项目，种植由108种本土树木组成的森林。该提案被接受并于1988~1990年间实施。树木在苗圃的盆中种植并人工种植。一些较常见的树种是

图1 2012年从水库对面俯瞰恢复的森林

图2 2012年恢复的森林内部

菌类植物和所有豆科植物；以及芸香科等。

今天，这个占地 50 公顷、高度多样化的项目地点是巴西东南部最成功的修复项目之一。它为巴西大西洋森林地区由人类主导景观的恢复提供了一个模型，该地区的生物群落在巴西曾是受威胁最严重的生物群落。现如今林下物种，特别是灌木和攀缘植物，已经自发定居。附生植物没有定植是由于扩散限制和缺乏合适的再生地区所致。为了加快这一重要植物群的重建，将兰花、凤梨和仙人掌属通过将幼苗附着在树干上而重新引入（图 1~ 图 3）。

图 3　自发生长的木质藤本植物

业余鸟类学家在修复的森林中记录了 60 多种鸟类。在森林中观察到的本土哺乳动物包括泰拉（Eira Barbara）和美洲狮（Puma Concolor），它们都受到 CITES 附录 2 的保护，还有松鼠（Guerluttus Ingrami）、浣熊（Nasua Nasua）、负鼠（Didelphis spp）、水豚（Hychaeris Hychaeris）、犰狳（Dasypodidae spp）和南美水獭（Lontra Longicaudis）。

虽然该市近年来已增加到 1.8 万人，但饮用水供应仍然充足。该项目除了可以提供充足的清洁水源、保护当地生物多样性等作用外，修复后的遗址还被用作环境科学课程和研究项目的课外实验室。该网站每年有 755 名学生访问，其中包括 350 名当地高中生，以及圣保罗大学路易斯·德奎罗斯农业学院的 305 名本科生和 100 名研究生。生态修复地区已经进行了大约 20 次科学调查。其他好处包括与邻近甘蔗田形成对比的美学价值、娱乐、灵感、生态旅游，以及 Iracemápolis 的居民用于宗教仪式。大约 3000 人使用该地区钓鱼、徒步旅行、骑自行车和观鸟（图 4）。

在接受 300 人进行的面试中，88% 的人回答说，他们想参加由导游带领的游览以了解项目，62% 的人会为导游付费（3 美元）。此外，87% 的人认为，该生

图 4 学生在项目现场参加实地考察

态由于其能够降低水中的沉积物和农药含量,修复项目改善了他们的饮用水质量。94%的受访者希望在社区中进行更多的森林修复项目,63%的人接受水费上涨(每月 3 美元),以资助这些项目,此金额将支付每年约 30 公顷的森林恢复费用。然而,56%的受访者认为,他们接受在生态修复项目上投入更多水资源管理费用,拒绝政府在其他项目上增加相关费用。

该项目的监测数据有助于帮助制定支持巴西恢复高多样性热带森林的公共政策和具体法律文书,包括圣保罗州环境秘书处第 08 号决议,该决议强烈要求恢复原生生物多样性。该项目体现了森林修复如何使人们受益,并说服利益相关者接受其他项目的社会投资。

我们如何进行修复？

第三部分讨论了生态修复项目的构成方式。第 7 章讨论了参考场地和参考模型的准备，所有的规划都是从这些模型开始的。在这里，我们注意到参考模型不一定是静态的，但可以随着时间而变化，并且可以从一开始就进行一系列构思。第 8 章介绍了一个两难的问题，即在不损害试图恢复的生态系统的自然性的情况下，确保获得生态属性所需的恢复工作的强度。然后，我们开始研究在恢复时所获得的知识来源：它是一门艺术、一门手艺还是一门科学？讨论最适用于不同类型生态系统的创新、工具和通用方法。在第 9 章中，确定了生态修复项目所涉及的所有步骤，包括项目概念化、计划与实施，实施后的任务、评估、报告和庆祝活动。

第 7 章

生态参照

进行风景画创作的艺术家不会在办公大楼的小隔间内工作，他们会从自然风景中寻找灵感和细节。生态修复主义者也是如此，他们必须以自然为基础来构思和制定他们的生态恢复项目。本章描述了各种生态参照，以及根据它们所包含的信息制定参照模型，以备编制恢复工程计划。之后，我们将生态参照与生态系统轨迹联系起来，探索生态参照演变发展。

参照概念

一个生态恢复项目必须以自然为代表，指导项目规划和实施的各个方面。这个代表被称之为生态参照，它揭示了生态系统的状态，表明了我们对潜在生态过程的了解情况。理想情况下，生态参照所揭示的信息包括物种组成、群落结构、非生物环境的物理条件、与周围景观发生的生物和物质的交换，以及半人文生态系统中的人为影响。这样的生物物理信息允许我们重新启动或推进被阻止或延迟的生态进程。

生态参照方式多样，可以从主要和辅助的信息来源中获取。主要来源是实际的生态系统，称为参照点。只要包含编制恢复计划所需的充足信息，参照点的书面生态描述也可作为主要资料来源。辅助来源包括在生态系统受损之前在某种程度上有助于对其描述的任何相关信息。更具体地说，生态参照可能包括以下内容：

- 对恢复生态系统的描述，该描述包括生态系统遭到破坏前的信息；
- 该生态系统中幸免于难的残迹；
- 另一个相同类型的完整生态系统；
- 上述元素或其生态描述的组合；
- 以上内容中的任意一项添加辅助信息或进行修改，用以适应不断变化或近期改变的环境条件或限制因素；
- 当参考地点或其生态描述不可获取时，可采用次要信息的合成。

最好是将生态参考资料汇编成一个连续的文档，称为参考模型。参考模型涵盖生态恢复项目设计和规划所需的全部信息。

对荒漠长叶松热带稀树草原（VFT 1）和亚热带灌丛（VFT 4）恢复的参考包括原

始生态系统的完整遗迹。对地中海草原的全面详尽的生态描述可作为 VFT 2 的参考。绍拉草原恢复（VFT 3）和巴西森林恢复（VFT 5）的参考资料包括区域植物学研究的辅助信息。

生态恢复工程的愿景是遭到破坏的生态系统进行恢复后将出现怎样的景象。在大多数情况下愿景反映了一个或多个参考地点，这些地点通常由需要修复的完整的生态系统组成。这一愿景，无论其灵感是否来自自然界，通常称为恢复目标，代表预期生态恢复的长期结果。有了这样的愿景，就可以制定生态恢复项目的目标了。这些目标是生态恢复目标的简洁声明（最好是书面形式），确定生态系统恢复的愿景以及完成这一目标需完成的社会经济、文化或个人价值等方面的要求（第 2 章）。目标比愿景的范围更广，因为他们在生态恢复和生态系统服务方面考虑了生态系统按照预期恢复后的动态和视觉方面的变化。

理想情况下，任何生态恢复项目的首要目标都是以重构该生态系统的历史连续性，并确保生态系统恢复后仍延续其生态属性的方式来重启生态过程。（第 5 章）附加目标可以由项目发起人，利益相关者或参与项目概念化制定的其他人提出。这些附加目标可能涉及对生态系统服务的期盼、对濒危物种的保护以及生态系统的其他价值的挖掘。生态恢复目标的制定有时也会涉及人口安全的问题，例如，恢复目标旨在稳定山体斜坡，防止破坏性的山体碎石砸落到居住在山脚下的人们。

如果不存在完整的参考点，尤其是人类土地使用历史较为悠久的地区，生态恢复的愿景和参考模型必须依靠辅助信息来源。对辅助信息来源的采纳，不可避免地需要以生物领域的知识和经验为基础，对其概念进行甄别和专业判断。无论辅助信息有多么不完美，以术语对生态恢复愿景和参考模型的描述都可以作为指导修复工作的有价值的工具。尽管有些作者提出参考生态系统或模型并不能被当作指导手册，但是，它可以为生态恢复工作提供大致的参考方向。

正确选择参考标准是利益相关者和当地社区成员的责任，他们必须与要被修复的生态系统紧密相连，并为其提供管理服务。一旦修复工作完成后，该生态系统应作为人们社会经济和文化资源的利益来源，他们为此目标可以通过专门的机构或直接对生态系统进行保护、管理与维护。如果当地社区不接受该生态系统恢复后所要达到的目标，那么应该重新构思该项目，或者鉴于其他目标重新选取该项目的地点。一旦选择了生态参考地点，应以允许开展恢复计划的方式将其描述和概念化为参考模型，这将在后面进行详细描述。

恢复工作完成时，可能不会达到生态恢复项目预期的愿景或目标。在许多项目中，生态恢复任务在目标得以实现之前需要花费几十年或几百年。假设环境条件保持足够稳定能够保证生态成熟，那么珊瑚礁可能需要花费几千年才能恢复到其目标状态。参考模型中所反映的愿景或目标，可能永远无法完全实现，但这不应该成为一个让我们担忧的因素。参考模型是生态恢复的起点，而不是终点。并且生态恢复的过程是不定向的，我们不能坚持让生态恢复的终点与预先设定的愿景相符，否则项目结果不具有自然属性。正如第 4 章中提到的搁浅船的例子，一旦开始生态恢复项目，我们将无法确定生态系统的未来走向。但是确立正确的愿景至关重要，因为它描绘了生态恢复的意图，并为对预期结果感兴趣的人提供了一种预期结果。

许多已完成的生态修复项目都较高程度地模拟了参考点，有些修复项目需要等待的恢复过程时间很短。图 7.1 给出了一个即时修复的特殊示例，在草皮开采地点选取一片湿润的草皮并将其直接运输到矿区废弃处进行生态恢复。在土壤、水文和地形方面，该处物理环境与原地点基本相同。所需要做的只需要将草皮的植物根系植入矿区土壤中，该过程较为快捷，就好像在住宅区中植入新草坪一样。几周后，该场地生态恢复的唯一证据是草皮汇合的地方出现了模糊的线条。在这种情况下，修复项目的结果与生态参照相同，这项技术并不新颖。芒罗（1991）在美国中大西洋地区成功移植了湿地草皮。

图 7.1 佛罗里达州修复湿润的草原。草皮切割机从捐赠场地完整地移除草皮，以转移到项目场地。这张照片是在转移几周后拍摄的

在过去实施的诸多项目中，往往没有准备正式的参考模型，并且没有正式的相关说明，在没有明确生态系统修复目标的情况下就展开了生态修复活动。如果项目规模有限且生态环境损害不严重，在从业者对当地的自然历史有丰富经验并担任项目规划师的情况下，这种做法就比较适合。这种情况允许项目实施后进行长时间的后期护理，从而有足够的时间和资源维护正在修复的生态系统，并可进行必要的生态修复校正。但生态修复过程十分重要且需投入大量的资源，因此需避免这种做法。即使参考模型能可能不完善和不完整，我们依旧建议在修复项目开展之前准备一个参考模型。

由于土地开发利用和用地类型的干扰掩盖了原始生态系统的特征，寻找历史参考点变得越来越困难。布鲁尔和曼泽尔（2009）开发了一种基于多元统计排序下的应用模拟方案，当没有合适的参考点时可以寻找替代点。该方法依赖于物种栖息地分类下的生物多样性调查生成的数据矩阵，该矩阵旨在统计评估群落之间的相似性。布鲁尔和曼泽尔（2009）研发的参考模型，为修复生态学家与从业者提供了合作机会，并为促使生态修复项目的完善和成功做出了重要贡献。

参照场所的类型

怀特和沃克尔（1997）提出了对参考地点的正式分类，包括四个类别。分别为Ⅰ相同的地点，相同的时间；Ⅱ不同的地点，相同的时间；Ⅲ相同的地点，不同的时间；Ⅳ不同的地点，不同的时间。在第一种情况下（相同的地点，相同的时间），待恢复的生态系统应具备足以证明之前的生态完整的充分证据，可以用作其自身的参考，这称为自参照。在第二种情况下（不同地点，同一时间），主要参考点被称为避难所——生态系统的一部分保持完好无损，并且可作为其他需要恢复部分的参考。例如 VFT 1 和 VFT 5，图 7.2 显示了另一个避难所参考点。

在可获取到自主参考点或避难所的情况下，该参考地点几乎可以作为生态系统恢复的模板，特别是退化后的生态系统只需很少的干预就能恢复到以前完好无损的状态。想象一个草原或热带草原，经过大火焚烧后，由于木本植物的定居而导致原始植物退化，原始植物物种组成可能在休眠条件下作为种子库或繁殖库保存较长时间。只需要在生长季节里的较短时间内引发几次火灾，杀死入侵的灌木和幼树，清除堆积的落叶和粗糙的碎屑。此后，退化的生态系统可恢复到与受损前相同的状态。恢复后的生态系统如图 1 所示。自参照也可以作为一个模板用于由少数物种和可预测物种结构组成的破坏较为严重的生态系统中，例如亚热带的红树林。

目前较为普遍的情况是，参照点不能被当作生态修复模板，而仅仅是一个不完美的愿景，因此我们使用"灯塔"和"指向未来的指针"两个术语来代表这类参照点。

图 7.2　智利的猴头树（Araucaria araucana）森林是在已转变为桉树种植园的土地上进行规划修复的几个参考地点之一

这种情况适用于怀特和沃克尔（1997）的参考类型 Ⅲ、Ⅳ。在类型 Ⅲ 中，可以使用不同时间、相同地点的参考信息来表征生态系统衰退或灭亡之前的特征。此类信息可能包括生态系统受损之前的描述和照片，或者是可描述该地区自然历史的文献。相比之下，类型 Ⅳ（不同的时间、不同的地点）基本上没有关于描述项目先前生态系统状况的信息。但此类信息适用于一个或者多个具有相似自然位置条件且相似的景观位置条件的相同类型的区域生态系统。

　　有时没有参考点可供研究选择，或者参考点没有完整且足够的残余物。在这种情况下，参考模型必须至少由部分辅助证据组合而成。图 7.3 为澳大利亚悉尼北部的一个修复项目，这是一个有用但不完整的参考点。图 7.4 为一份历史文件，补充图 7.3 所示林地中收集的信息。在没有参考点的地区，如果生态修复的目的是修复原始的生态系统，而不是最近的半人文生态系统，则需要谨慎地分析和使用古生物学和考古记录中的数据。许多花粉只能鉴定属或科，相关性有限。风传花粉不一定起源于它的沉积地点，昆虫传粉物种可能在化石花粉样本中代表性不足或完全缺失。对保存在泥炭沼泽或湖泊沉积物中可识别的植物部分进行树木年轮分析和碳年代测定可以揭示原始系统的许多信息。

图 7.3　用于为澳大利亚新南威尔士州古拉冈岛修复项目现场准备参考模型的原始森林的少量残留树木。这是同一时间、同一地点的参考点

　　收集最近的辅助来源不仅有助于修复半人文生态系统的参考模型，也有助于修复近期内被破坏的原始生态系统的参考模型。这些资料来源包括已出版的动植物群的本地物种清单以及保存在标本室和博物馆的标本。可以从对历史文件、历史照片、日记和对植物园中旧材料的检查中寻找辅助证据的资料。美术馆可以传递旧山水画中的蕴含的大量信息。即使是保存完好的 packrat middens 的植物成分，也可以提供古生态学的证据。

参考模型的准备步骤

　　如何为一个新的生态修复项目准备参考模型？克莱威尔和麦克唐纳（2009）确定了准备过程中的几个步骤，下面介绍这些步骤，并做了一些改进。这些步骤假定已经制定了生态系统的修复愿景，并且指定了参考点。此外，还阐明了生态修复的目标。在最终确定参考模型之前，最好是在起草之前，对受损的生态系统进行清点，以探寻仍然存在的生态遗迹。这种遗迹，包括受损后幸存下来的物种、生物结构和非生物结构，构成了修复任务的核心。生态参考可以作为恢复项目模型的程度取决于其遗迹内容，

图 7.4　19 世纪中叶的历史文件,描述了当时在古拉冈岛(澳大利亚新南威尔士州)修复项目现场存在的已知物种。这是为该修复项目准备参考模型的第二个证据来源

不同项目之间的遗迹内容差异很大。在一些项目中,参考模型可以用作模板。在其他情况下,参考信息很少,只能用以暗示发展方向。

收集准备参考模型所需的文档

　　描述参考点生态环境的文件最好以数字格式加以编辑和采纳使用。如果可以找到相关文件,文件内容应包括航拍照片;显示地理、地形和土壤数据的地图;以及从生态学角度描述参考点的技术报告和出版物。当没有办法获得生态说明时,就必须进行实地研究,以便收集准备参考模型所需的资料。如果在准备参考模型时需要辅助信息,对辅助信息的搜索可能涉及广泛的学术研究和文献搜集工作,进行文献搜集工作的人员应熟悉《历史生态学手册》。

　　单个参考点可能太小,不足以进行技术描述,因为该技术需描述在该类型的生态系统中本地出现的和生态修复过程中出现于该项目场地上的所有种类的物种和其他生物的物理特性。不能因为修复体中包含未被记录在单个参考点的当地特征物种而认为生态修复不尽人意。在条件允许的情况下，应编制一个参考模型，以反映生物表达在物种组成和群落结构方面的潜在变异范围。因此，如果参考模型是与正在恢复阶段的受损生态系统具有相同类型、相同景观位置和一般场地特征多个本地生态系统的物种组成和其他生物物理特征的综合，那么该参考模型是最有效的。如果生物表达落入由多个参考位点确定的变异范围内，则应该认为修复项目是成功的。基于目标生态系统的生态清单下的参考模型可以通过任何可能获得的辅助证据来充实。

准备文件

　　这个步骤包括从所有可用信息中合成的参考模型。本文档不必像要发布的报告一样正式，它主要是为制定修复计划人员和其他直接参与项目的人员编写的，它只需要包含策划者准备生态恢复计划所需的信息。例如，如果项目地点在水文方向没有受到损害，则除了简要和一般性的介绍外，在参考模型中不必考虑水文状况。参考模型甚至不必是一个单独的文档。相反，它可以是对已存文档来源的注释索引，这些索引提供了项目准备计划和项目主管批准这些计划所需的信息。

　　参考模型的详细程度反映了生态系统受损的程度，从而反映修复工作的强度。例如，如果一个修复项目只需要去除一些有害的侵入性生物斑块，或在频繁复发间隔下修复规定的火灾修复项目，参考模型可以是简略的，并且只需关注的生物物理环境的几个方面。为制定参考模型付出的任何额外努力都将不必要地消耗时间和资金。如果修复项目需要在地表采矿破坏后重建整个生态系统，参考模式应该更加全面和详细，并且可能需要准备一本生态专题著作。

　　当必须引入理想的物种或去除不需要的物种时，植物物种的组成通常是参考模型中最重要的一个组成部分。如果环境条件发生变化，参考模型的物种组成中可以增加一些适应新条件的本地特色物种。例如，如果气候变得干燥，可以在参考模型中增加一些常出现在当地干旱群落中的植物物种。如果生态恢复地确实存在气候干燥的问题，只需向恢复点中引入少量的物种的个体，这些个体足够在生态系统中繁殖和繁衍。选择引入的物种应该是预期不会被恢复影响而定居的物种，前提是发生干燥条件并且只要附近有可以获取的种子源。选择不符合当地特点的植物物种，只相当于重建，而不是修复。

　　例如，让我们考虑这样一种情况：在佛罗里达州中部恢复柏树－桉树沼泽地（紫衫和水紫树），但是广泛的农业灌溉正在消耗地下水，并且地下水已经降低到沼泽可能无法再支持柏木和桉树的生长的地步。参与者可以在项目场地的最高处种植一些木兰（Magnolia virginiana）和松树（Gordonia lasianthus），它们在那里可以持续生长，最终作为种子树，在地下水持续枯竭的情况下逐渐取代柏树和桉树。如果条件已经改变，那么项目地点应该种植木兰和松树，而不种植柏树和桉树。参考模型应选择灵活性强的植物种类以适应当地条件。

对于所有项目，参考模型的内容必须满足项目计划，以解决每个规定的项目目标。例如，如果恢复的目标是为稀有的、靠动物传粉的植物物种提供栖息地，那么参考模型将通过指定可能重新引入的传粉者以及这种植物物种可能需要的任何特殊栖息地需求而获益。

识别异常

为编制参考模型而列举的大多数参考点都包含一些外来物种或本地有害物种（第 3 章）。而且，尽管它们作为自然地区的整体质量很高，但这些站点通常会显示出人为活动导致的环境伤痕，例如建设路基或其他基础设施对环境造成的入侵和干扰。基础设施的修建不适合列入修复项目，我们将它们称为异常点，并在准备参考模型时将其删除，或者我们专门对其进行标记，这样它们就不会被列入项目计划中。如果出现异常物种，则可以考虑将其移除。把一个生态系统恢复到退化的状态，或者因为恢复的生态系统没有模仿退化的状态而损坏生态系统，都是没有意义的。

确定关键要素

参考模型应优先考虑那些最需要关注的生态要素，这些要素可能是重新引入关键物种的或建立关键的功能组。重点可以放在非生物因素上，如将地下水位恢复到临界高度或以特定方式进行场地准备。例如，VFT 1 的场地准备和种子种植包含多个任务，这些任务都需要精确执行，以保证所需地被植物的生长，参考模型应该强调这种对细节的关注的重要性。

大多数陆地系统的恢复项目集中于维管植物的重建，以确保群落结构和负责初级生产的物种的恢复。在许多情况下，动物种群由于其流动性而最终将在恢复的生态系统中定居，参考模型可以识别出任何一种不太可能自发回到恢复的生态系统中的动物，以便项目计划就可以指定重新引入的物种。在需要时应指定具有重要生态学意义的隐性物重新引入，例如菌根真菌、固氮微生物、其他土壤生物和底栖生物。

只要物种组成和物理环境适宜，群落结构通常会自行重组。群落结构中所有需要从业者注意的元素都应该在参考模型中明确的识别出来，这样项目计划就可以相应地准备。在需要频繁的火灾来维持结构的以草为主的生态系统中，参考模型可以强调可燃地被植物的重要性，以便为快速建立这些优良燃料制定计划。

　　识别维持生态系统完整性的环境驱动因素和胁迫因子是参考模型的重要组成部分。例如，确定了热源生态系统的火灾状况，并明确了湿地的水文期。如果不能令人满意地解决环境驱动因素的动态问题，就不能为环境管理和项目后管理制定项目计划和处方。

识别缺失的元素

　　在一些生态系统中，由于近期灭绝、局部的灭绝或种子和种植资源的匮乏，导致特征物种无法恢复。例如，由于枯萎病（Cryphonectria parasitica）的再次发生，曾经占主导地位的美洲板栗（Castanea dentata）濒临灭绝，恢复阿巴拉契亚山脉的森林就成了一个问题。由于不断砍伐，历史上重要的树种已经枯竭，以至于在编制参考模型时可能忽略了它们的重要性，甚至它们的存在。需要在参考模型中指出枯竭的物种，以便将它们纳入恢复计划。森林的大部分地区中特有的草本物种可能已经被野猪消灭，如果没有植物学侦察，它们就不会出现在开发恢复的清单中。

　　修复计划可以识别无法修复的物种的替代物，特别是当替代物种能够提供群落中消失物种以前提供的生态功能时。这些物种不应该从种子目录中选择。它们应该是协同适应的物种，并属于与所讨论的生物群系相关的植物群落。如果在项目计划的其他地方尚未处理替代物种，可在参考模型中提出替代物种。在这两种情况下，替代物种的提名都需要评估在不影响生物多样性的前提下实现生态系统服务的潜力，而生物多样性有助于生态轨迹的历史延续性。

时间参考

　　选择大多数参考文献是因为它们代表了指定用于恢复的那种生态系统的成熟生物表达。但是，最近恢复的生态系统通常代表着生态系统发展的一个较年轻阶段，尤其是在项目场地受损时或在场地准备期间清除了大量植被的情况下。在评估修复成功与否时，需要对生态阶段不同的系统之间的比较进行解释，以克服这种差异。早期演替序列的物种在最近完成的项目现场占主导地位，这些物种中的大多数可能本身不存在于参考点中。随着系统的成熟，物种的丰富度肯定会发生变化。如果参考地点代表的生态演替阶段与恢复的生态系统演替阶段相同，则这种比较将更为有效。当一个新恢复的生态系统处于一个非常不成熟的阶段，并将其与一个成熟的参考模型进行比较时，项目评估中就会出现显著且不可避免的主观性。为了解决这个问题，一些恢复主义者将正在进行恢复的生态系统与通过自然再生恢复的同等不成熟的生态系统进行了比较。

第一次这样的尝试是由费伊塔格等人（1989）进行的，关于佛罗里达州的沙松灌木丛（Pinus clausa）和生态上类似的松散松木。这两个植物群落都有消防设施，并且居住在内部排水良好的低矮沙质山脊上。它们有时会在磷矿露天开采后经过回填的物理重塑的土地上进行修复。修复通常是通过机械回收即将开采的土地上含有根茎和种子的表土，并将其散布到附近开采的土地和物理重塑的土地上。费伊塔格等人从一个先前未受干扰的场地移走表层土，然后立即在同一场地重放成为一个参考点。与已开采和重建的土地不同，参考地点的深层土壤结构和水文体系没有受到采矿的破坏，可以通过独立的生物演替进行恢复。两年后，在恢复点和参考点对恢复的植被进行了监测。组成上的相似性表明，参考点和开采点的生态轨迹相同。

格兰特（2006）应用了这种方法的一种变体，用于评估西澳大利亚的 jarrah 森林（边缘桉树）的恢复情况，将其重新种植在经过露天开采的铝土矿开采后回填并经过物理重塑的土地上。自恢复以来，定期对不同阶段的恢复土地进行详细的植被和物理参数监测。在最早阶段的重建地点上恢复的 jarrah 森林已经充分发育，足以确定这种恢复策略对于恢复生态系统十分有用。因此，代表早期恢复阶段的监测数据将作为新恢复地点的连续参考模型被用在最近开采和重建的土地上。例如，将一个新的具有两年历史的修复站点与以前的具有两年历史的恢复站点进行比较。如果在新站点上监视的重要参数值落在以前恢复成功的站点上相同参数值的范围内，则认为新的恢复令人满意。如果这些值超出此范围，则应进行中间校正。在此示例中，先前恢复的项目站点成为新恢复的项目站点的顺序参考模型。

类似的，不同退化程度的参考状态可用于连续恢复状态的生态系统的参考模型，如图 7.5 所示。该图的主要信息是，如果生态系统在其提供的某一特定生态系统服务方面过度开发或退化，那么各种物种和它们参与的一个或多个生态过程将会"减少"（左图，自上而下），生态系统的健康、完整性和恢复力也会下降。一个或多个生态系统服务的流量可能在短期内增加，但整个生态系统提供的服务将不可避免地减少。在生物物理和社会经济矩阵中代表生态系统的圆圈的扭曲和缩小进一步表明了代表破坏和退化的转变。由于对环境造成了不可修复的破坏或土地的集约利用，生态系统的各个部分和过程可能无法完全模仿参考系统，因此从业者试图修复生态系统可能会很困难。在这种情况下，修复项目不同阶段的多个参考文献，提供了一种更加合理和现实的方法来衡量修复进度随时间的变化。另一个需要考虑的点是，已构建或设计的生态系统还可以与未受损的参考系统和正在恢复的系统进行比较。正如莫雷诺－马特奥斯等人（2012）最近对恢复创造的湿地进行的大量选择所显示的那样，一个或多个生态系统服务的流动提供了一个极好的参考轴，可以在一系列此类情况下进行比较。

景观修复中的参考

在景观尺度的恢复计划中，生态恢复可以与退化的生产系统以及在同一景观中的其他自然和半自然区域的恢复同步进行，以促进长期的生态和经济可持续性发展。旨在改善受影响社区福祉而与社会资本投资相结合的景观尺度项目的过程被称为 RNC 项目（恢复自然资本，第 10 章）。RNC 程序可能覆盖较大的地理区域，可能连续多年进行。对于需要恢复或重建的不同类型的受损生态系统，可能需要多个参考模型。在持续存在了几千年的社会经济景观中，参考模型必然会反映文化影响，如第 6 章所述。这给利益相关者和恢复计划的发起人提供了可以灵活地考虑用作生态参考的时间段及其环境条件。在景观恢复过程中，可以调整恢复模型以反映不同的时间周期。

进行调整的原因是：与早期的计划相比，恢复结果需要进行改善与提高，并适应利益相关者不断变化的需求。阿伦森等人（2012）设计了一种策略，以确保在生态和经济可持续性的条件下对参考模型进行这种调整，称之为历史多标准分析（HMCA）。

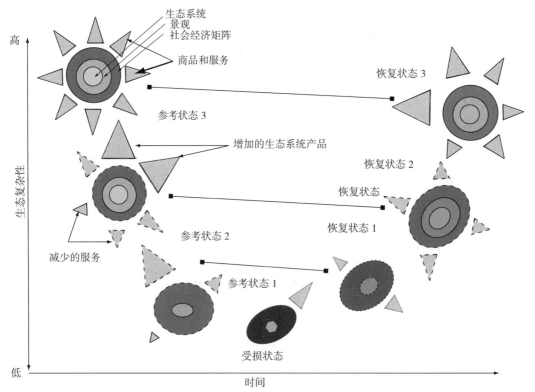

图 7.5　生态恢复中的序贯参考。虚线表示与整个系统和综合景观相比退化或破碎的条件。内部圈代表生态系统。外部的一两个圆圈代表景观和社会经济矩阵，恢复后的生态系统嵌入其中。三角形的附属物代表从生态系统中产生的各种自然商品和服务

他倾向于在选择顺序参考时达成共识，这些参考与特定生态系统或景观的退化和转变的历史阶段是相平行的。HMCA 策略已在法国地中海沿岸的沿海泻湖恢复计划中采用。这种方法有助于一些主要的利益相关者和金融家为这个多样化且人口稠密的环境共同价值和目标准备了更加清晰、长期的愿景。

轨迹

正如我们在第 1 章中看到的,生态轨迹是个体生态系统随时间变化的生物表达序列。我们可以把它想象成一个覆盖了几百年或几千年的生态系统的动态画面,它的发展速度加快了,这样就可以在不到一小时内看到它的发展。这部电影将展示动态生态系统经历的不断调整的过程,比如其显著物种组成的变化,以及群落结构和生命形式频率的变化。

与生态系统本身不同,生态轨迹不是真实的或有形的。相反,它是对生态系统发展史的渐进的历史记录。只要未来的环境条件能够以合理的置信度确定,并且生态系统及其邻近系统之间的相互作用网络保持不变,就可以预测未来的轨迹。如果预期未来的环境条件不会发生变化,那么生态系统在未来也不会发生太大变化。如果一个生态系统在这样一个环境稳定的"平静"时期遭到破坏,那么它可以以高度的历史保真度恢复到它以前的状态。以在岩石浅滩上发生污损的远洋轮船为例（第 3 章）,其前提是该轮船在营救和修理后将继续其先前的航向。

然而,尽管变化的速度不同,但自然界中的变化是恒定的。当变化的速度非常快时,一个生态系统会如其轨迹所反映的那样迅速发生变化。例如,在更新世冰川消退后不久占据寒冷草原的草本植物,可能会因为气候变暖转变为针叶林,最终转变为落叶混交林。从演替理论的角度来看,这一轨迹可以通过使生态系统回归到"不成熟"或连续发展阶段的自然扰动循环来阐述。

有时我们想将受损生态系统恢复到一个连续发展的状态,然后通过管理保持它的中断状态。如欧洲白垩草地（第 4 章）,加利福尼亚州橡树热带稀树草原（第 6 章）,和俄亥俄州橡木山胡桃木（oak-hickory）森林（第 6 章）。从这个角度来看,我们有时必须将生态参照视为随时间变化的动态系统。换句话说,我们需要在对生态参考的考虑中加入生态轨迹,这样我们修复和后来管理的生态系统的表现就代表了自然轨迹的各个阶段,而不是设计师设计的景观。

然而,由于过于严格地应用生态轨迹的概念,出现了几个问题。首先,原始的生态系统可能无法作为参考点,并且必须替代生态系统的基础上来假设其轨迹。在这些情况下,总是存在一定程度的主观选择、判断或妥协。其次,环境的变化可能会导致轨道的改变。最后，斑块动力学（第 4 章）可能会导致生态系统发生意想不到的变化，从而改变其运行轨迹。

修复从业者可以启动生态系统过程，但无法控制后续的生态系统动态。以特定密度种植某些物种，可以有效地推动正在恢复的生态系统向所期望的生物表达方向发展，但不能保证其完全实现。其他物种的自发繁殖和它们对已种植物种的竞争性排斥可以从根本上改变生态轨迹。该选项仍然是无限期地继续操纵物种种群，然而这种做法已不能称为生态修复，相反，它是一种管理、园艺或工程的形式，通过这种形式，人们可以将有意识的设计强加在一个自然系统上。其结果是人为的手段，而不是自然的恢复。在这种情况下，在这种情况下，产品在目标状态方面的价值大于生态属性的出现的价值（第 5 章）。

最重要的是，轨迹不应作为评价生态恢复项目成功与否的标准。轨迹具有太多的环境、生物和生态上的变量存在，不具有严格的预测价值。相同的告诫也适用于参考模型。参考模型和它的预期轨迹都应该视为起点而不是终点。

第 8 章

修复方法

在生态修复项目中，我们协助恢复受损的生态系统（SER 2004）。在第 4 章中，我们提出了我们应该为恢复受损的生态系统提供多少协助的问题。本章详细探讨了这个问题。之后，我们将介绍修复的框架方法，以研究在生态修复中使用的知识来源，以及这些来源如何影响我们进行修复的方法。

干预强度

完成生态修复需要什么样的干预？与生态修复中的其他问题一样，答案是因地制宜；没有适合所有地块的规律或方法。我们通过描述四个可应用或尝试的干预水平或强度来探讨这个主题，这是从麦克唐纳（T. McDonald）（2000）和普拉奇等人（2007）为此提出的类似方案中借鉴的：

1. 无协助的自然再生
2. 协助自然再生
3. 部分重建
4. 完全重建

无协助的自然再生

无协助的自然再生是指生态修复项目任务不包括对项目场地或周围景观进行生物物理操作或其他直接干预。相反，在大多数情况下生态修复依赖于自然再生，包括通常所说的植物演替（Prach et al. 2001）。在无协助的自然再生项目中，主要的干预措施包括消除造成损害的干扰源，充分保护项目场地，使其能够进行自然恢复过程。与所有的生态修复一样，无协助的自然再生需要在项目开始前有预先的意图和规划，否则再生就无法进行。此外，如生态修复的定义（SER 2004）的短语"促进生态系统的恢复"所要求，在没有"事先准备"的情况下，就无法对生态系统的修复提供任何帮助。没有事先意图而发生的自发修复无法满足生态修复的定义。无协助的自然再生需要事先知道，即在不依靠生物物理操作的情况下生态系统也可能会成功恢复，并且恢复将重新建立历史延续性（如参考标准所述）。

无协助的自然再生是实现生态修复的最小干预和最低成本的干预水平。有些作者使用"被动修复"这个术语代替规定的自然再生。我们回避这种做法，因为正如我们在第4章中所指出的那样，生态修复从定义上来说并不是被动的。此外，被动修复通常用于表示缺乏事先准备的自然修复，因此这个术语值得拒绝，它是生态修复概念混淆的来源。

无协助的自然再生最著名的例子是丹尼尔·詹森（Daniel Janzen）在哥斯达黎加瓜纳卡斯特地区11万公顷边际农田上进行的热带干旱森林修复。修复包括购买土地，然后让"自然收回它原来的地形"（Janzen 2002，559）。虽然在有限的区域尝试了有意的植树和土壤改良，但这些操作随后被停止，大项目区域内的大多数地形没有进行任何形式的直接操作。对瓜纳卡斯特项目区的生态修复进行有预谋的干预，是为了保护土地不受放牧、人为火灾、自给农业、灌溉、狩猎和零星伐木的影响。先前的生态调查表明，随后将发生自发的森林播种。其中为数不多的中美洲大部分地区从前广阔而连续的森林幸存下来，这部分森林是相对未受干扰的热带干旱森林，而其生态调查就是一个参考模型。这些森林也是天然种子传播的来源。詹森的团队已经确定，如果不受放牧和火灾的影响，依靠风传播种子的树木将会取代草地，一旦形成森林冠层，拥有动物传播种子的树木将会紧随其后。因此，在开展瓜纳卡斯特项目时，已经对生态恢复如何发生有了深入的了解，并有信心恢复历史的延续性。

其他著名的、经过仔细研究的自然再生案例来自中欧，那里的植物群落在没有协助的情况下在以前开采过的土地上再生。在其中一些地点，再生是有意进行的，可以算作生态修复，因为自然再生就是对基于附近作为参考地点的天然森林种子传播的了解和对矿山复垦过程中土壤基质形成的了解。

协助自然再生

协助的自然再生描述了生态修复项目，其通过更加微妙的非侵入性的生物物理操作消除了损害的影响。协助自然再生适用于物理环境（如果受损）可以在小区域以最小的努力进行修复的情况。协助的自然再生至少在广阔的区域内无需使用农药和机械化设备即可从竞争中释放出所需的本地物种。常见的措施包括规定的焚烧，成核种植，碎片堆的沉积，建立微型集水区以获取水和养分，促进小生境多样性的类似措施以及安置食肉类鸟类的栖息地。这些干预措施是通过消除生态修复阻碍而获得高回报的最佳做法。

肖诺等人（2007年）提供了一个来自菲律宾的协助自然再生的例子。菲律宾的从业人员站在木板上，这些木板放在密密麻麻的入侵野草（白茅草）地上，从而压碎并阻止了它的生长，而且还有助于本地林木（双腕果树）树苗的生长，其幼苗要么从竞争中存活，要么被杀死。直到树木大到足以克服竞争且无需进一步协助之前，该过程每年大约重复三次，持续两年或三年，并且不使用除草剂。此后，幼树的树冠足够发达，开始聚集成冠层，从而进一步抑制了白茅草的竞争。

成核种植，有时也称为袋状种植，是一种面积小而密集的种植区，至少有几个物种，通常像大小不等的垫脚石一样分布。如果种植的是小树林，就叫作树岛。它们作为辐射点，将所需的物种扩散到邻近的未种植地区。它们是有利土壤条件形成的微场所，随着周围地区土壤有机质含量的提高，土壤生物群落可以从这里以离心方式分散。它们吸引了鸟类、蝙蝠以及其他来自附近森林遗迹的本地植物种子和果实的传播者。在恶劣的环境中，成核种植的植物被放置在相对受保护的微生境中，就像在阿尔卑斯山脉（Urbanska 1997）恢复退化的滑雪场实验和中美洲热带山地森林（Zahawi and Augspurger 2006）实验中所做的那样。成核位点也可以作为浸渗透区域，有利于自发扩散和建立。乔木和灌木的成核点吸引了鸟类传播的具有肉质果实的植物物种，包括外来物种。

在干旱多风的地方，已经成功堆置了碎石堆，以获取飘散的种子和碎屑（Tongway and Ludwig 2011）。被困住的碎屑会作为有机物掺入土壤，种子发芽并在先前裸露的地方提供营养。微流域通常用于干旱土地的恢复，由 1~2 米长、30 厘米高的小 V 形或新月形的河道组成，以此获取地表径流和碎屑以刺激植物生长。

鸟类栖息处是由带有几个横杆的立柱建成的，放置在指定的开放区域进行修复。在附近森林觅食的鸟类被吸引到这些栖木上。通过鸟肠内未消化种子播种在裸露的土壤上，使土壤上覆盖了适宜的植物物种。在澳大利亚，有毒的异国树木的枯枝被故意留在原地以达到同样的目的。为了使这项技术成功，如果要萌发和建立幼苗，苗床条件必须是有利的，并且不与现有的植被发生竞争。

约翰·托比（John Tobe）成功地协助了高地阔叶林的自然再生，方法是在美国佐治亚州废弃的农业用地上的一处幼松林的部分树荫下，从当地的捐赠地点间种种子和新提取的移植物（图 8.1）。尽管恢复的面积很小，但恢复速度很快，而且几乎没有任何费用。这种努力极大地加速了自然演替，并使该地区次生林出现了原本在此地无法生长的树木和灌木丛的特征物种。

部分重建

被指定为部分重建的项目部分依赖于技术解决方案，部分依赖于自然再生。技术解决方案可能包括使用土木工程方法对物理环境进行机械化修复。例如，改变河岸的形状并填充沟渠。其他的技术解决方案依赖于农艺策略，如挖开底土和盘耙、大规模农用农药的应用、覆盖物的应用、机械播种和苗圃砧木的机械化移栽。与手动进行的

图 8.1 在美国佐治亚州的一处小松林下，通过在阴凉处间植树木和矮生树种进行高地阔叶林恢复。随着阔叶树的高度和覆盖率的提高，松树逐渐被移走

成核种植相反，这些方法适用于大尺度。

当自然恢复力耗尽，生态系统的生物物理元素需要替换，才能在可接受的时限内恢复时这种重建就变得很有必要。普拉奇等人（2007）解释说，技术解决方案有时可以通过依次消除物种建立的障碍来实现。最初，消除这些障碍会过滤掉物质环境造成的恢复障碍或物种扩散的障碍。随着修复的进行，竞争和其他生物相互作用方面的障碍被消除。技术解决方案试图消除所有这些障碍。然而，值得注意的是，最近对1500 多个湿地修复项目的调查显示，修复人员有时在一处地点应用了比实际需要更多的技术努力（Moreno-Mateos and Aronson，in review）。这种做法增加了成本并威胁到生态效益。这里的教训是，有时少即是多，需要根据具体地点来考虑。

描述部分重建的虚拟实地考察包括绍拉草原恢复（VFT 3），巴西森林修复（VFT 7），俄勒冈州的洪泛平原修复（Vstream 6）（并非溪流修复）以及智利的温带常绿雨林修复（VFT 7）。大多数局部重建项目都涉及增加苗圃存量，以便进行出圃。

完全重建

在完全重建中，修复的所有阶段都以对生物物理环境的操纵为特征。项目完全依赖于技术解决方案，而不是自然再生。一些与自然相关的再生可能会发生，但不会有明显的效果，或是不会在项目规划者信心十足的场地内发生。当要修复的生态系统被完全破坏时，完全重建有时是唯一可行的选择。最明显的例子是对地表开采的场地进行修复，再对矿井进行覆土回填。表面材料通常经过改造和修正以促进土壤的形成。水文条件则需要相当大的调整。

矿山通常出现在裸露的景观中，除了属物种外，几乎不可能自然传播植物繁殖体。通常需要广泛种植苗木，以引入理想的物种并控制侵蚀。外来物种及其最初的丰度将在很大程度上决定修复的结果。例如，外植树将成为第一代森林的特征，这可能会持续至少几十年。这些树木的种子竞争和原位生产可能会压制其他物种的定殖，外植的结果可能影响后代森林的生物多样性。

在虚拟实地考察中，长叶松大草原恢复（VFT 1）是一个完全的重建，地中海草原的恢复（VFT 2）也是如此。俄勒冈州的河道修复（VFT 6）代表了完全的重建。

无协助的自然再生、协助修复和重建并不是相互排斥，可以将它们视为描述干预强度的连续体上的节点。亚热带灌丛修复（VFT 4）介于协助自然再生和部分重建之间。这里的要点是要认识到，在修复工作的强度及项目质量，项目成本和项目完成时间方面存在选择。

在需要重新引进多种植物的项目地点，引入更多的物种，但每种物种引入较少的数量可能比大量种植更有效，而且成本肯定更低。如果立地条件适合一个物种，并且精心种植了几个个体，它们就会蓬勃生长、繁殖，并在没有帮助的情况下即可增加它们的丰富度。该技术代表了协助自然再生，并应用于地表开采和物理复垦地水源湿地森林修复过程中林下植被的重建。从天然森林中移走了大约 30 种草本植物和一些灌木，并移植到一个修复项目地点以前种植的树苗丛中。两年后，大多数的移植植物，但并非全部，数量大幅增加。一些在新恢复的森林中变得丰富。首选的策略是过度引入物种，而不是过度种植某一物种的个体。如果没有一个存活下来，那么种植多少适应性差的物种都毫无用处。

我们现在回到前面提出的问题：修复工作的强度应该是多少？我们应该只是轻推自然过程并顺其自然，还是应该完全叠加技术解决方案？麦克唐纳强调，全面重建需要大量的财政和人力资源投资。她认为完全重建会压倒自然修复，并施加预定的结果，而不是刺激结果难以预测的自然过程。相比之下，麦克唐纳（McDonald 2000）声称，通过自然修复过程可以产生对修复前的状态具有高度逼真的恢复结果，"因为它为通常复杂且不可替代的要素的连续性搭建了桥梁"。她坚持认为，以完全重建为特征的过度行动无济于事。桑帕约等人在发现大量的恢复工作可能会减慢巴西草场的森林修复之后，得出了相同的结论。尽管该建议通常适用，但存在例外情况，如 VFT 1 中关于干长叶松树热带稀树草原的演示所示，其中完全重建是生态修复的唯一选择。

从理论上讲，我们干预的力度越大，目标生态系统修复到不再需要我们协助的程度就越快。然而，项目成本随着工作强度的增加而增加。花费大量精力完成的修复项目可能会显示出人工手段的迹象，例如行间种植的树木或河岸上覆盖着乱石护坡。快速完成工作使得在最初的项目实施之后几乎没有机会进行后期护理，限制了从业人员进行中途更正和解决项目成功无法预料的威胁的时间。

选择的方法可能取决于多种因素和影响，包括：

1. 预算限制（规定的自然再生是成本最低的选择）；

2. 时间限制（在最短的时间内完成重建）；

3. 劳动力和设备的可用性（规定的自然再生是对此要求最少的一种）；

4. 明确的项目目标（除获得修复的生态系统的生物物理属性外，目标可能需要进行深入干预）；

5. 干扰程度（修复自然环境比操纵生物群需要更多的努力）；

6. 景观环境（可能需要采取强有力的干预措施，以补偿城市化和高度受损景观中生物和物质交换的减少）；

7. 技术选择的可用性（对新方法的研究和开发将增加成本）；

8. 合同，法律和管理现实（许可条件可能会排除某些修复方案）；

9. 政治现实（出于政治压力，规划内预防火的修复工作可能被禁止）；

10. 生态问题（例如，可能需要快速、紧急地实施，以防止入侵物种在开放的生境中定殖，或由于天气或气候的限制而在短期内进行种植）；

11. 社会经济优先事项（需要加快修复工作以储蓄洪水，防止侵蚀或提供其他生态系统服务）。

如果这些问题都不适用，那么首选的强度水平是只进行那些需要重新进入生态过程的操作，以减轻此后对人类补贴的需要。20 世纪 60 年代，澳大利亚的两个姐妹琼（Joan）和艾琳·布拉德利（Eileen Bradley）倡导了这一策略，并继续作为当今澳大利亚修复公共土地上自然区域的指导原则。该策略值得其他地方效仿，并且只要有足够的自由度来选择修复工作的强度，就应该考虑该策略。

低投入理想的实现在很大程度上受限于社区项目和长期的地方管理计划。其他修复项目为修复从业者提供了主要的就业机会，这些活动是由赞助和管理修复项目的大型组织的使命和政策驱动的。在这些大型项目中修复的基本原理是提供生态系统服务，尤其是基质稳定和侵蚀控制、储蓄洪水、改善水质和储水量、官方保护物种的栖息地、其他理想野生动植物的栖息地、与自然保护区相关的娱乐机会。这些通常是加速的项目，其短期目标是提供这些生态系统服务，而并非专门用于重建历史延续并满足第 5 章中讨论的生态属性。

框架方法

在第 4 章中，我们提出了通过一次性重新引入所有所需物种来加速生态系统恢复，以略过修复项目现场的植物演替，或者极大地减少生态过程恢复到正常功能为止的演替时间。格森姆和塔克（1995）正式提出了这一策略，他们在澳大利亚昆士兰州工作时提出了框架方法。后来在泰国北部和巴西尝试了这种方法。通常，种植代表森林生态系统主要演替阶段的20~30种树种。这些树木包括具有大树冠的快速生长的早生树木，在覆盖整个修复场地的种植中，将其与生长缓慢、冠幅窄的、中，晚生树木种植在一起。多层林冠的重建迅速抑制了喜光（喜阳）杂草，包括入侵性草和蕨类植物。该冠层促进了无杂草的林下活动，并促进了未种植的本地物种的自然再生，同时刺激了养分，水和能量的动态循环。如兰博（2005）和霍尔（2012）等人所述，在哥斯达黎加、巴西、印度尼西亚等地，这种方法在热带森林中的其他技术正在发展中。

框架方法似乎最适合于世界上竞争物种普遍存在的那些地区（Grime 1974）（第 3 章）。在胁迫耐受者占优势的情况下，从业者会在裸露的地点常规种植典型的生态成熟森林物种，前提是可以采用初始植物区系组成过程（第 4 章）。

知识来源

认识论是对知识及其起源的研究，从来都不是普通本科专业。生态修复方面的知识来源是不同的、有趣的，并且在很大程度上被误解了。我们试图阐明这些来源，并说明它们如何影响我们的修复方法。

智能修补和基于知识的修复

泰德·斯佩里（Ted Sperry）在威斯康星州麦迪逊市郊考量了一个废弃的农田。那是 1934 年。他刚刚从事将这片土地转变为高草草原的工作,工作方式就像 19 世纪一样。他在农田里长大，那时他刚刚获得了植物学学士学位。他对草原遗迹的植被和自然历史有所了解，这些遗迹沿着铁路和墓地逃过了被耕耘的命运。他有机会接触到一辆农用卡车和一群身体健壮的人，这些人手持民用自然保护团的铁锹供他支配。设身处地地为他着想。你如何确定先做什么？你会在田间耕作以播种一批本地物种吗？你还会撒肥吗？你会在哪里找到种子？对于那些会与本地草原植物的幼苗竞争激烈的农业杂草，你会怎么做？你将如何应对将在周围森林中播种的树木？还有另一种开始的方式吗？任务没有附带说明。泰德必须自己想出办法，然后尝试一下。

该项目现在称为柯蒂斯草原（Curtis Prairie），效果很好，尽管果园草和其他欧洲起源的杂草从未被完全消除。这是几个草原修复项目之一，大约同一时间在中西部的上游地区悄然开始，并在随后的 20 年中遍及全美，当时人们正试图恢复其他种类的生态系统。20 世纪 30 年代，在安布罗斯·克劳福德和阿尔伯特·莫里斯的工作基础上，澳大利亚开展了类似的活动。这些项目的所有从业者都面临着同样的问题。我首先要做什么？那接下来呢？没有地方可以寻求帮助。从业者设计自己的项目，没有专业的计划者参与其中。唯一的选择是深入挖掘他的自然历史知识和作为农夫或园丁的经验，然后开始工作。如果某件事不起作用，您去尝试其他事情，但这并非没有前瞻性。您从错误中学到了东西。您回想起在大学期间学到的知识，以及如何帮助父亲在刚耕过的土地上种下种子。

奥尔多·利奥波德（Aldo Leopold 1949）曾为这种修复方法起名，他称之为智能修复。当修复的人成功地运用这种修复技术后，通常会重复进行这种方法，有时会被与修复技术从业人员进行交流的其他人员重复进行。最终，该方法被广泛接受并普遍使用，但在此过程中可能经过改进和修改，以适应不同物种并用于不同种类的生态系统。这时，该方法已成为常识。是否有人愿意在已发表的论文中正式描述该方法并不重要。该方法最终将在从业者文献中被描述，但通常不会归因于首先尝试使用该修复方法的人。此过程导致了所谓的基于知识的还原。几乎所有的生态修复项目都很大程度上或完全取决于基于知识的方法和策略。

从业者文献不多，而且并不全面。论文往往是粗略的描述策略，严格评估技术和结果的详细案例也十分罕见，但这些都太少了。尽管有这些缺点，这种文献仍促进了从业者之间的交流。对这种文献的显著推动是《恢复与管理笔记》期刊的发行，1983年由比尔·乔丹创建和编辑，由威斯康星大学出版社出版。该期刊为从业者提供了发表文献的渠道，而乔丹辛酸的作品刺激了修复运动的发展。生态恢复协会（SER）于1989 年在加利福尼亚州奥克兰举行了第一次会议，此后提供了一个迫切需要的论坛，该论坛将实践者聚集在一起并极大地促进了交流。但仍然没有指导书或手册来告诉您如何设计项目以及首先要做什么。不过，《塔尔格拉斯恢复手册》即将出版，关于草原和沙漠生态系统的《沙漠和干旱地区恢复指南》也即将出版。

传统生态知识

将传统的生态知识（TEK）纳入修复从业者的工具箱中引起了人们的极大兴趣。假设是部落人民和其他生活在传统乡村生活中的人已经学会了如何耕种土地以维持生存。基于此，修复从业者可以利用这些知识并提高自己的技能。但是，TEK 源自管理半自然景观而不是恢复生态系统。因此，相比受现代工业社会的环境弊端损害的生态系统的恢复，TEK 与生态系统管理更为相关。如果传统文明想存在，就不能损害其土地。戴蒙德（Diamond 2005）遗憾地描述了许多因滥用自然资源而使传统文化崩溃的情况。

通过智能修复技术开发的策略和方法对土地的处理方式与传统文化一样，主要区别在于恢复主义者可以使用现代工具。正如 TEK 通过口头传承保持活跃一样，许多基于知识的信息已通过口耳相传的方式从一位从业者传给了另一位从业者。这些知识更可能会在技术会议上传播，而不是在部落篝火旁传播。

尽管 SER 的土著民族复兴网站尽了最大的努力克服这一障碍，吸引来自世界各地的部落和民族参加 SER 的会议并继续通过网络进行交流，但有时很难找到传统文化中的人并与之联系。到目前为止，传统生态知识尚未对我们在项目设计和实施方面的知识做出重大贡献，尽管它对于希望以不依赖技术解决方案的方式修复生态系统的从业者来说是鼓舞人心的。我们建议参考模型应包括与项目设计和项目计划开发相关的任何本地传统生态知识。负责准备参考模型的人员应寻求传统生态知识的来源。我们的理由是，传统生态知识可能会开辟进行修复的新的选择，而这在其他情况下是不会显而易见的。

基于科学的修复

逐渐地，具有科学倾向的从业者开始使用适合系统评估的实验设计和策略来设计和实施生态修复项目。从经验丰富的智能修复技术中衍生出的基于知识的方法在过去非常有效，并通过经验数据进行了验证。因此，他们的科学验证不足为奇。尽管如此，这样的工作催生了现在所谓的基于科学的修复。现代文明赋予科学以很高的价值，这使我们忘记了几乎所有的生态修复都依赖于基于知识的策略和方法，这些策略和方法源于智能修复，后来又经过科学验证。SER 在 1990 年代初期至中期发表在 SER 期刊《恢复生态学》上的许多论文都描述了修复计划，这些计划是由具有科学头脑的从业者和正在探索将生态修复作为一门潜在的新学科的科学家撰写的。这种类型的论文仍然出现在期刊中。同时，在修复实践中，智能修复技术仍然存在并且保持良好的状态，在修复实践中，经常需要创新来克服技术限制和务实的障碍。

可以说，修复生态学是一门重要的学科，它已经于 2002 年在亚利桑那州图森市举行的 SER 与美国生态学会的联席会议上问世。此后，进行了许多调查，并且在《修复生态学》和许多其他一流科学期刊中发表，包括《科学》《自然》《生物科学》《公共科学图书馆》、《美国国家科学院院刊》、《生态应用》、《生态快报》、《生态学杂志》，以及在生态与环境方面的前沿期刊。

这些出版物中的许多信息更多地用于探索生态理论，而不是解决从业人员在项目现场面临的特定问题。部分原因是资助机构仅对实际应用感兴趣。这些机构更喜欢进行重复的实验研究，在这些实验中，对参数的控制比大多数生态修复项目所在地所能预期的更为谨慎。著名的科学期刊的编辑进一步加强了这种关注。但是，随着人们对生态修复的了解越来越广，得到更广泛的接受，这种情况将会改变，并且已经出现了早期迹象。例如，在 2004 年中，《科学》杂志委托并出版了整篇专门的章节，专门介绍修复生态学。但在 25 年前，在 1980 年 7 月 4 日出版的《科学》（Science）百年杂志上，没有涉及保护、生态学或修复的文章。这是向生态修复及其相关学科主流化迈出的重要一步的显著迹象。尽管取得了这些进展，但在与生态修复相关的社会经济和文化方面有关的问题上，人们的兴趣仍然远远落后。在 2000 年 1 月至 2008 年 10 月的 13 份同行评审期刊上发表的所有关于生态修复项目的报告中，只有约 3% 涉及或没有关于该项目的社会经济效益的内容。

基于科学的生态修复仍然是非常新颖的，它在推动生态修复实践方面的巨大前景才刚刚开始。最近关于生态修复，特别是修复生态学的大学课程激增。一些学术机构提供生态修复的证书和学位。政府机构、非政府组织、咨询公司，甚至雇用从业人员的私人公司都促进了此类现象的发生。这些趋势令人鼓舞。

第 9 章

项目规划与评估

修复受损生态系统的方法和策略非常简单。一些修复项目会使用由全球定位系统（GPS）操控并配备拉扎尔调平（lazar-leveling）装置的自动化推土设备。这对某些人来说似乎很复杂，但是这种技术常用于土木工程。平整场地时可以使用打桩机、条播机、耕种机和自动植树机进行前期准备，但此类设备是从农业和林业的标准实践中用于生态修复专业的。在大多数情况下，修复是通过相对简单技术的方法，这似乎更易于生态系统修复到以前的状态。

但是，生态修复项目非常复杂，需要注意大量细节。从生态角度来讲，一个设计不够巧妙的修复项目看上去简直糟透了，就像拼图游戏中缺少了几块拼图一样，据说完成后根本无法起到相应的作用。生态修复就像拼图游戏一样，所有拼装步骤都很简单，但是，各步骤间是相互连接的，必须整体的装配在一起。修复计划者的工作是确定所有需要修复的部分，并说明如何从生态上将它们组合，实现生物多样性并使利益相关者和当地社区居民满意。

一个令人满意的生态修复项目是以生态原则为基础并计划将这些原则转化为适当行动的项目。合格的项目实施计划不能打折扣；但必须以适当的构想和计划为基础。但并不意味着构思周密的计划项目将顺利完成而不会发生任何事故。但是这表明了从业者需具有灵活应变能力并支持该项目，以克服出现的不可预见的障碍，并将问题减至最少。因此，许多关键工作是在构思新项目时完成，而不是在决定开始实地实施该项目之前。

"操纵"和"干预"是在规划讨论中经常可互换使用的两个术语，但我们认为二者存在细微的区别。操纵是在项目现场改善生物物理属性的直接活动，例如用石灰改良土壤或种植苗木。干预既是操纵的替代术语，又指另一种间接促进生物物理改善的作用。如第 8 章中关于修复热带干旱森林时，将牲畜放牧排除在外的一种间接干预措施。它消除了对所需植物物种的放牧压力并通过自然再生促进了它们的繁殖。如法国 VFTS 2 中所述，在修复项目现场故意引入牲畜以减少不需要的竞争性牧草是一种操纵，该措施是直接干预的。这种区别很微妙，但有利于描述修复策略。

修复指南

《开发和管理生态修复指南》中确定并总结了生态修复项目的步骤和任务。该指南被生态修复协会列为基础文件，称为《SER 指南》，该指南发布在生态修复网站（www.ser.org）上。其中的 51 条指南涵盖了从初步可行性研究到为已完成的项目编写最终报告的项目工作。《SER 指南》不是唯一的基础指导文件，其中怀恩特等人（1995），以及维森恩特（1999）和霍布斯（2002）为帮助准备决策制定协议的人提供了有益的帮助。

《SER 指南》作为从业人员和项目经理的核对清单，确保他们没有遗漏错误。该准则还可以用作项目信息的归档系统。使用者可以为每个指南制作一个数字文件。这样，项目活动可以像日记一样记录在适当的文件中。以便随时可以输入文字描述、数据、照片和地图，以及其他文档和相关的书目参考。这些文件以有助于编写进度报告、中期筹资提案、新闻稿、最终报告、专业介绍和出版物的格式，记录了项目的所有方面。如果有新成员加入项目，文档便于快速熟悉该项目及其当前状态。该指南分为概念性规划、前期任务、实施计划、实施任务，实施后任务以及评价和宣传六大类，并一一阐述。

概念性规划

这部分的任务是开展一项确定是否应进行修复的可行性研究。概念性规划中的第一步是在地图和航拍照片上确定项目地点，并绘制出项目边界。涵盖足够大面积的周围景观，以显示流域、土地使用以及其他可能影响项目的特征。其次，确定项目站点的发起人及其联系信息。简要地确定了要修复的生态系统类型，以及破坏的原因和程度。然后，给出进行生态修复的理由。最后，展望受损的生态系统重新修复并修复其功能之后的样子。

概念性规划中最重要的任务之一是增加当地社区的利益相关者和感兴趣的领导者对项目的认可和参与项目的意愿，并让他们参与制定修复项目的目标。项目目标是对项目愿景的概述。理想情况下，目标包括对令人满意的修复生态系统的 11 个属性的识别，如第 5 章所述。也可以添加与其他价值有关的项目特定目标。

下一步是确定完成生态修复的宏观策略，而不是具体方法。确定在项目工作过程中必须重新使用或安置的生态驱动器或压力因素，例如计划烧除制度。如果在项目地点完成积极的修复活动后，由于某种原因，这些生态驱动力因素不会无限期持续下去，则应放弃该项目或改变其愿景。如果修复的生态系统难以实现自我维持或长期自我管理，如果进行可控的山火复原，则不进行修复。

与此同时，应确定周围景观中可能阻碍修复活动或对之后的可持续性构成威胁的所有限制因素。例如，在毗邻的土地上进行开发，修复的生态系统是否可持续存在并发挥作用？面对这样的发展，是否会有足够的物质与生物流动和交换以维持修复的生态系统？周围的景观是否将成为可以修复的生态系统中永久定殖的入侵物种？发生火灾是否会影响到生态系统的修复？如果有关景观环境的严重问题无法解决，也许应该重新考虑继续修复项目的决定。

需要确定资金来源、劳动力、设备和生物资源这些资源足以完成项目。生物资源可能包括可以提供种植资源的种源和苗圃。需要确定许可要求，并充分理解许可过程，以实现获得所需许可的可能性。必须确定法律约束条件，例如分区限制、限制性契约、留置权和有关出入的限制。估算项目现场的修复工作的持续时间，以确保可以在规定的时间内完成修复工作。

前期任务

一旦概念性规划确定了拟议的修复项目是可行的，那么在做最终决定编制项目计划并进行修复之前，可能还需要完成一些初步任务。一部分是行政任务，例如准备预算以支持初步任务。而另一些则是技术任务，首要的技术任务之一是对项目所在地进行生态清查，以描述水文、土壤和自然环境的其他方面，并根据物种组成、结构和物种丰度记录生物群。该清单将用于确定修复程度和修复方法。随后，将根据从这种初始受损状况中修复的程度评估修复工作的有效性。该清单不必事无巨细，但它至少应包含一些有关物质条件和生物群的经验信息，可以与修复的生态系统进行比较。此外，可能必须根据关键参数（例如，地下水位的季节性变化深度或地表水中的溶解氧含量）启动基线监控。对这些参数的监控可能会在项目的整个生命周期中持续进行。

照片记录是至关重要的。应该拍摄大量照片，包括一些易于重新定位的永久性的照片点，在项目进行期间甚至以后，每年都可以拍摄具有相同视角的照片。从业者职业生涯中最可悲的是，当进入项目 5~10 年时才发现，他们无法找到自己项目现场工作开始之前和开始不久的优质照片。他们会希望当时能在适当的照明条件下（包括近摄，广角和不同季节）拍摄数十张高分辨率照片，并且注明日期并按位置进行标识。

应该记录受损的场地历史情况到档案中，包括造成损伤的原因和发生的时间。不同年代的历史航空照片可用于确定或确认影响的范围和时间。需要准备一个参考模型，如第 6 章所述。参考模型应精心编写，并包含为项目实施准备详细计划所需的所有信息（或对这些信息的参考）。如果还没有这些信息，就应该收集有关重要物种的生活史、物候学和生境因子的生物保护信息。这些信息生态知识有限的地区将特别有用。此外，一些植物可以在实验田中生长，以确定有效的繁殖和建立方法。

在这一点上，可能已经积累了足够的信息重新评估先前建立的项目目标是否现实。如果没有，则相应地调整目标。坚持不太可能实现的目标或者坚持不需要付出努力保证和承担生态修复项目的目标，是毫无意义的。

对于较大的项目，特别是那些需要证明成功完成的项目，要制定的 5 年或 10 年的短期目标，能在项目现场的活动工作完成时实现。最好这些目标有与表 5.1 所指出的成功的修复项目的前四个属性有关。这些目标将涉及物理环境（如水文阶段参数的获取或土壤中有机含量的积累）和生物多样性（如根据其大小和丰度建立特定物种）。这些目标（通常称为性能标准或成功标准），以及从经验监测数据中达到的协议，通常要求作为许可证和合同的条款。这些目标的成功实现表明，随着修复的生态系统继续其独立发展，将最终实现长期项目目标。目标的实现是许可证和合同条款得到满足的证据。应在项目工作之前建立数据分析的监测和协议，以便为每个目标的实现提供确凿的证据。许可证申请一般需要附上详细的项目计划。可能不需要对于小型项目和环境管理项目组成部分的项目不建立目标，这些项目有固定的工作人员或志愿者提供长期的善后养护。

在此之前，应通过其领导者和新闻媒体与相关各方，包括利益相关者和当地社区建立联系；另外还有公共机构、自然资源管理相关的非政府组织、环境保护组织和教育机构。这些相关方可以通过支持项目和提供资金、劳动力、专业知识和设备方面提供帮助。另外的初步任务可能包括准备通路、电线和其他基础设施，以支持现场修复工作。

实施计划

此时，已经积累了足够的信息，可以准备执行修复任务的计划。这些通常称为项目计划；实际上，我们称其为实施计划，以区别于概念性和前期规划任务。修复计划员现在可以开始入场了。规划过程确定并描述了从损害中修复生物环境所需的每项修复任务。这些任务中包括那些完成短期目标的任务。项目策划者准备图纸和任务描述，以明确需要完成的工作和如何实施。修复工程的执行任务涉及广泛，因工程而异。图 9.1 和图 9.2 说明了这样一个问题，即如何减少穿越修复区域的通路对环境的影响。这是一种不常被考虑的任务，但它可以把一个常规项目变成一个复杂的生态项目。

一旦计划完成，就要编制一份修复预算清单，包括为意外事故储备的资金。到目

图 9.1 美国佛罗里达州典型的由两侧沟道排水的分级森林道路。沟渠和略高的道路截流降水，改变了邻近松树稀树草原的水文环境

前为止，项目经理已经入场，负责设备、物资、生物资源和劳动力的安全。修复人员需要培训，尤其是志愿者。项目经理所承担的最关键的作用是根据生长季节和关键物种的物候要求，按适当的顺序安排项目活动安排。劳动力和设备的可用性根据生态习性日历进行安排。必须仔细指导提供生物种群的供应商，使其在交付时达到生长的高峰状态。尽管有如此周密的计划，但由于恶劣天气、设备故障、管理混乱、监管延误以及其他问题延误是不可避免的，项目经理应尽可能预见和避免。

实施任务

项目计划的现场实施由修复从业者执行或监督。可还有其他的工作，如标记边界和安装围栏。可安装木桩或纪念碑，以标记永久性监控位置和照片文件点。在一些项目中，执行实施任务是在一个工作周期中完成的，可能跨越一个生长季节或类似的有限时期。在其他项目中，实施工作可分为两项或两项以上，可分开数年，例如，在引进不能忍受开放环境的物种之前，先修复阴凉的栖息地。

图 9.2   如图 9.1 所示的道路附近的森林路，其中边沟被填筑，路基被分级，用来恢复水文

实施后任务

新实施的修复工作直到建立起不断增长的种群之前必须受到保护，以防受到人为破坏、食草动物破坏和其他威胁。如老鼠、鹅、鹿、野猪、海狸鼠和许多其他动物把修复区域新种植的植物视为晚餐。青少年会将其作为越野车的赛道。

实施后最重要的任务是提供善后护理，包括从业者进行的生物物理干预，以培育修复中的生态系统直至能够独立运转。

项目计划中可能会规定一些善后工作，例如灌溉外用苗木。从实施后场地的侦察中可以明显看出需要善后处理，以确定需要纠正的意外问题。后期养护有时称为维护或管理。我们更喜欢用"后期护理"一词来指代实施后采取的行动，以确保所有必要的生态过程都已修复了正常的功能，并且不再需要修复实践的援助。我们将术语"管理"（从生态系统管理的意义上）应用于所有修复任务和修复项目完成后计划的活动。

后期护理可以采取与生态系统管理相反的适应性管理的形式。因此，生物对实施的反应将决定尝试什么样的后期护理。后期护理方案是根据生物群对最初实施的反应而制定的。此后，下一个治疗方案将基于上一个方案中该生态系统的修复效用而定。每一个后期方案都像实验一样进行，就像医生会持续开药，直到病人对其中一种产生积极反应为止。项目计划可以预先授权适应性管理活动，并对适应性管理进行预算。从会计的角度来看，这一程序可能比在一个订单项的预算中存在隐瞒款项更容易接受。

计划监测是作为一项实施后的任务进行的。需要进行监测以确定短期目标是否得以实现以及何时实现。如果监测数据显示未达到目标，则可能需要中途矫正进行善后护理。没有必要衡量具体目标实现情况的监测昂贵费用，这难以从花费的角度证明其合理性。然而，如果没有后期监测，修复项目的成功就很难记录下来。因此，在项目初步规划阶段选择短期目标和监测方案，以确定完成后监测是否达到这些目标，比仅仅确定是否应向分包商支付所提供服务的费用更为重要。

评估与宣传

随着修复项目接近尾声，需要对监测数据进行评估，以确定是否以及何时达到了标准。准备一份最终报告，将项目记录为一个项目实录。进行技术演示和准备文章的发表，以便其他修复专家可以从这个项目的成就和错误中学习。告知新闻媒体宣布项目完成，公众庆祝用以可以加强宣传和公众对项目完成的良好态度。庆祝活动可以是一次社区范围的野餐，包括参观项目现场、贵宾的祝贺演讲和现场音乐。宣传、永久性标识和公众庆祝活动相当重要。否则，当地社区可能不会发现，该项目已经取得成果，修复的生态系统所产生的收益归功于一个精心设计和执行力强的修复项目。

策略与设计

修复学家通常会说设计一个项目和一个项目的设计。设计是一个适合工程师和建筑师的术语，他们的最终产品是可预测的和精确的。但这一术语不适用于生态修复。因为在生态修复中，从业者只有几年时间来修复生态系统，以达到自我组织的程度。与工程、建筑相比，生态修复与育儿的关系更为密切。这两个领域都关注年轻时期——年轻人和年轻的生态系统——他们刚刚开始以一种无法准确预测最终结果的方式发展。这两个领域的从业者都有自己的目标，他们的目标是为青少年树立身体发育的规范和行为榜样，为受损的生态系统树立参考榜样。然而，并不是所有的年轻人在成年后都达到了身体和行为的标准，也不是所有的生态系统都达到了预期的目标，原因在第4章已进行描述。一个设计承诺或至少暗示一个特定的现象将被实现，但生态修复是开放性的，不能明确实现这一承诺，除非生态系统需要很少的干预，而且将很快从受损状态中修复。

因此，尽管项目设计方便且使用广泛，但在生态修复的背景下，项目设计存在一些误导性的术语。我们更喜欢根据其战略（完成修复的总体方法）和策略（执行战略的方法选择）来描述修复项目。这里的推论是指导而不是坚持。我们正在帮助一个年轻的生态系统重建其历史延续性。我们真的无法控制它在长期内将会发生什么，就像我们无法控制我们的孩子在他们长大成人后独自生活一样。我们可以向我们的孩子灌输道德行为和良好的教育，就像我们可以给退化的生态系统注入有利的水文和适宜的物种一样。但我们不能确定这两种情况最终会如何发展。工程师和传统的建筑师不关心有生命的、开放的生态系统。他们唯一的兴趣就是这座桥不会倒塌，而且这座桥的建筑效率是否高效，桥梁是否美观。换句话说，只有将生态系统完全修复才算成功。许多修复实践者都受到了伊恩·麦克哈格（Ian McHarg 1967）的自然设计理念的启发。这一名言已经成为整整一代景观建筑师和修复从业者的代名词。尽管如此，我们认为战略是一个更恰当的术语。从准确性和有效沟通的角度来看，我们希望它能得到更广泛的应用。

遗传起源

修复计划的一个重要方面是遗传起源或起源地——指种子、其他苗木或其他引入项目地点的生物体。原因是许多物种分布广泛，并且在气候、土壤或其他环境变量不同的地区生长。因此，从另一个地方引进到修复点的生物体可能存活率低、生长差、活力低、繁殖能力低或对极端天气的耐受性低。由于特定表型和产生这些表型的等位基因的自然选择压力，一个物种的大多数个体都很好地适应了它们生活区域，这些特定表型和等位基因有利于在当地环境条件下的高存活率和成功繁殖。适应表现生理反应，如耐寒性、抗旱性或打破休眠的物候事件的时间。这些差异很少与形态学检查中可检测到的表型表达有关。例如，花蕾的存在并不意味着它什么时候开放。但是，互利的花园研究可以检测一种生态型，该生态型由适应特定环境条件的物种种群组成，并且通常发生在特定位置或遗传种源。

除了少数物种外，几乎没有人知道所有物种的生态型分化。关于特定生态型中适应性等位基因的基因频率和一个生态型分化所需的世代数知之甚少，但生态型分化的原理已被广泛接受。修复生态学家普遍认为存在许多生态型，管理机构人员通常坚持种植种群应在距离修复项目地点任意设定的距离内获得。引入不利的生态型可能会造成生物灾难，比如当地授粉者在错误的季节授粉，或者植物在旱季打破休眠。此外，在引入的生态型之间可能发生杂交，影响当地种群的遗传基因的稳定性。

如果项目目的是模拟预损状态，则应在当地获得种植种群，以确保所有种群都代表当地生态型。如果目的是修复开采和物理复垦土地上的生态系统、土壤结构、水文和可能其他环境条件相对于开采前的环境被改变，那么最好引入多种生态型。修复后环境的自然演替将决定哪些生态型存活下来，并且还可以从现有基因型的等位基因序列中启动对新的生态型的自然选择。如果预计气候将变得更温暖和更干燥，那么应该从气候已经更温暖和更干燥的其他地区获得种植种群。这一选择不是作为一种协助迁移的形式，而是作为一种使修复的生态系统预先适应预期的环境变化的方法。

如果当地的生态型能够增加成功修复的机会，那么就应该注意获得该种种植资源的遗传来源或位置。例如，在山区，砧木应该来自几乎相同的海拔和方向，来自同一种母质的土壤。在从蛇纹石露头产生局部土壤的地方，几米的距离可能很关键。然而，在环境条件一致的地区，生态分化的可能性小得多，一个当地生态型可能占据数千平方公里。

在与商业苗圃的种植者打交道或从他们那里购买苗种时，从业者应谨慎行事，以确保采用合适的和充分记录的植物遗传来源。种植者通常从批发的种子收集者那里购买种子，而种子收集者则从遥远的地方以及任何供应商那里获取种子。通常，种植种群不应来自气候比修复地区更潮湿、干燥或温暖的地区。从业人员还应避免购买由植物育种家从基因上选择用于木材生产的本地树木的种子或幼苗。这样的树木可能育有等位基因，这些等位基因对某些生态功能很重要，例如形成空心树干或动物筑巢和饲养所需的其他畸形。

接种土壤和基质

发育良好的土壤通常含有丰富的物种——真菌、细菌、藻类、昆虫、其他节肢动物、原生动物、线虫、环节动物等——其中大多数由于缺乏分类学专业知识、实验室设施、时间和财力资源而未被复垦专家列入目录。然而，这些生物在分解有机物、回收养分、保持土壤肥力、疏松土壤和其他重要过程中的作用在生态学上是重要的。在土壤遭到破坏或最近被开垦的地点，这些物种可以通过从计划转换或重新分配的供地回收土壤而轻易地重新引入。将回收的土壤分布在修复项目现场。这项技术被称为"覆土"或"表土覆盖"，如果在相对平坦的地形上实施，则通常再进行碟状机械或其他机械处理，以帮助将转移的土壤、土壤种子和根茎、节肢动物和微生物纳入项目现场的基质中。在具有侵蚀潜力的陡坡上，表土可能只限于安全地点（第 4 章）。如果供体土壤的供应有限，或者收集和运输的成本过高，可以将少量土壤转移到项目现场，并整合到重要位置的基质中，转移土壤中理想的生物群也可以辐射到周围土壤中。同样，来自水生供体场所的转移沉积物可以将底栖大型无脊椎动物接种到正在修复的河流或湿地中。

必须准备好项目现场，以接收捐助者的材料。将供体土壤从潮湿的栖息地转移到干燥的修复点，在那里有机物含量会被氧化，这没有任何好处。如果修复需求大于供应，修复项目的明确目标可以包括建立供体土壤的来源，以便在未来的项目地点用作接种物。

项目评估

生态修复的批评者经常说，应有的监测太少，或者从来没有进行过监测。我们同意，为了证明项目的完成，为融资方负责，并为负责在项目现场规定未来生态系统管理的技术人员提供信息，监测通常需要升级，可能还需要与项目后生态评估相结合。此外，监测和评估可以告知未来的生态修复实践提供修复方法有效性，并为那些将利用场地进行教育或发展社会资本的人提供信息。总之，所有的经验数据对于修复生态学家的研究都有潜在的帮助。

提供一个项目已经完成的证据似乎没那么重要。但是，只有在修复开始之前熟悉受损项目地点的人员，才能清楚地看到成功完成的项目。其他被带往该地的人可能意识不到他们脚下的自然区域已被修复。证明项目完成的最有效方法是使用修复前后照片对比，最好是在评估项目的报告中展示。

问责制对于向融资者保证完成项目是很重要的。潜在的赞助商、金融家和政策制定者需要知道修复项目可以成功地进行。他们需要对构思和规划未来项目的成本有一个现实的评估。因此，项目成本应在评估过程中进行总结，如 VFTs 1 和 VFTs 7 中所示，还必须规定确定项目成本的依据。例如，如果有志愿者劳动的小时数据，则该数据应该记录或估算，同时计算每英亩或每公顷的修复成本。否则，成本估算可能会产生误导和严重失误。

项目评估对于生态修复行业的发展至关重要。从业者需要知道哪种策略和方法在什么情况下效果良好。他们还需要知道哪些方法行不通以及原因为何，以便不会重复犯错。从业者需要通过在网站和期刊等易于访问的地方提供对项目的评估，与同行分享经验。在这方面，准备项目案例历史至关重要。案例记录的编写应能够与参考模型进行比较，并有助于评估整个生态系统的良好属性（表 5.1）。构成案例记录的要素包括修复之前受损生态系统的生态学描述，参考模型或其概要，所有基准数据，从业人员干预的时间顺序记录，项目监控数据，照片文档以及项目成本的概述。

生态修复项目的评估必须反映那些构思、计划和实施该项目的人的思考。修复通常是团队的努力，其成功取决于所有团队成员的值得称赞的努力。一个人不努力可能会影响整个团队的声誉。如果项目有效经验是申请标准，那么当修复从业人员申请专业认证时，信誉和责任尤其重要。

特别值得关注的是公共机构在现场条件、种植的物种和项目发布标准的许可权，所有措施都会影响项目的规划、实施以及最终的项目评估。许多项目被允许作为补偿项目缓解措施，尤其是在美国的湿地。许可标准可能会限制修复团队计划和执行高质量修复的选项，并且某些许可中的时间限制对修复项目的性能尤其有害。由于生物多样性的修复和生态系统功能的修复，湿地减缓性能不佳而被批评为生态修复领域的问题。有时解决问题在于允许决策。我们认为，制定许可条件的机构人员在项目进行评估时应一样被视为修复团队的成员。对于成功的项目，他们应受到赞扬，但对不合格的项目也应承担责任，许可机构和进行修复的组织应对修复项目的质量和有效性负责。

对项目案例历史的审核还应该解释为什么项目会以这样的方式发展。审核案例的项目评估人员应严谨但富有同情心，并随时准备鼓励受到无法控制的情况（例如僵化的官僚主义约束）影响敬业的从业者和组织。否则就会招致不公平的指责，甚至整个行业都可能名誉扫地。不幸的是，很少有案例档案准备或被要求这一点。如果要对评估进行适当和公正的评判，这种情况是需要改革的。

在评价中使用参考模型需要判断。我们已经强调，生态修复是开放的，参考模型是项目的起点，但不一定是终点。几乎所有的参考模型都代表了生态发展的成熟阶段，而最近完成的修复工程则远没有那么成熟。这使情况更为复杂。

如果将评估推迟到修复的生态系统达到与参考模型相同的生态成熟程度，那么在修复活动结束后，可能会影响生态系统发展的情况比较。佛罗里达州沿阿拉菲亚河州立公园一个特别令人痛心的例子是这一带以前开采过的 8 公顷修复森林（图 9.3）。修复计划得到了佛罗里达州环境保护部门的前身机构（FEDP）的批准，该机构证明修复工作在 13 年后的 1996 年成功完成。该项目于 1996 年由矿业公司转让给佛罗里达州，成为由 FDEP 管理的阿拉菲亚河州立公园的一部分。2004 年，公园工作人员在规定的火灾中，无意中烧毁了 0.4 公顷的修复森林。我们在 2010 年的调查中发现，最近的外来入侵物种和野猪的破坏，它们消耗了大量的草本植被和一些幼树。除非有解释和专业判断，修复工作则不能基于森林的现状进行评估，该区域由于缺乏保护和生态系统管理受到损害，而这些修复计划的批准并证明其圆满完成的同一公共机构进行的。说实话，对 FDEP 来说，近年来州立公园一直资金不足。

研究可针对性的评估作为自然资本修复的生态系统（第 10 章）以及其提供生态系统服务的能力。例如，暴雨径流是否保留在现场，下游的洪水是否减少？村民每年能收获多少公斤的薪材（在林业调查中直立主干长度小于 2 米，或径阶小于 8 的林木称为薪材）？教师是否带学生到修复后的生态系统进行自然研究？修复后的生态系统

图 9.3　生态恢复 27 年后的佛罗里达州阿拉菲亚河州立公园森林

是否支持在项目目标中指定引入的稀有物种的数量？这些评估标准对利益相关者有意义，最终对决策者和金融家有意义，他们将决定未来的修复项目是否得到授权和担保。他们需要严格的文档记录。修复后的生态系统与参考生态系统的相似程度也不可忽视，但与生态系统对人类的价值相比，它最终是次要的。

虚拟实地调研 6
美国俄勒冈州的河流修复

迪安·阿波斯托尔和乔丹·斯泰尔

美国西北沿海地区可以说是地球上最自然、最生态的区域之一。但所谓的"生态之乡"里的一切并非都那么美好。尤其是美丽湍急的河流中，大量寒冷而清澈的河水掩盖了本地鱼类，特别是鲑鱼数量的急剧下降。赛乌斯劳河就是其中之一。鲑鱼减少的原因包括过度捕捞、建造水坝、失去溪流栖息地以及与孵化养殖鱼类竞争资源。

占地 20 万公顷的赛乌斯劳河流域是从俄勒冈州中部海岸山脉的一个人口稀少的地区到佛罗伦萨附近的赛乌斯劳河（Siuslaw River）的河口。这个流域完全没有大型水坝，几乎没有鲑鱼迁徙的自然屏障。历史上，它是该州银鲑鱼产量第二高的地方，据估计在 19 世纪末，该河有超过 20 万只成鱼。而到 20 世纪中期，鲑鱼锐减到只有几千只成鱼（生态信托基金，2000 年）。河流生境的恶化导致了鲑鱼种群数量的下降。赛乌斯劳河流域的生态环境因受到伐木、在狭窄的谷底耕作、临时"防溅坝"的遗留物包括被冲走的河道中的砾石和木材以及在不稳定斜坡上修建道路导致泥石流增加而受到严重影响。许多杂物沿着溪流冲下，有些夹杂着泥沙与石块，给溪流造成了严重的破坏。许多被切断的溪流将沉积物和养分固定在原位的木料堵塞已被破坏并且由于缺乏大量木本碎屑而无法进行修复（生态信托基金，2000 年）。

这些影响简化了水生生态系统。下游河道中的溪流失去了与洪泛平原和湿地之间的联系。大型木材是西北部水生生态系统的一个重要组成部分，它们大多数消失了，并且少数落入溪流中的木材在冬季风暴中很快被冲到河口流入大海。栖息地复杂性的降低加速了养分的流失。年幼的鲑鱼在食物链中以水生无脊椎动物为食，这条食物链依赖于落叶作为碳源。如果枯叶不被大型木材阻塞、湿地和溪流保留，那么鲑鱼的种群数量就会锐减。

此外，河口也被损坏。近 60% 的湿地因河道疏浚而消失。航海码头导致木材和营养物质迅速流入大海。鲑鱼在出海前无法在河口处增加体脂，从而降低了它们在海洋中生存的机会。

从 20 世纪 60 年代末开始的鲑鱼繁殖计划却适得其反，尤其是清除海狸水坝和原木堵塞，人们错误地认为是这些因素导致了鲑鱼种群数量的下降。在得知提升和方法得到改善后，人们意识到在卡诺斯基溪中实施鲑鱼繁殖计划是错误的。该溪流在太平洋以东约 9 英里处与赛乌斯劳河河口相连汇入海洋。赛乌斯劳印第安人在这条小河和整个河流沿岸生活了数千年，他们用堤坝蓄水并可持续地捕捞鲑鱼，这些堤坝允许一些鲑鱼进入上游并产卵。19 世纪末，欧美人在卡诺斯基溪地区定居，他们清除了谷底里生长的老针叶林，破坏了湿地，修建了水坝来阻挡潮汐，开垦耕种并且饲养牲畜。卡诺斯基溪曾经沿着山谷的中央蜿蜒而下，而现在却被重新引导并挖掘成一个从山谷到入海口的排水沟，成为一个充满垃圾的排水通道。

通过减少生态系统的复杂性，切断河道与洪泛区的连接和降低水位的一系列举措，鲑鱼的栖息地遭到了破坏。鲑鱼难以适应如此高的夏季水温，因此它们失去了为躲避夏季高温和冬季高水流而居住的近岸避难所。而且潮汐堤坝也阻碍了鲑鱼群的迁徙。

像俄勒冈州海岸牧场的许多小农场一样，卡诺斯基溪的农场经济效益明显下滑。为了小溪重新修复成为鲑鱼栖息地，美国林业局于 1992 年购买了谷底流域。2001 年，林业局和公民自治的赛乌斯劳河流域委员会共同修复河流生态问题。该联盟决定修复原来的蜿蜒河道及其湿地，并修复卡诺斯基溪的正常潮汐流。他们筹集资金，并从附近的两所州立大学招募了一个跨学科的学生团队来进行修复设计。该小组有两个月的时间收集信息，制定修复策略，并向社区提出建议。

设计团队绘制了详细的谷地地形图。他们测量了沟渠的断面，并记录了河口的暴雨流量。从历史和目前的航拍照片中确定了原始河道的各部分。以附近完整的霍夫曼溪作为参考地点，辅助进行修复设计。该小组测量了霍夫曼溪的横截面、水体尺寸、曲度、水体与浅滩比率和坡度。水文学家通过计算导出卡诺斯基溪的合适开挖尺寸，使其能够承载正常的流量。设计师特意缩小了开挖的小溪尺寸，使它只能够承载了大约原来小溪三分之二的流量。这一过程将使其渠道能够随着时间的推移而自我调整，以达到与现状相匹配的容量。

最终方案得到当地社区居民的广泛接受。林业局、赛乌斯劳河保护区和赛乌斯劳河流域委员将会获得超过 40 万美元的拨款，用于修复超过 3 英里的原有河道、邻近湿地、洪泛区和区域潮汐的影响。修复工程于 2002 年 8 月开工，两年后竣工。原有蜿蜒河道被重新开挖，现状排水沟被封堵（图 1）。大型树木的原木通过直升机运输，并放置在洪泛区和河道中。包括来自附近学校师生在内的当地志愿者

图 1　渠道建设

参与种植河岸树、灌木和湿地植被。学生们种植了一些本地植物，并通过采集水样和测量水井中的地下水深度进行监测活动。

修复后的小溪有望将鲑鱼栖息地延伸到下游 0.5 英里左右。这使得鲑鱼能够向更远的上游迁移，并有望在夏季和冬季使用邻近的池塘和相连的洪泛区避难所。设计团队正在修复更陡的上游河道部分，以帮助鲑鱼到达产卵区并提供可供产卵的砾石。

在 2004 年，赛乌斯劳河流域修复项目获得了著名的"泰斯国际河流奖"，该奖项每年由澳大利亚组织颁发，以表彰在合作修复河流方面的杰出成就。作为该奖项的特色项目之一，卡诺斯基溪修复项目是展示保护机构、特殊利益团体、学校、非营利组织和当地居民是如何融合在一起，共同成为土地管理者的一个著名案例。

2008 年，林业局宣布河岸种植取得了出乎意料的成功，柳树和桤木的高度已经突破 10 英尺，超过"自由生长"阶段（图 2）。这条新的蜿蜒小溪保留了之前原始的河道形状与位置，而且正在形成两个新的河湾，这增加了令人愉悦的生态复杂性。地下水位已经上升，这使得即使在夏天进入旱季之后小溪水位仍然比以前高（图 3）。地下水使溪流水温下降到有利于鲑鱼生长的温度。季节性的洪水也修复了。在修复原有生态环境几年后，当地银鲑鱼的种群数量逐渐增多。

图 2　水文修复的河谷

图 3　修复后沿着卡诺斯基溪发育的幼林已完成

虚拟实地调研 7

智利温带雨林修复

克里斯蒂安·利特尔，安东尼奥·劳拉和毛罗·冈萨雷斯

瓦尔迪维亚纳海岸保护区（以下简称 RCV）位于智利南部沿海山区瓦尔迪维亚雨林生态区（39°58′S，73°35′W）。该保护区创建于 2003 年，被公认为世界上生物多样性丰富的地区，并列为全球第一批重点保护区之一。RCV 由大自然保护协会（TNC）管理，该保护区旨在保护森林生态系统。直到部分土地划归用来创建国家公园，该保护区最初占地 60000 公顷。

RCV 的植物主要由不同规格和不同层次的温带落叶阔叶林和热带常绿阔叶雨林组成。其中的特色树种包括山毛榉科、林仙、檬立木科、心叶船形果木（蜜藏花科）、百日青、毒羊树，以及桃金娘科等。在 RCV 中也有由智利柏组成的景观，其中包含一些超过 3000 年的个体。智利柏是智利南部和阿根廷地区特有的植物。RCV 属于温带气候，年降雨量 2~4 米，在 1~3 月之间有明显的夏季干旱期，在此期间降水量仅占全年降水量的 5%。

在 1997~1999 年间，有超过 3000 公顷约 150 年树龄的二期森林，以及保护区中一些超过 400 年的原始森林被砍伐和烧毁，取而代之的是从澳大利亚引进的以蓝桉为单一树种的人工森林。现如今，这些密集的、单一品种的、树龄相仿的桉树人工林已有 15~18 年的历史，树木高度为 10~20 米（图 1）。从原始森林转变为桉树人工林对生态系统服务中物质循环和能量流动是不利的，其中包括提供水资源量和水体质量、保持土壤养分、为生物多样性提供生境、景观美感度和创造旅游机会。

2009 年成立了一个旨在对 RCV 的原生森林实施生态修复的协会。该协会的合作伙伴包括非政府组织、自然保护协会、位于瓦尔迪维亚附近的智利南部大学的森林科学和自然资源学院以及拉丁美洲异域树木商业种植的 MASISA 公司。MASISA 公司负责保护区的桉树清除工作，并致力于遵守有关环境和社会问题的责任标准。特别是，MASISA 希望加强其对生态修复的投入，以便增加森林管理委员会对其木材产品认证数量。最后，致力于生态系统服务研究、培训、推广和宣传的 FORECOS 基金会也是该项目的重要合作伙伴。该修复项目正在开发、整合拓展中，并且与长期的科研项目结合密切。2006~2012 年间，修复

图1　RCV 的航空照片显示了两个最近被清理的早期桉树人工林（浅灰色）和几个相邻的近期桉树人工林（深灰色，看起来是隆起的），以及在森林再生前的早期人工干预区

项目其他方面的资金主要来自智利政府的几个机构,资金总额大约为40万美元。

　　由于旅游业是当地主要活动之一，柴惠的一个小村庄的社区居民正因此而获益。修复保护区的景观、增加生物多样性和提高保护价值将促进旅游业的发展。来自当地社区的有关协会，即柴惠社区理事会和柴惠农村水资源委员会是该项目的有力支持者。该项目的另一个重要合作伙伴是农业和林业委员会（COAFOCH），这是一个由当地渔民和农民组成的合作社，用以确保将社会和文化层面纳入项目总体方案。有关协会的支持有助于解决圣卡洛斯社区人工林运输木屑导致的灰尘问题和安全隐患，这些问题与修复计划有关并与在 RCV 国家公园内进行的生态修复研究联系起来。

　　由于同生长速度更快的桉树竞争，原始森林的生长状况以及它们的种子繁殖速率处于劣势，原生森林树木的修复依赖于积极的生态修复计划。这一规模景观修复项目计划在30年内完成，包括逐步将桉树人工林改造为具有生态修复协会认可的生态属性的原生森林（SER 2004）。修复计划的参考模型是基于对分散在保护区中的未砍伐残余森林的结构和组成的研究。这些二次生长的森林大约有150年的历史（图2）。一个概念性的生态系统参考模型包括森林的形成发育阶段、景观尺度的扰动机制和决定长期修复力的社会维度。

　　从2010~2012年，随着50公顷的桉树人工林被移除，人工林重新改造为原生森林。到2014年，还有100公顷的土地将被改造为原生森林。其中40公顷树木清除工作是通过高度机械化的砍伐完成的，剩余10公顷的土地上使用机械和牛进行非密集机械化的砍伐（图3）。在采伐区域内，本地树木的苗木产量为每公顷1500株，包括部分林仙（图4）。在不久的将来，修复工作者将使用额外物种的当地品种培育幼苗。苗木是附近社区有关协会的苗圃提供的。MASISA种植

图2　150年树龄的温带常绿雨林和生态恢复参考点

图 3 COAFOCH 的成员用牛清理桉树

图 4 恢复项目现场显示一个 PVC 管道，标志着一个永久的植被监测地块的位置和一个最近种植在管道左边的树苗

的前 45 公顷的重新造林成本估计为每公顷 1560 美元，将由出售收获的桉树所产生的收入支付。

预计花费 4~6 年的时间帮助重建原生森林。这种协助包括化学试剂的控制或清除新繁殖桉树幼苗和其他任何潜在的入侵物种，种植本地物种以增加其密度，鼓励不同演替森林物种的自然选择，以及搭建栅栏禁止家牛进入保护区。由原生森林乔木、灌木和蕨类植物组成的灌木丛，不需要帮助其修复物种数量，因为它可以从种子中大量再生（图 5）。

监测工作已经开始，并将在今后 30 年内继续进行。在 2006~2010 年间，为了提供产水量的基准数据，工作人员使用 V 形切口堰测量了 9 个溪流的流量，进行了项目前的监测（图 6）。这些流域被桉树人工林和原生森林覆盖。通过溪流中溶解的沉积物、氮和磷进行长期监测，这些测量结果持续记录了蓄水对产水量的影响。桉树采伐前存在的永久性地块每半年进行一次监测，从而跟踪林下物种的组成和树木覆盖率，并记录种植的原生树木的存活情况（图 4）。我们计划将监测范围扩大到鸟类和小型哺乳动物种群、溪流中的大型无脊椎动物以及溪流

图 5　桉树人工林的林下植被和一些原生树种的生长情况。中心有淡黄色叶片的小树

图 6 溪流中测量水流量的 V 形切口堰

流域对社会经济、文化和教育产生的影响。

数百名本科生和研究生实地调研了修复项目，并将调研中得到的数据作为他们的研究和论文依据。该项目在广播、电视和报纸上广为宣传，政府官员曾多次访问。预计该项目的总体效益将远远超出其范围，并预计将对智利中南部广大地区的松树和桉树人工林的改造政策产生重大影响。

生态修复作为一种职业

　　第四部分介绍了新兴的生态修复专业的现状。第 10 章考察了生态恢复的界限，以及它如何与试图实现环境改善和减少环境失误和灾难的类似学科和活动相结合。第 11 章确定并描述了项目发起人、利益相关者和参与恢复项目的各种专业人员。确定了不同的项目管理模式，并讨论了从业者培训和专业认证。第 12 章确定了专业人士看待生态恢复方式的三种模式，有时相互矛盾，有时相互补充。根据这些模型探讨了几个"热点"问题。本章和本书的结尾提出了一些建议，即我们如何超越我们学科中的许多悖论所产生的误解，并共同前进。

第 10 章

生态修复与相关领域间的关系

有效的生态修复是目前迫切需要采取的战略举措之一，我们应尽可能地抑制生物圈的日益恶化，保护地球上的人类与所有生命赖以生存的丰富自然资源。以往生态修复常与一些各类形式的活动和相关专业混为一谈。就解决环境和生态问题而言，许多活动确实与修复相关，但有时其中也会有些差异。比如，清理漏油本质上并不是修复，而是清除有毒污染源。在废弃矿区或封闭垃圾填埋场中种植草地可能会为公众提供可降解有害物质的草坪空间，但它也不属于修复。通过对大气与海洋的气候干预缓解人为全球变暖同样不属于生态修复，而倒更像是一场应当避而远之的高风险赌博。

政策制定者、管理者以及相关从业人员需要了解每一个环境学科所能提供的资源，事实上，他们常常会被生态修复相关的核心概念与关键词的误传所误导。这些误导源于其他从业者将其自身相关的多样性带入了这个年轻的具有融合性的学科。生态修复被一些学者随意应用于部分领域，使得其含义丢失或被误解。我们的目标是将生态修复从其作为流行词语的现状升华，让它能够作为国家、国际政治与政策中的突出元素，发挥自身的全部潜力。

本章以探索生态修复与恢复生态学间的差异开篇，接下来将考虑生态修复和生态系统管理、复原、复垦、植被恢复、整治间的关系。随着深入调查，我们仔细思索了补偿性、生态系统创造、景观规划与设计与生态工程这四门学科。有些作者认为包括生态修复在内的所有学科与实践都是生态工程的某一些方面或是其组成部分。而另一些人，包括我自己，则认为它们是互补的，甚至在有些时候是部分重叠的。我们主张各个学科之间需划清其界限，以促进有效的沟通与协作，通力解决我们所面对的真正严峻的环境问题。当我们在毫无科学及工程背景的情况下需要与人、机构或公司打交道时，这一点尤为重要。我们还将展示在恢复自然资本（restoring natural capital，RNC）的广义概念中，生态修复及其相关学科如何联手成为推动环境变化的有效动力。在此背景下，我们将介绍可持续发展科学这一学科，它作为一种涉及哲学、科学的跨学科基础，支撑着生态修复与恢复自然资本（RNC）。

恢复生态学与生态修复

《SER 生态修复入门》（SER 2004）指出"生态修复是从业者在特定项目基地所进

行的一次恢复生态系统的实践，而恢复生态学则是这次实践的科学理论基础。恢复生态学理论上为生态修复从业者的实践活动提供了明确的概念、模型、方法论及工具支持。"生态修复与恢复生态学间的区别明确直接。生态学是一门研究有机体之间及其与环境之间关系的学科，恢复生态学则是生态学的一个分支，它参考生态学的内容，并试图促进生态修复的实践。用恢复生态学这一概念来表述一个修复项目的构思、设计、实施过程是毫无意义的，这不像是对事物本身的研究，而更像是对知识的应用。

衍生于恢复生态学的知识，广泛适用于本章中所描述的一系列应用学科，而不仅仅是生态修复领域。自相矛盾的是，恢复生态学最初作为生态修复的补充，却服务于更广泛的环境领域。

令人费解的是，专业研究人员和恢复生态学的教师往往更倾向于作为生态修复从业者进行独立工作（Cabinet al. 2010）。这其中一部分问题在于，21 世纪之前，恢复生态学这个新领域没能吸引到大多数理论生态学家的兴趣。对于大多数已开展的合作项目来说，恢复生态学无疑是一门太过崭新的学科。在恢复生态学出现之前，生态修复的从业者们在实践中获取知识（第 8 章）。研究人员仔细地控制实验条件，以获得严谨的实验结果，使其可以发表于行业认可的学术期刊中。他们不愿与从业者合作，因为修复项目的基地类型通常多种多样，基地中可能有太多演变同时发生，以至于先前控制的实验方案无法执行。然而，从业者开发应用于项目基地的技术与协议，却时常会被恢复生态学家在实验研究过程中证实，并用于解决其他更具理论性的问题。

从业者的项目在研究界仍少有人知晓，因为他们很少发表刊物，即便发表，也很少发表在行业认可期刊上供研究人员阅读及引用。因此，许多恢复生态学家仍对从业者所取得的成果和一些自己能够进行合作的修复项目所知甚少。从业者不会被指责，因为他们不会因出版读物而获得酬劳或升职机会。大多数恢复生态学家所进行的研究都过于理论性或过于具体，无法解决从业者所面临的实际问题。罗伯特·卡宾（Robert Cabin 2011）在《智能修补：弥合科学与实践之间的鸿沟》一书中对比了夏威夷的机构研究和基于社区的恢复实践的方法、限制和进展，揭示了生态修复从业者与恢复生态学家之间的主要差异。

如第 8 章中所述，我们解释了这种差距仅代表一个新兴学科发展初期所面临的短暂困境，而随着生态修复作为一门主流学科被逐渐接受，这种差距也将渐渐消失。生态恢复协会即将推进一项生态修复专业认证程序，这会加快差距消失的进程。这项程序能够吸引从业者与研究人员，使其能够同时熟悉这两个领域。

恢复生态学家近年来广泛研究发表生态理论，例如演替理论、群落聚集规则、情景转移模型以及关于新型生态系统的思考。相关著作为从业者们提供了多种观点和良好的背景知识，然而它们却无法直接应用于实际项目。相反，从业者们需要的是有关生态生理、水文、地形、个体生态的研究资料与数据，以及编制完整生态系统的区域清单，并以此来构建参考模型。这些类型的研究才能让从业者直接应用于整体生态修复项目中，并重新修复受损的生态过程，重建历史延续性。

生态系统管理

修复与生态系统管理之间的区别也经常使人混淆。根据爱德华·格鲁宾（Edward Grumbine 1994）所说，生态系统管理试图保持组织的各个层面（例如，物种、种群、群落、生态系统）的生态完整性，并维持生态系统的进化和生态过程。生态系统管理人员管理着生态系统，弥补现代人类对环境造成的影响，若破坏无法得到处理，那么生态系统将退化到需要修复的地步。

一些生态系统管理人员将常规生态系统管理与生态修复混为一谈。这种管理包括计划燃烧或是施加其他压力，以防止完整的生态系统退化。我们的立场是，管理与修复的目标不同，应当尊重他们之间的差异。在第 1 章中，我们提出生态系统修复能够恢复受损的生态系统，直到它显示出自我组织能力，以及可持续发展的潜力。在这一阶段，生态系统已经被修复，接下来，生态系统管理将对干扰生态系统自我组织的人为活动做出补偿。

修复项目任务完成之后，生态系统管理会重复进行与生态系统修复相同的操作。在以燃烧为主要技术的修复案例中，"计划烧除"是其中的一个典型例子。修复工作完成后，开展周期性可控制的燃烧将在不确定限期内作为生态系统管理的一部分，来消除植物竞争，以及烧除林区积累的可燃物种。减少反刍动物或进行放牧控制也属于修复任务的一部分，并且之后可能会作为生态系统管理工作继续进行。但生态系统管理并不属于生态修复的范畴。因为一旦生态修复任务履行完毕，生态系统的管理就将成为其他工作方的责任，后续工作的生态修复从业者也将转变成为一名生态系统管理人员。

修复任务完成后，管理项目现场的工作方就能够按照自己的意愿去工作，就像病人，一旦被医生治愈，就能够在出院后继续自己想要的生活。在生态修复的最初阶段，对于已修复生态系统的管理者，其理想的工作就是为生态系统提供保护与一切必要的管理，因为长期的自我可持续机制是修复的根本理论依据。然而，这里仍有其他的选项。其中一种管理方式是，加强人为干预，相应地牺牲生态系统的自然性，以确保其最终能够达到目标或参考状态。另一种方式则是将场地用于木材或其他资源的获取来源。然而这两种方式都不能够直接适用于生态修复，选择他们也只能获得微不足道的效益。

那些不喜欢区分这两个领域的人经常声称，我们无法分辨出受损的生态系统何时能够恢复至拥有自我组织能力和自我可持续机制。这种担忧无异于在说一个医生不确定自己的患者何时能够痊愈出院，或是你不确定自己的女儿何时能足够成熟地去进行一场约会。这些无疑都是不可避免的风险，并且需要根据经验做出判断。在项目规划（第9章）中，增加项目后续管理的主要原因是给从业者和任何有权监督项目的其他人足够的机会决定修复项目结束的时间。如果生态系统随后被证明不具有自我组织能力，那么生态修复工作将继续开展，就像病人能够回到诊所接受后续的治疗。

复原、复垦、植被恢复和补救

那些从事生态修复的人需要能够将其与其他学科区分开，并且知道如何有效发挥其他学科的作用来解决环境问题。复原、复垦、植被恢复和补救等。

据《SER生态修复入门》中的描述，复原是一个描述对生态系统过程、生产力与服务进行修复的专有名词，其本身不考虑重建原有生物的物种组成和群落结构（SER 2004，12）。复原的重点通常在于生产力。其基本的假设是以前的功能和生态系统服务可以通过直接演替或其他物种曾经发生过的演替来恢复。这种方法通常被应用在位于人们生活工作的景观或湿地，尤其是在欧洲与澳大利亚。然而，生态复原与修复的参考地点在原则上有着相同的作用，以此可以确定阻止退化与恢复生态系统服务的干预措施的方向。

复原不应与场地的再分配产生混淆，再分配仅是简单地给场地指定一个新的用途，而与历史延续性无关。欧洲所使用的方法相较于北美而言，对以往成熟的生态系统的参考依赖性要少一些（Moreira et al. 2006），其原因则很可能是欧洲缺乏人们所谓的"原始"生态系统。所有的生态系统与景观都曾因人类活动而发生了实质性的、反复的变化，参考场地因此成为半自然的生态系统。

复原作为一个专有名词，是指对澳大利亚普遍存在的草原、干旱牧场和草地林地的生态改善，尤其是被那些将再生模型而非历史重建模型应用于土地管理（McDonald 2005；Tongway and Ludwig 2011）。再生模型运用不同的草场管理与焚烧的方式来促进当地原生草生长，阻止有害灌木与外来植株的入侵，以此改善草场功能（Prober and Thiele 2005）。历史重建模型常因缺乏参考场地而难以实施，因为能够避开有着欧洲移民背景的农场主长达两个世纪的放牧行为的场地实为凤毛麟角。原始草场环境的组成丰富多样（Noble et al. 1997）。对生态环境异质性的刻意恢复，加上对外来物种入侵，合理焚烧以及适宜放牧强度的控制，无疑是实现生态修复的合理策略。换言之，澳大利亚的许多复原项目旨在重建历史延续性，因而很容易被认定为生态修复。这个发生在澳大利亚的案例说明，生态修复与复原是两门密切相关，甚至部分重叠的学科，它们均能够使人认识到，在给定场地中，生物多样性对生态系统演替能发挥怎样的作用。

生态修复定义被收录于《生态修复协会 2004》（SER（2004））中，并在第 1 章开头处进行了重申，其定义包含大量的复原项目，并由一些德高望重的研究者所进行，例如兰博（Lamb）和吉尔摩（Gilmour 2003）。本书采用并进一步阐明了其立场，然而一些项目却仍不能达到修复的标准，因为它们与历史轨迹以及重建历史延续性的参考模型的实际或假设脱节。这样的复原项目对恢复生态过程有着明确目标，即增加对人类多种生态服务的流动性与可靠性。在西班牙语及葡萄牙语国家，尤其是在拉丁美洲，对于我们在此所讨论的项目，他们所常用的术语为"recuperación"。其含义在西班牙语与葡萄牙语中与我们对复原的使用十分相近。复原作为一个备受那些进行水生态系统相关工作的人青睐的术语，可能是深层生态系统的成分与结构通常肉眼难辨，并且包含着不断迁徙的有机体的缘故。

"复垦"则是一个使用时间相对较长的术语，用于对失去经济价值的土地、湿地或浅海进行改造的指定，以促进多产，通常使用于农业、水产养殖以及造林领域。对生产力的恢复通常是其主要目标，然而，"复垦"（re-claim-a-tion）这个词语在英文中原有的意义则是从自然中拿取或是重新夺回一些东西。例如在 13 世纪，荷兰沿整个海岸线建立海堤以将浅河口和滩涂转变为牧场和其他农业用地——这种做法实际上始于公元前 7 世纪（Bakker and Piersma 2006）。该方法传到了其他地区用来复垦自然滩涂与淡水湿地，这些区域往往干涸、堵塞或需要筑堤防止潮汐的影响。目前，荷兰正在扭转这一进程，如在瓦登海的荷兰部分（Aronson and Van Andel 2012）、英格兰及其他一些地区通过恢复湿地求得"自然发展"，减少农化品的污染。

再举一个例子，露天开采的矿井通常会在矿石被分离后用覆盖层弃土或含有非经济物质的尾料进行回填改造。复垦后的土地可以重新分配于新的用途。美国和其他一些国家的复垦法中要求，回填和物理复垦的土地应保持稳定，并种植草类和豆类或其他覆盖物，这些覆盖物或是一种原生植物，也可能不是。复垦工作往往会考虑公共安全与健康因素，但不会考虑项目地的生态条件，因此，将此类复垦视为复原的同义词是很有必要的，尽管这种情况确实时常发生。一个经过物理复垦的矿井能够复原，甚至修复，但开采公司通常只进行要求的工作，比如简单的植被恢复。

更令人困惑的是，"复垦"有时也会应用于城市或工业背景下湿地和池塘的建造，以储存或恢复再利用水资源，这无疑进一步增加了其使用上的混乱。这种不确切的表述在碳汇信贷与交易的新兴市场中尤为普遍。读者应意识到此类术语的简略表达与术语所衍生的模糊意义，避免使用他们，优先使用准确术语。

更进一步说，对于许多退化或经物理改良后再生土地进行有意识的绿化通常称为"修复"，尽管使用术语"植被恢复"或是"再造林"描述这种绿化可能更为精确。狭窄道路的路堤有时能够成为建立原生植物群落的合适环境，它为驾驶员和其他生态系统服务获益者提供着令人愉悦的美学功能，比如绿荫。这样的群落设施已与生态修复相等同。然而由于公路安全问题，路堤会被约束在极小的空间内，相比其他生态交错带微不足道，尽管如此，这种类似修复的活动相比传统路堤的维护措施反而更容易被接受。

无论是再造林还是植被恢复，都在《气候变化公约》联合国框架的国际条约中有更为精确的定义，即再造林被定义为"通过种植、播种方式将非林地变为林地的直接人为诱导转化"，或"在由林地转变为的非林地中人为诱导推广自然种子资源"（UNFCCC 2001）。同样，联合国气候变化框架公约也以一种异常严格的方式为植被恢复下了定义，即"一项通过种植不小于 0.05 公顷覆盖面积的植被，以增加场地碳储量的直接人为诱导活动，且不符合条约中所包含的造林与再造林"，这些定义均允许种植非本地物种。

"补救"是一个术语，指从不需要污染物的地方减少或消除污染物。这是一项任务，可包括在受污染场地上进行的生态修复项目的场地准备过程中，例如溢油区。有两种补救措施，植物修复是从土壤或基质中除去有毒金属或其他物质的过程，常应用于组织中已经积累有害物质的植物物种。这些植物被收集、移除，以防止重金属或其他不需要的物质作为腐殖质的一部分返回土壤。生物修复则是一个用于描述一系列有助于净化场地技术的术语。它指的是引入细菌代谢石油的过程，在其过程中大量自然物种已被识别、分离，并大量繁殖以应用于含有溢油的土壤或水域。其他一些利用微生物的技术能够从土壤与水体中除去过量的硝酸盐、恶臭物质及其他污染物等。

补偿性缓解

"缓解"是美国和越来越多的其他国家的公共机构所用于描述补偿行为的术语，指针对由支持经济发展与基础设施改善而造成的生物多样性或其他环境价值的预期或当前损失而采取的补偿行为。该术语全称为"补偿性缓解"，目前在美国，根据授权的私人开发或公共工程活动的许可证的规定，补偿性缓解能够通过植被恢复、补救、复垦、复原、修复或其他类型的项目工作得到合法满足。我们常用的一种说法为"某场地已经被缓解"。然而"缓解"一词却不应被用于描述一项在于项目基地进行的工作，因为缓解实为一种行政或法律选项，而非现场干预。这里所要强调的是法律程序，而不是最终的结果（Bradshaw 1996）。以目前缓解所使用的方式来看，单纯的补偿并不能缓解或减轻其影响，相反，它通常是在环境损害后，减轻损害所造成的影响。补偿性缓解有时会指对具有生态价值土地的长期保护，避免土地因为开发而受到有害影响，但这不能减轻允许范围内所造成影响的严重程度。同样，这是对术语的误导性使用。

正如本文所述，生态修复在很多情况下应作为缓解措施进行，但不幸的是，这种事情很少发生。当一个缓解措施称作修复时，它很少会被从业者用来建立参考模型或重塑历史延续性。经济利益集团主张对政治进程和政策制定具有足够的影响力，以确保公共机构将成本较低、耗时较短的措施作为缓解要求。

在关于补偿的协商中，人们通常会关注究竟投入多少工作才会算作充足，以及何种类型和程度的环境改善会等同于允许范围内或意外发生的环境影响。生态等价分析（HEA）则是已被提出并正在进行测试的众多评价方法之一（Quétier and Lavorel 2011），用以解决生态等价方面的问题。其思路非常简单：假设你破坏了健康的功能性湿地或其他生态敏感系统中的某一区域，这个区域不论是在陆地或是在海上的，其一个与之功能等同的区域将会被替换。为了进一步探讨这些问题，我们必须在生态修复同重构或创造之间划分出明确的界线。

重构与创造

"重构"是指在自然场地条件发生根本性变化后，用一种完全不同的生态系统来取代以前出现的生态系统。"创造"则是重构的替代术语，通常用于描述湿地生态系统在被破坏的高地中的设置，满足补偿性缓解的需求。重构具体体现在对潮汐沼泽与沙丘生态系统的有意识建立，且常建立于由疏浚淤泥沿河堤沉积形成的岛屿以及在河口形成的新岛屿。疏浚淤泥的沉积形成了一个全新的场地，它有着截然不同的场地条件且只能够支持与之前出现的水生系统而言相对的生态系统。这开启了一项新的生态轨迹。历史延续性不再被重建，生态修复不再能完成，因此不会有任何东西得到修复。

剧烈变化的环境可能会创造出没有当地代表性的物理条件，建立的生态系统可能会偏离该地区的物种组成、结构，甚至是生态进程。例如，疏浚淤泥所形成的岛屿也许主要由从底部沉积物中分离出的粉砂和黏土组成，而非那些参考场地里自然岛屿的沙子。对于矿区这种由不同种生态系统取代了之前存在的生态系统的修复，也能够称为重构。尽管重构与创造不属于生态修复的范畴，只要它们不被用于肆意破坏剩余自然生态系统，这些活动在一些环境改善的情况下无疑仍是十分受欢迎的。此外在实践中，为一个受欢迎的植物或动物物种重构或创造栖息正是实践活动追求与实现的目标，作为一种对环境损害或破碎的补偿方式，其确是聊胜于无。

针对"重构"的案例是来自芬兰萨洛的成功项目。该项目是哈利康湾鸟池（Halikonlahti

Bird Pools）的废弃污水处理泻湖。该湖支持着110种鸟类的生殖繁衍，它们的蛋与雏鸟是小型哺乳动物的猎物（图10.1）。为了保护巢穴与处理慢性水资源质量问题，生态艺术家杰克·布鲁克纳（Jackie Brookner）用塑料管与织网建造出了一些漂浮的岛屿。她在这些岛屿上种植原生湿地物种，这些植株的根延伸出织网，进入水体之中。微生物膜包裹着植株的根部，在植物修复的过滤过程中起着主要作用。鸟儿因而能够不受打搅地在这片植株中筑巢，并被轻质人造岩石遮蔽。该项目被称作"水的魔力"，无疑是一个浮动的艺术品，它引起了更多人的关注，成为典范。该项目属于重构，它没有重建历史延续性，不属于可持续的范畴，然而它通过运用生态修复的手段，显示出了生态修复在其相关领域内所产生的渐增的影响，也包括生态艺术领域。

景观规划与设计

对于许多想要进入生态修复领域的专业人士来说，接受景观规划与设计方面的专业培训和积累经验无疑是其首选途径。这两个学科有着许多的相似之处。当景观或生态系统设计与自然相结合时，便为与生态修复的协同合作留出了很大的空间，但有一

图 10.1　由杰克·布鲁克纳所进行的一个有着异乎寻常的创造力的案例，项目包括一个由塑料及人造岩石搭建出浮岛，支撑着芬兰萨洛原有植株与鸟类的生存

点需要注意的是"设计"的含义。在景观领域，设计通常意味着该系统将会被操控直到实现了最初目标或达到预期。正如我们在第 9 章中提到的那样，生态修复具有开放性。设计规划设计与生态修复的终点无关，在项目规划中，我们应该避免让设计成为特定方法与细节的表达。景观设计所具有的另一个区别则是让美成为一种有意的人造产品。而对于生态修复来说，美是一种在生态系统进行恢复的自然过程中所形成的特性，而非刻意为之的结果。

生态工程

《SER 生态修复入门》中指出："生态工程涉及对天然材料、生命体及理化环境的操作，以实现人类特定目标并解决技术问题。因而它不同于土木工程对于人工制造材料，如钢、混凝土的依赖。"生态修复与生态工程之间的发展关系在学术界仍有些模糊，这些学科有时就像互相争吵的兄弟姐妹。然而在现实世界的情况中，从业者们同时在两个领域中工作，为生态改善与人类福祉做出了大量实质性的贡献。

生态工程的概念由极具创新与影响力的生态学家霍华德·奥德姆（Howard T. Odum 1924-2002）在约 30 年前所提出。他认为，许多由土木工程学科使用惰性材料所解决的问题，若换为生物材料（有机体及其碎屑），利用生态原理与过程，能够得到更为有效的解决，且成本更为低廉。他致力于开发处理及回收湿地废水（主要为污水）的方法，以除去悬浮固体、多余养分、感染的有机体与污染物。生态工程的实际应用多年来仍是该领域中的最高成就，并且在全球饮用水供应持续下降的情况下，其重要性只会日渐增长。

生态工程如今正与生态修复同步发展。它的主要会员协会是国际生态工程学会（International Society of Ecological Engineering），该学会出版了《生态工程》期刊。奥德姆的学生如今已成为该学科发展的领头人，尤其是俄亥俄州立大学的湿地生态学家威廉·米奇（William Mitsch）。但是生态工程领域并没有被传统工程领域与土木工程师无条件接受，对数学精度与输出成果长期可预测性的追求使得他们无法轻易接受生态学家对于有机体"含糊"的介绍。

生态工程师们不遗余力地证明生态科学与传统工程一样具有基础性与严谨性。如米奇与斯文·约根森（Sven Jørgensen 2004）在其重要著作《生态工程与生态修复》中重申了这个观点，即生态工程是一门基于系统生态学原理的学科。这项主张或许适用于废水处理，但决不适用于帕特里克·坎格斯（Patrick Kangas 2004）的著作《生态工程：原理与实践》中所列举的大多数生态工程应用。该著作中多为农艺和造林应用（土壤生物工程、生物修复、植物修复、堆肥工程），生物测定技术（生态毒理学），以及食品生产的先进方式（水产、水培）。坎格斯同时还将废水治理、湿地缓解以及受扰土地的复垦列入了生态工程的应用范畴。它们更易于被系统生物学所识别、认同，但却未必需要运用到实际的场地里，也未必需要设计成自我维持的生态系统。

在生态工程的支持下，遵循相关规范设计建造的很多生态系统都能够最大限度地通过生态过程解决实际项目。此类项目可能包括大量工程项目（如堤、堰、排水瓦、涵洞、泵）等。它们还可能需要能源和材料的外部补贴，这是生产系统的典型特征。就通过运用参考模型重建历史延续性以及生态过程而言，此类生态系统的建立通常不会被描述为生态修复。然而这并不影响它们的可利用性与参考性，我们可以看到在很多功能完善的半自然景观中，生态工程可以与生态修复并存。例如，农田排放的废水可先流经能够处理废水的湿地，过滤掉污染物与多余的养分后再进入经过修复的生态系统，以保护该生态系统的生物多样性并提供生态系统服务。相较之下，在城市建筑中建造"绿色"屋顶的任务则落到了生态工程师及园艺师的工作领域之中。我们注意到，在许多国家，环境工程师或景观工程师与生态工程师通常有着相同的含义。另一个与之相关的术语为工业生态学，一般指用于管理工业或城市废弃物的系统。

当生态工程的目标满足预期时，许多生态工程项目的范围均能得到扩大，甚至达到了生态修复项目的资格。然而，一些作者认为生态修复只是生态工程中的组成部分，或是这两个术语含义相近，甚至相同。坎格斯、米奇和斯文·约根森都认为生态修复只是生态工程的分支学科，而非一门独立的学科。而我的观点正如本章开篇所言，则与之相反。在生态修复项目中，许多工程活动都能够作为工具或组成部分来推进项目的进程，以实现总体目标。因此，我们强烈主张根据本书所述的标准对生态修复予以确认及评估，包括对参考模型的使用以及对历史延续性的重建。我们尤其不希望生态修复被当作或被混淆为设计生态系统的产物，也不希望它被视为满足短期社会需求的特定设施，如屋顶绿化、道路绿化及废水处理。令人高兴的是，不管是生态工程还是景观设计领域都在同生态修复一起迅速发展。这三个领域的支持者们也越来越多地认识到了他们所关心的生态系统中非平衡态与非线性动力学的现实状况。尽管生态工程定义依然存在混乱，但这个最初由奥德姆所提出的概念——将包含非人类物种的"生态工程"作为生态设计与修复中的辅助与范例——仍有着十分乐观的前景。

在本节将要结束之时我们发现，生态工程实际上是一个隐喻。它不仅仅是一个工程，更是一门为人类执行其实际功能的应用生态学科，并且从很多方面来说都优于传统工程，且成本更低。同传统工程师相比生态工程师提供着更好的服务，正如景观设计师应该学习植物学、生态学、景观历史与设计，传统工程师也应寻求更多生态学的相关训练，以保持其竞争力。生态修复也同样是一个隐喻，似乎在试图捕捉着各种文化背景下人们的想象力。生态修复实际上并不在于修复生态系统，而是重启、恢复、调整和加速固有的生态过程，它能够恢复缺失的功能，修复甚至增加自然资本，这一概念将在下一部分中谈到。

恢复自然资本

"自然资本"是一个源于经济学的术语，指为人类提供福祉的自然资源。从生态修复角度来看，此类资源主要由自然和半自然的生态系统提供。正常情况下，自然资本不会枯竭，因为它能够源源不断地提供自然产品及服务。自然资本的概念可延伸到许多方面，如生产系统、经济性基础设施用地（如电力用地）、有植被覆盖或保留足够生物成分的废弃土地等，为人类提供一些有益的自然产品与服务。恢复自然资本涉及生态修复、复原，以及任何在生态工程范围内的活动，这些活动增加了遭受过不彻底退化的生态系统、生产系统，以及其他形式的自然资本所供应的产品及服务。此外，自然资本的概念也包括在社会中的能力获得，使利益攸关方、社区团体、当地机构能够了解与认同自然资本及其背后的利益，与如何才能以可持续的方式对其各自的自然资本进行修复与管理。

根据阿伦森等人（2007a）的观点，我们将恢复自然资本进行了简单定义：为了人类福祉与生态系统健康的长期利益而对自然资本存量所进行的补给。存量指特定生态系统内明确的度量衡或经济资本数量。存量在恢复自然资本中的使用是对大自然维系准则的一种经济性认可。

生态经济学家、部分修复学家，以及越来越多的记者与媒体将生物多样性、生态系统与及其包含的可再生、非可再生自然资源与热词"自然资本"相结合，却往往对其不求甚解。我们要做第一步是区分自然资本存量与生态系统的产品、服务供应。Jurdant 等人（1977）最初在一篇对魁北克区政府的报告中使用了自然资本这个词语，Costanza 和 Daly（1992）将这一概念引入了学术研究领域中，并逐渐为人所接受。恢复自然资本的概念由卡恩斯(1993)所提出，随后介绍给了生态修复学家克莱威尔（2000b），并通过米尔顿、阿伦森等人得到了进一步的发展。在这种方法中，生态修复成为一种经济可持续发展战略以及一种自然保护策略。生态修复与恢复自然资本成为协调合法的长期经济发展目标与自然保护目标的桥梁。将恢复自然资本的概念与生态修复一同收录进《生态修复协会 2004》，有助于我们找到其共同点，并鼓励生态学家、环境律师、政治家以及经济学家之间的合作，解决我们如今所面对的相关问题。解决退化成因以及长期修复所出现的问题（Blignaut 2008）的必要性不言而喻。图 10.2 展示出了其执行过程，专家与官员开会确定退化成因，并为自然资本的修复规划做准备。

生态经济学家与恢复自然资本的拥护者通常呼吁社会不应只将资金投入自然保护，还应投入对基础资产如自然资本存量的修复或增长，因为这是所有人类社会与经济赖以生存的资源。从自然资本存量中积累的自然产品与服务供应等价于在经金融资本谨慎管理而累积而成的红利。简而言之，经济学家将自然产品归并为自然服务供给的一种形式，并将其统称为生态系统服务。

生产系统可称为耕种资本，而自然、半自然生态系统连同其本土生物多样性则被称为可再生自然资本。当谈到修复自然资本时，我们指的是针对可再生资源与耕种自然资本进行修复，而非包括钻石、黄金、石油在内的不可再生自然资源。我们同时强调，生物多样性并非一种生态系统服务，而是自然资本的重要组成部分。人们常常会对这一点产生误解，以至于我们对于这个跨学科的广阔新领域有着混乱模糊的思路。

在景观层面修复自然资本的项目包括生态修复与（或）生态系统复原、对生产系统与生物资源利用的无害改善，以及增强公众对于自然资本重要性的意识与认可。

恢复自然资本包括如下一系列核心概念与活动：

- 将自然、半自然系统作为自然资本存量，包括用于农业、水产、造林等的自然、半自然系统以及生产系统。

图 10.2   规划恢复自然资本项目的野外考察，项目旨在改善厄瓜多尔饮用水水质及生态多样性。A. 克莱威尔（左三），J. 阿伦森（右三）和来自澳大利亚的德布兰卡（中间）与当地的技术人员会面并制定战略方法

- 通过整体意义上的生态修复与对退化生产土地和水域的修复来增加自然资本存量，从而提高效用，减少消极影响。其目标包括防治水土流失与水体污染；消除土壤板结，增加土壤有机质；种植覆盖作物和固氮植物；消除富营养化、沙漠化、盐碱化的成因；实施其他适当的环境工程技术，如植物修复、生物治理。
- 重新整合破碎的景观以保护生物多样性（如利用生态廊道连接现有保护区、预留自然保护区），改善景观恢复力与持续性。
- 创建生态良好的人工生态系统（如屋顶花园与城市公园），以及服务于路沿修整、废水处理的生活系统，或促进复原生态系统的发展，使其在历史延续性难以被重建的地区服务于人们的需求。
- 规划与鼓励实施最佳管理办法，以保护、维持自然资本存量，增加自然产品与服务的供应。这适用于如渔业、采矿业，以及其他一些与开发、运输、产品和服务分配相关的系统。它包含了有机和生物动力农业及其产品所吸引的市场。通常情况下，还需要辅以技术协助如环境工程、植物修复、生物治理。
- 修复相关社会资本以增强公众对自然产品与服务供应的意识。具备相关知识的个人与地方协会和机构积极参与自然资本的修复与保护管理。这样的参与又转而促进了自然产品及服务供应的合理、可持续分配。

恢复自然资本（RNC）是一个比生态修复更为宽泛的概念，它纳入了对自然资本存量的全部投资——尤其是可再生资源与耕地投入，它将改善景观范围内自然及人为管理生态系统的服务，同时有助于人类的社会经济福祉。它需要减少自然资本因污染、短期资源开采以及不受监管的发展而造成的损失。这其中包括提高公众意识的宣传和教育项目，让人们认识到与全人类福祉相关的自然资本带来的利益以及它的重要性。

迄今为止，除非能够直接造福人民，生态修复在世界上一些不富裕的地区依然没能得到认可与资助。鉴于这种情况，这些地区的生态修复从业者不得不从恢复自然资本的角度入手进行修复工作。对于从业者的理论培训课程应考虑技术及概念指导，以及对于恢复自然资本的实际操作。

一些认可克莱威尔和阿伦森（2006）所阐释的生物原理或其关注重点为生物多样性延续的生态修复倡导者也提出他们的担忧，他们认为恢复自然资本以人为中心的焦点模糊了一个伦理命题，即生态系统及其包括的所有过程与物种都值得为其自身利益而得到修复与保留，而不管它们对于人类的经济或文化价值如何。我们承认这种动机上的差异，但同时也注意到了恢复自然资本所得出的相同结论：生态系统中的一切过程与物种都值得被保留。

可持续性科学

可持续性科学是一门研究自然与社会之间动态交互的学科。可持续性科学的最终目标是创造和应用知识，以支持社会中可持续发展的相关决策。可持续性科学的研究应用能够合理高效地解决与自然资源利用相关的具体问题。

同缓解、复垦、生态系统服务、碳交易这些名词一致，可持续发展也有着多方面的解读，但是也有很多文章对它使用及滥用。然而这个充满力量的词语，值得我们坚持。向人类福祉和世界和平迈进的一大步是，世界各个地方与国家终止对永恒经济增长的追求，因为那些追求仅是将可再生与非可再生自然资本转换为生产资本与融资，而不考虑消耗及持久性。并且在经济增长途中缺少充分的工作来避免或修复自然资本损害，使其作为"生态基础设施"为社会提供基础服务。不可持续增长被达利和科布（1994）称为"非经济增长"，我们应该为后世实现经济的稳定与生态可持续。这要求我们对自然资源进行保护与合理利用，并且需要在恢复自然资本中大量投资。正如上一节中所说，对于受损生态系统及生产系统的修复能够增加产品及服务供应，同时创造就业、生计机会，增加社会资本。从代际角度来看，其收益远远大于成本。这种模式与政策变革的阻碍是巨大且不合理的。广义的生态修复应将恢复自然资本作为获得人类福祉、寻求可持续与理想未来的核心策略。

第 11 章

项目和专业人员

在这个章节，我们介绍在修复项目中的利益相关者和项目发起人。之后我们会从投资者的角度出发，指出生态修复项目中其他参与人员的作用和责任。然后我们会探讨生态修复项目如何进行组织管理。因为掌握大量专业知识是获得从业资格的基础，所以章节最后会指出能力出众的从业人员在生态修复中所需要的知识基础和丰富经验。

利益相关者

我们从利益相关者开始介绍，因为它们是与修复项目联系最密切的机构或人群，也是最主要的受益者。之所以称他们为"利益相关者"，是因为他们与项目带来的个人利益、文化利益或是经济利益直接相关。利益相关者会关心这个项目是否能满足它们的价值诉求，是否会产生负面影响，这些在第二章已被阐述过。利益相关者可能是当地的住户，也可能是外住者。这取决于他们与项目基地的临近程度或直接关联度。"临近"这个概念的定义需要根据具体情况进行具体分析，外地的利益攸关方虽然居住在其他地方，但拥有项目附近区域的土地资产。也有的利益相关者通过慈善组织为修复项目提供资金。比如说一些来自富裕国家的捐助者，他可能会选择一个他从未去过的国家，为那里的热带雨林修复项目捐助慈善基金。他也将会从保护生物圈和生物多样性的修复活动中获得满足感。

利益相关者的组织可以是公立的，也可以是私人的，可以是营利性的，也可以是非营利性的。通常来说，利益相关者可以划分为三类，第一类是由当地的个人、以社区为基础的组织（CBOs）与地方机构一起组成，既包括私立组织也包括公立组织。这些与地方利益相关者通常因为共同的文化价值观形成一个整体。第二类是由经济机构组成的，如公司和农业机构，他们的利益资源基础与生态修复项目密切相关。此外，矿业、能源业、运输业或其他行业，越来越多的这类公司都有义务承担修复工作来减轻不可避免的环境损失。即使没有法律的约束和政策的激励，一些公司在这方面也开始进行自我管理。比如说，森林制品公司参加了智利的一个修复项目（VFT 7）。一般来说，这些公司与修复项目的成果都会有明显的利害关系。

第三种利益相关者是负责保护和分配自然资源的政府机构。这些机构有义务保护人民的福祉，根据最大的利益率来确定提议的效力。越来越多的国际条约和会议都在强调各个国家应加大对自然资源保护和修复的投资。尽管如此，在一些由外部机构与大公司自上而下进行管理的生态修复项目中，有一些利益相关者常常会被忽视。我们认为当地的利益相关者对于生态修复项目的启动与规划应该很有发言权。

利益相关者很有可能对生态修复项目的严谨性产生怀疑，这种怀疑曾引发芝加哥郊区的严重抗议：许多志愿者居民特别是动物权益保护者，要求恢复高草牧场和其中的动物。他们为了阻止修复活动继续进行，向项目方施加了强大的政治压力。对于那些可能存在争议的修复项目，我们建议项目主办方雇用专业的社会科学家充当联络者。联系利益相关者，听取他们的意见，尝试与他们协商达成共识，平衡民主立项与社会经济私利。这样，芝加哥发生的文化价值冲突即可得到和解。防止冲突加剧的最基本的方式是信息透明和信息公开，同时需要辅以有效的宣传和严谨的报道。

项目发起人

项目发起人可以是机构、组织，也可以是为修复项目承担全部责任的其他任何实体。项目发起人需要为项目融资，并组织参与项目的相关专业人员。在某种程度上，一个修复项目需要通过发起人来确立。发起人可能是各级政府，如地方的、州立的、地区或国家性的。有的机构依法资助生态修复以此作为补偿缓解措施，尤其是公路主管部门或者其他负责湿地、生态敏感地区公共项目的相关机构。发起人也可能是跨国组织（NGOs），比如：联合国环境规划署、欧盟、世界银行、地区性开发银行或在国际上运作的非政府组织，如世界野生动物基金会、自然保护协会和野生动物保护协会。发起人还可能是营利性的公司，尤其是那些在法律上有义务来实施修复项目缓和生态危机的公司，或是需要为获取如木材等自然产品的获得环境许可的公司（VFT 7）。发起人也可能是在地方或国际层面上运作的非政府组织。有的资助者可能是一个慈善机构、学校、大学或研究所；可能是一个公立的博物馆、植物园、树木园或动物园；也可能是军队分支、宗教组织、部落长老理事会；在印度和拉丁美洲越来越多的妇女互助组织；以及各自形式的社区组织或私人土地所有者。一般来说，发起人都是由不同机构组成的财团，由其中的一个机构主要负责修复项目的管理。在本书中，有一个虚拟实地考察是由非政府组织发起的，VFTs 3 和 VFTs 7 是由公共机构或政府与非政府组织联合发起的。VFTs 4 和 VFTs 6 则是由多个组织联合发起，这些组织主要是大学。

发起人决定项目的组织结构，监督项目并保证项目可以圆满完成。项目可以由发起人自己的员工或成员在内部实施完成。个别甚至全部工作也可以委托给外部的个人、咨询公司、合作社、私立苗圃或其他的提供服务协议的组织。劳动者可以有偿雇佣，也可以是无偿工作的志愿者。对于签约的修复从业者来说，发起人通常被简单地称为客户。

项目角色

每个生态修复项目都要求相关人员扮演相应的角色。这些角色分为三个方面：管理、技术和支持。管理人员包括项目经理、项目总监、安全监督人员、志愿协调者和培训人员。技术人员包括修复项目的相关人员、生物资源供应商、设备操作员、自然科学家、规划师和社会科学家。支持人员包括融资者、会计、办公室经理、律师和公关人员。

组织结构图可能会在主要职能部门之间发挥作用，他们被用来分配上述角色之外的其他角色。在小型项目中，一个人可能承担多个角色，有时一个私人土地所有者会自始至终承担修复工作。在大型项目中，比如大尺度修复项目，可能会增加额外的角色，比如多个机构的联络人员。这使得包括承包商和子承包商在内的项目组织结构变得越来越复杂。

技术人员

一名修复项目的从业者负责在项目现场监督或直接参与到生态修复中。具体来说，在许多项目中，从业者可能会参与修复计划的确定，完成修复实施任务，并参与后期的养护管理。修复工作的具体任务包括：清理工作现场、选择参照案例、建立参照模型、监测物理环境、准备基本工作条件、监测修复后的环境基地以及撰写检测报告。一个从业者可以兼任项目经理，也可能受雇于发起组织。他们可能根据合同承担顾问、承包商或分承包商的角色，也可能作为志愿者参加。一个修复项目可能仅由一个修复从业者完成，也可能由两名甚至更多的从业者完成。他们集体工作或承担不同分工。如果任命其中一个为首席执行官，他将会监督其他的从业者并对整体修复活动承担所有责任。从业者可能承担多项责任，并在项目开展上享有决策权；也可能只是以专业技术人员的身份执行分配的特定任务。

修复规划师（或规划师团队）根据需要筹备，项目实施计划，包括地图、测绘图纸以及书面说明。理想情况下，修复从业者持续关注修复的全过程，甚至可能直接作为规划师参加工作，而这种情况常发生在需要政府许可或承包商负责的小项目中。因为项目大小、复杂程度和发起组织要求不同，不同项目计划的详细程度则相差很大，比如国家机构和跨国组织可能会要求更多的计划细节。通常，项目计划会被附加到许可申请中，作为获得许可的基本条件。详细的项目计划也有助于制订合同条款，以便提供给从业者服务的公司遵守。如果承包商未能遵守合同规定，将会受到财政处罚。

所以，计划中也会包括法律条文和技术要求。

生物资源提供者包括园艺师和种子收集者，主要负责种植出圃的苗木。苗木可以在现场培育，也可以从商业苗圃中购买。如果在项目计划中有需要特定引进的动物，那么生物资源提供者可能还要包括动物学家。

设备操作者负责操作各种机械设备，如农业类和林业类设备、清理现场（如填充沟渠）的设备、喷洒土壤改良剂和除草剂的设备、播种机和其他设备。修复从业者有时也承担着操作设备的任务。另外，项目经理通常雇佣大型设备的熟练操作者或持有者作为分承包商。

自然科学家通常是指水文学、水质学、土壤学、地貌学和动植物学等学科的专家。他们可以进行前期评估、项目现场与参考现场的调研、监测基地修复过程中的环境和修复后的环境。经验丰富的修复从业者也可能负责其中几项工作。此外，修复工作对社会科学家的需求也变得越来越明显。他们可以与利益相关者沟通接洽，确定他们的价值诉求，征求他们的意见并逐步达成共识。在以后项目中，社会科学家可能是志愿协调员、宣传人员、公共活动或纪念活动组织人员。

管理人员

项目总监作为项目发起的代理人，负责在生态修复项目中监督所有方面的工作。他需要对整个项目有全局意识，包括技术、社会、经济、战略、政治、历史和其他文化方面及潜在因素。其地位高于其他所有工作人员，包括项目经理。项目总监负责决策整体的技术发展方向（第8章），参与项目概念的制定和与项目计划的落实（第9章）。他负责制定项目目标，筛选参照场地和参照模型；批准修复方法，为修复项目的完成制定保障措施。项目总监需要审阅项目经理提交的报告，评估项目检测报告和审阅其他技术文件。他要确保会计师、法律顾问和其他管理人员理解项目内容并且各司其职。项目总监要向董事会董事、慈善基金会、资助机构、政府官员、利益相关者或民众介绍项目进展。当然，他也可能将这些职责委托给他人。

项目经理要向项目总监和资助机构负责，确保既定修复项目的落实。项目经理管理日常工作，比如人员调度、苗木与设备的交付，确保项目遵守合同规定，并根据项目预算批准支出。在大部分项目中修复从业者在受到监督的同时向上级汇报工作，上级就是项目经理或项目经理的代理人。有时，修复从业者会承担一些项目管理任务，而项目经理会确保这些任务的完成。其他签订修复项目合同的公司或组织，有时会指定他们自己的项目经理。在这种情况下，双方的项目经理需要合作，同时修复从业者会从不同项目经理那里得到各种指示。

修复项目的顺利完成需要修复从业者和项目经理保持密切交流，这样修复项目才能达到预期目标。许多修复项目的成功取决于采用不同的操作方法，往往会有意外收获。修复从业者面对突发情况应该随机应变，保证项目成功实施。有时，项目经理需要遵循日程安排、预算和合同规定，但这并不适用于处理突发事件。在发生突发情况时，修复从业者需要给项目经理提供有逻辑的简明说明，使其有效调和高层官员和民众的分歧。在长期的生态修复项目中，从业者和项目经理之间相互尊重和坦诚是非常重要的。

当现场工作人员特别是志愿者缺乏工作经验时，负责安全工作和技能训练的工作人员就要派上用场了。要鼓励志愿者的志愿精神，因为有些志愿者也是利益相关者，他们通过修复项目与项目场地建立联系，同时也可能是最先发现问题或机会的人。志愿活动增强了生态修复项目在公众眼中的重要性（图 11.1），提高了公众的生态素养，并为项目工作提供了必要的劳动力。有的志愿者工作能力很强，有的则需要一些指导

图 11.1　澳大利亚新南威尔士州，一名志愿者在羊围场外种植苗圃培育的树木

和监督。因为志愿者是无偿服务，所以项目人员管理他们是需要变通的。这时候，常常需要一个灵活的志愿者协调员从中调和，使志愿者保持精力与积极的态度。志愿者协调人员则要在许多方面发挥重要作用，比如：促进项目人员与志愿者的沟通理解；改进工作日程，确保志愿者便利的进出场地；提供相关工具材料，让每一个志愿者都可以尽其所长。相对的，与志愿者一起工作时的一个黄金法则就是：避免浪费他们的时间。无论何时，都要确保志愿者有重要的工作可做，并且知道如何去做，要不然志愿者可能就没有兴趣再来了。

支持人员

支持人员承担的工作可能与技术修复任务或者项目管理没有直接联系，但尽管如此，他们对项目的作用仍是至关重要的。修复项目花销昂贵，所以融资是每一个修复项目的核心内容。如果项目内部的资金难以周转，我们需要确保找到同意提供项目资金的外部资助者，并且还可能需要聘请撰写拨款申请的作家来吸引融资。

办公室经理主要负责保存档案、协调管理工作、上传下达、撰写工作报告等。会计负责资金出纳和薪酬管理。律师需要负责获取监管许可、处理合约、处理地役权、财产转移和与项目相邻土地的拥有者谈判。公关人员则在与作者、新闻记者、摄影者和新闻媒体的联络中发挥着重要作用，特别是技术人员对参观者和新闻媒体的来访漠不关心的情况下。如果修复项目非常有价值并且完成度较高，那么公众就需要对项目有大致的了解，尤其是政治领导者和其他负责公共发展决策的人。否则，公众如果对于之后的修复项目兴趣全无，就会放弃投资。

组织结构

现在，我们将注意力转到项目管理。基本上项目管理有两种极端类型，它们的主要差异取决于决策方式的不同。一种是"自下而上"的决策方式，即项目是由个人、组织和体系维持的，这种体系是当地社区及其价值观和利益的一部分。另一种是中央政府自上而下的管理，这种管理通常不是地方性的，与当地社区及其价值观和利益相悖，也不需要对当地社区负责。换句话说，它是比社区更高等级的管理机构。这两种类型都各有利弊。实际上，这两种方式是项目管理方法的两个极端，许多项目的管理结构都介于这两者之间。

地方管理

采用"自下而上"决策方式的项目，往往是由居住在项目选址附近的人们负责构思、捐助、计划、管理和执行。这些项目可能会接受外界在资金技术方面的资助，这些资金和技术是地方组织本不具备的，但项目仍旧是由地方部门负责推动和决策。地方项目可能是由所有者在自己的个人土地上实施，也可能是部落村庄在他们公共土地上实施，这些项目收到了以社区为基础的组织的资助。以社区为基础的组织，可以以多种形式存在，如私立的、公立的或类似于机构的，其行政和财政拨款都被当地组织所监督。举个例子，当地政府的某个部门，或者大学的某个研究室都有可能成为以社区为基础的组织，只要它积极响应地方社区的项目。一个地方生态修复项目可能由大型非政府组织的某个部门发起，这个部门会通过组织授权来管理和负责当地项目（后文会详细讲解），并且可以由公共土地上的当地公民管理。制定决策有时是一群人达成集体共识，有时是通过一个人完成最终决策。在后一种情况，通常会有来自其他人的大量意见，他们的意见会影响决策者。换句话说，这种决策权很分散，甚至可能是合议式的决策。

在澳大利亚，地方非营利性组织有时会规划和实施国家公园的生态修复。这些组织由当地训练有素的市民志愿者组成，志愿者会慷慨地为修复项目集资，而他们的资金则来自于州和联邦政府的补助金。当地的非营利组织有时会为公共机构雇佣的专业人员提供工资，而这些专业人员反过来又会协助修复工作的管理。同时非营利组织也会根据工作需要雇佣当地的私人修复项目承包商，而这些人工作能力往往高于参与项目工作的志愿者。澳大利亚的这种独特又典型的组织方式使得以社区为基础的项目得以有效的实施。

大部分以社区为基础的项目都很简单，项目工作范围通常受到两个典型因素的制约：微薄的地方预算和有限的专业知识。但尽管如此，相比"自上而下"的管理方式，这类项目也有着巨大的优势：当地居民在生态修复项目中掌握主动权，他们参与规划、管理，并为生态修复提供力所能及的帮助。他们意识到，自己和所处团体会在生态系统中获利颇多，所以他们将生态系统视为一个具有完备功能的有机的、动态的整体，修复它的损伤并重建生态环境。项目完成后，公民会对自己的成果感到自豪，并形成一个政治社群进行专门的保护和管理。这种对于当地土地强烈而又直接的责任感，是那些由政府主导的修复项目难以企及的。地方修复项目大体上满足了个人价值和文化价值。就像在第 2 章讲述的一样，志愿者们认为当面对生态危机时，最应该做的就是参与生态修复，参与生态修复项目也可以加强人际关系并提升社区凝聚力。

由当地社区组织规划执行的项目还有其他优势。他们不需要受到严苛的财政预算和紧张的时间日程的约束。大部分工作是由志愿者或是一些地方组织雇佣的工作人员所完成。财政预算基金为这些工作人员提供工资。因此，一个项目可以通过帮助自然再生的策略实现生态修复（第 8 章），这比使用侧重科技方法的解决方案更经济，缺点就是需要更长的时间来完成。帮助自然再生策略的修复方式对基地没有侵入影响，比依靠科技方法的解决方案更具自然性。更重要的是，在种植任务完成后需要大量时间对植物进行养护。当地的居民也可以经常参观项目基地，甚至在正式修复项目完成很久以后也可以根据需要及时自行调整。这样的养护方式也意味着已修复的生态系统之间会产生不同。其中一种是间接修复达到的生态系统属性（表 5.1），另一种是功能不完善、不可持续的生态系统，这会给从业人员造成工作压力。

在当地社区组织发起的项目中，对细节的关注将会确保一个当地项目能够提供大量的自然产品和服务，这对于世界不富裕地区的农村社区的福祉至关重要。自然产品包括建筑木材、茅草、纤维、火柴和表 2.1 中列出的其他物品。地方项目同样提供了自然服务，比如固坡以阻止发生山体滑坡，以免碎石阻塞道路或掩埋整个村庄。

一个著名的"自下而上"的地方项目就是北支草原项目，威廉·史蒂文斯（William Stevens 1995），彼得·弗里德里齐（Peter Friederici 2006）以及帕迪·伍德沃思（2013）都曾评论过这个项目。这个项目由史蒂夫·帕克（Steve Packard）先生和一个伊利诺伊州芝加哥的环保积极分子组织在 1977 年共同发起。帕克找到库克县森林保护区的一名公职人员，询问他们是否愿意清理垃圾、修剪灌木、播撒种子，以及在该区拥有的土地上普遍整修退化的草原。保护区工作人员也有如此打算，但由于资金匮乏而不得不停滞。因此他们批准了帕克先生的申请。工作开始后，这个项目吸引了很多志愿者，大有星火燎原之势。成百上千的市民利用空余时间和帕克先生一起工作，而这个项目基本上没有具体计划和组织结构。到 1993 年为止，已经有超过 3000 多名志愿者参与过这个项目，共修复了 6700 公顷以上的退化草原和橡树草原，这是公民奉献精神的最好体现。但即便如此，我们还是要提醒大家，在这些光环和付出的背后，利益相关者的相关问题仍在加剧（Shore 1997）。

在 VFT1 中提到了生态修复项目中使用监狱劳动力，这为地方项目的管理提供了潜在的有利条件。因为有保护因犯隐私的相关规定，所以与此相关的大量信息难以表述明确，生态修复项目对因犯的影响也难以评测。一些因犯会参与生态修复项目，尤其是积极参与一些有重大社会影响的项目。我们无法信口开河地说这有助于因犯的改造，但这种可能性是存在的，同时也为社会科学家的研究提供了绝佳的机会。至少，因犯们通过修复工作学会了操作技术，这有利于他们未来的再就业。

政府管理项目

"自上而下"的政府管理项目一般由外部代理机构、政府机构或者其他组织负责发起、规划和管理。地方相关投入仅限于当地承包商，几乎可以忽略不计。换句话说地方组织没有任何项目权力，也不需要承担任何责任。但是这些掌握实际权力的外部组织不一定关心公众或者地方官员提出的意见。在大多数情况下，政府管理的修复项目一般是有区域意义、国家意义或者国际意义的公共项目。这种项目一般由省级或国家级政府、跨国组织或非政府组织负责实施、资助和监督。在 VFT5 项目过程中，公众意见表明地方机构和中央管理机构有时会发生信任危机。尽管如此，两者关系有时也是真诚的，而且两者能展开高效的合作。VET7 中，两者关系也是如此。

政府组织管理的项目通常比地方组织的项目地理范围更广、技术更复杂、预算需求更多，也需要协调多个区域的工作。许多是景观规模或较大的修复项目，常有数个相邻的项目所组成。举个例子，一个水系的修复项目就需要政府统一筹划和周密协调，这些仅靠地方的努力则难以实现。比如说在中国，中央政府需要保证有限的土地既可以适合农业发展和其他经济生产，又能满足庞大的人口生存居住，所以实施修复项目的机会是有限的（Mann 2011）。

中央政府主导修复项目相比于地方主导有几个巨大的优势，政府可以吸引大规模从业人员，申请巨额财政资金，投入大量民间资源参与到工程中。政府主导的项目还易于采用最先进的科技，还可以跨区域进行协调，克服法律与政治困难。所有这些优势是地方主导的修复项目难以企及的。

在大多数国家，一些外部修复项目常常由大型环境工程公司完成。这些公司的经理是对股东负责，而不是地方群众。他们会压缩项目的时间安排和执行预算，选择侧重科技方法的解决方案，以确保项目任务可以快速有效地执行。修复项目本应作为生态工程开展，并提供具体的生态服务。但是外部项目并不是包含表 5.1 中生态属性的修复项目，也很少参考适合当地的修复模型；相反，这些项目强调在短期内可以快速实现预期目标。

这些项目只满足生态修复的个人价值（第 2 章），它们有时也会因为移动村庄、掩埋考古现场、破坏标志性地点等行为而破坏文化价值。它们提高了生态价值，但是未必能达到地方项目预想的程度，特别是那些没有参照当地修复模型的外部项目。这些项目将会在很大程度上改善社会经济条件，提供特定的生态系统服务，但是不一定能提供一系列完整的自然产品和服务。这些缺陷来源于与项目所能实现的环境效益相关的争论。后续对这些项目的改进需要考虑完成生态恢复的潜力，强调重建历史延续性。

在第 9 章我们提到，一个修复项目从业者负责修复位于阿拉菲亚河州立公园上游的森林湿地，这是一个政府管理的项目。该项目和早前提到过的芝加哥北部草原项目的对比研究，是一个经典的研究案例。二者之间暗含的差异在于，草原项目是一个有选择余地的项目，而湿地项目则需要层层批准的政府许可。为了使湿地项目可以开始实施，政府花了两年时间才获得工程许可。矿业公司用四年时间通过试点项目证明原生树木可以正常生长，加上对参考的森林湿地进行长达两年的生态清查，最终才获得了许可证（Clewell et al.1982）。这个项目牵涉的专业人员包括采矿工程师、规划师、环境顾问、苗圃经营者、项目经理、重型设备承包商、律师、州政府高级官员和大型行政支持人员，但是没有志愿者。

让我们从修复从业者的视角来看这两个项目。在北部草原，几乎每一个参与项目的人员都是修复从业者。史蒂夫·帕克承担了项目总监的工作，他同时与其他几个人共同承担了项目经理的工作。库克县森林保护区是名义上的资助者，仅提供粗略的管理意见。为了更好地落实修复项目，帕克查阅了现存的生态学文献，如所剩不多的草原斑块和橡树稀树草原斑块的相关文献等；还有早期的自然学者列出的物种清单。在整个项目进程中，从业者通过达成集体共识来推动项目进展，这种管理模式称为共同管理，他们几乎承担了修复项目的全部责任。因为项目在库克县森林保护区管辖范围内实施，所以保护区仅保留了项目的基本权力。区域内的工作人员确立了项目工作的范围，确保项目符合保护区的总体规划。在合理的实施项目的过程中，从业者享有广泛的灵活性、责任和权利（Packard 1988，1993）。

北部草原项目不是由公共机构授权的，而是采取了自下而上的管理方式。相反，库克县森林保护区得益于广泛的群众支持，成百上千的市民利用闲暇时间自愿参与到项目实践中。这是公众能自觉担负生态修复责任的佳例，很好地反映了生态修复项目的四象限模型。像在第 2 章提到的，志愿者旨在通过重返自然、应对生态危机来体现个人价值。荷兰（Holland 1994）曾描述过公众在已修复草原上开展庆祝会，这反映了文化价值的实现和社会凝聚力的提高。已修复的草原和橡树草原代表了提供生态系统服务的自然资本。

相比较而言，阿拉菲亚河州立公园湿地项目仅仅由少数几名修复从业者所完成。矿业公司是项目的发起人，他的采矿工程师承担着“自上而下”的管理责任。公司负责准备详尽的工作计划，这些计划符合佛罗里达州的许可要求。项目的利益相关者受到依法举办的听证会的约束，在听证会上，公众表达了他们对矿业公司的不满，他们认为采矿企业破坏其周边土地的环境。这个项目的目的是修复环境损伤，而不是实现第 2 章中提到的个人价值和文化价值。生态系统服务包含了如下方面：净化水质、植被恢复、棕地修复、修复生态退化区等。湿地修复项目仅仅实现了第 2 章提到的四象限模型中生物物理价值和社会经济价值。它的优势之一是验证了几项修复技术。虽然有的技术是第一次使用，但如今已经成为生态修复的规范。

发展历程

　　生态修复作为一个学科经历了多个时段的发展。每一次发展都代表了其特定的地理区域、生态系统类型、组织类型和行业类型。整个生态修复领域的演变是渐进的，修复的愿景和策略会相互借鉴，并且因地制宜的进行调整。举个例子，佛罗里达州的磷酸矿业和北欧的泥炭矿业几乎同时开展了生态修复项目，并不约而同地根据各自的具体条件改进了生态修复方法。

　　1978 年，佛罗里达州磷酸盐采矿业第一次尝试生态修复，当时在小型试验区对湿地生态系统的几种修复技术进行了现场试验。这项工作受到了监督人员的鼓励，他们寻求创新的方法，通过使用本土物种而不是外来物种来实施新的国家矿山修复规则。试点研究的结果令人振奋（Swanson and Shuey 1980）。监管当局开始颁发采矿许可，许可条件中规定了矿业公司需要实施湿地生态修复。矿业公司聘请了几个环境顾问在不同地点测试修复方法，其中就有阿拉菲亚河州立公园修复基地。此后不久，磷酸矿业的半自治研究发展机构（FIPR）——佛罗里达州磷酸盐研究所成立了。研究所资金来自磷酸矿业相关部分政府税收。磷酸盐研究所资助的会议和调研的补助金吸引了学术专家们，他们为这些试点项目提供了科学保障和先进的采矿技术。

　　2000 年左右，传统磷矿开采的方法与技术得到了进一步的发展完善，这包括监管机构可以制定详细的修复计划，从而达到更加合理的预期结果。在那之前，所有的修复工作都是以智能修补的生态知识为基础（第 8 章）。通过这种方式，新方法得到了实验，传统方法也得到了改进。自那时起，生态修复可以应用具有更好测试效果的方法，从业者可将之规范化，并推广应用于其他修复工程。项目目标、参照模型和历史轨迹在很大程度上由许可标准和绩效标准所取代。总之，生态恢复由一系列短期生态工程解决方案组成，这些方案提倡使用本地物种恢复生态系统服务（土壤稳定性、水量和水质），保护官方列出的动植物栖息地。

　　在北欧和加拿大局部区域，泥炭矿业（J.Blankenburg, personal communication, 2006）有相似的历史演变。环境问题引发了探索性的生态修复，科研人员的生态研究很快扩展了修复工程。改良后的修复方法和技术成为了生态修复实践的规范，同时也受政府当局的监管。

　　在磷酸盐采矿业和泥炭采矿业的例子中，我们看到了一个趋势。这一趋势由一系列的政府监管部门和监管行业共同推动，两者都希望项目简洁、统一，并为确定项目是否符合管理规范和随后从管理中解脱提供经验基础。生态修复的相关探索丰富了基本方法、技巧和生态研究。自那之后，生态工程师开始将之应用至实践工程。该过程确保了基本生态系统服务的恢复和生物多样性的恢复，但是这个过程只实现了有限的社会经济价值和生态价值，没有实现个人价值和文化价值。这个过程也反映了目前全球对于经济最大化增长的态度，被称之为新"古典经济学范式"。由于环境退化引起了民众越来越多的不安，这使"新古典经济学范式"受到了质疑。

这一基本主题存在着各种变化。例如，西澳大利亚的铝矾土开采引发了大量社会关注，因为它破坏了红柳桉树（Eucalytus marginata）林。矿业界认识到，公众的强烈抗议可能会迫使他们中断项目开发。美国铝业和欧克拉这两个最大的采矿公司选择自我管理并开发高度成熟的修复技术，这种修复技术强调了生物多样性保护和一些公认的文化价值（Nichols and Nichols 2003；Koch 2007），这凸显了两大企业的社会责任。保护生物多样性受到了极大的关注，美国铝业公司建立了一个最先进的组织培养实验室，以培育具有低繁殖潜力的稀有植物物种（图11.2）。欧克拉和美国铝业公司目前已经实现了70%以上的生物多样性修复，这是他们生态修复标准的一部分（K.Diion，personal communication）。在这种情况下，行业的努力改善了生态修复的整体情况。《恢复生态学》期刊非常关注桉树林修复问题，该刊物在2007年12月发布的第四期（15卷）就是以桉树林修复为主题的专刊。澳大利亚西部矿区修复项目具有全球性的借鉴意义。

图11.2　西澳大利亚ALCOA铝土矿的组织培养实验室，用于培育难以通过种子繁殖的物种的小植株，或缺乏有活力的种子

佛罗里达州磷矿开采业借鉴了西澳大利亚的一些成功方法。然而，这一维持历史延续性的举措并不像澳大利亚那样受到业界的支持，也没有被许可机构要求。重建项目缺乏对细节的关注，这些细节会体现各种企业对生态修复的关注程度。相反，监管机构促进了修复项目的启动，但监管机构缺乏足够的法定权力要求修复项目在实施期间最大化落实。在南非理查兹湾进行了效果显著的矿业修复工作。近期，越来越多的矿业公司在发展中国家的热带森林地区开展修复项目，如在巴西、巴拿马、印度尼西亚和马达加斯加等地区。鹦鹉螺矿业公司是唯一一家准备开采位于世界海洋下1000~2500 米处的矿物和化石燃料矿床的矿业公司，它表示有兴趣对此进行修复。上述矿区的海洋生态系统必然会深受影响。目前，这些海域还缺乏法律管理和国际条约约束，行业目前只能自我约束。

管理模式

许多非政府组织和社区组织开展了长期的管理项目，包括生态系统管理与生态修复。大多数情况下，当地机构负责生态修复的相关工作。志愿者会为修复项目提供大量劳动力，从事修复从业者的工作，比如北支草原项目。有时，修复工作会外包给专门从事生态修复的公司。有的修复项目由公共机构发起，他们的任务就是保护和管理公共土地，比如森林资源、野生动物保护区和公园。公共机构的公共资金会为这些项目拨款，以提供财政支持。

受传统文化影响的公有土地也可能会以类似的方式进行生态修复。部落长老组织可能是这个修复项目的管理主体，长老组织成员为德高望重的长者或智者。修复工作在部落长老组织的领导下由整个社区集体完成。如图 2.3 所示，这片深林的修复工作主要是由附近部落的学生完成的。在美国，修复项目有时由联邦土地管理机构管理，并承包给美洲土著部落。这些部落以传统的方式修复公共土地（Anderson 2005）。

执业证书

正如本书题目表明的那样，我们认为生态修复是一个新兴行业。一个行业通常会符合很多标准，其中五点如下：（1）一种职业可以通过提供特定的服务或产品来识别。（2）从事这个职业的工作人员，必须在经历过一定的培训或实习后，才能获得从业资格。（3）专业人士在专业实践过程中不断积累经验，丰富专业知识，从而提高他们的从业资格。（4）专业协会设立从业门槛、培训标准和能力标准。协会制定实践的质量标准，也会为行业设定其他的标准，比如确立行业的界限。协会会对其成员进行正式认证，并颁发专业认证证书。（5）专业人士在实践中会履行专业协会制定的职业道德准则。准则要求专业人员达到规范标准，学习先进的专业知识和技术，尊重他人，与客户和业内人士坦诚相待。在生态修复方面，这五项标准都没有正式制定，所以现在将生态修复作为一种职业可能还为时过早，不过这将成为趋势。

专业人员获得认证的途径主要有两种，一是获得专业协会的认证，二是获得政府机构颁发的从业执照。从业人员通过培训或通过考试，获得专业协会（或其他的非政府组织）颁发的结业证明，以证明申请人已经到达了特定的专业水平。注册从业人员可以在获得专业认证后直接服务客户或就业。个人想要获得认证证书，需要将资格审查提交给专业认证委员会。认证委员会成员将评定申请者的资格并给合格者颁发证书。认证委员会一般独立于专业协会的管理，保证评定的公正性，保护申请人尤其是非委员会成员的隐私。委员会通常由资深专家组成，认证标准反映了专业协会所制定的行业规范和标准。从业执照需要定期换发，以确保从业人员一直保持专业水平，还可以通过专业技能的增长晋升专业等级。

颁发许可证是政府职能，也是政府的特权，没有经过许可的个人不能从事该项工作。所以在多数成熟的行业中，由政府组织颁发的许可证可以取代专业证书，许可证允许注册人员在政府管辖范围内从业。政府许可委员会由行业专家组成，许可证颁发标准由专业协会制定，颁发标准也采纳了领域内学术权威的意见。

目前据我们所知，没有任何国家将生态修复正式认证为一种职业，也没有政府机构颁发修复师执照。但修复从业者可以申请相关领域的资格认证。例如，澳大利亚灌木保护协会（AABR）会给那些在专业领域达到特定水平的从业者颁发认证许可。澳大利亚的灌木保护类似于生态修复，也可以认为是生态修复的分支，它主要负责修复澳大利亚某些类型的生态系统。湿地科学家协会、美国生态协会和野生动物协会这三个专业协会都已提供相关资格认证，且部分从业者已经获得认证。美国景观设计师协会（ASLA）也参与生态修复从业者的认证工作，当然许多修复从业者同时也是注册景观设计师。

从业人员和专业协会的主要目的是提供高质量的服务、产品和业绩。一旦一个行业因工作质量优秀而为人所知，那么这个行业的从业人员将会获得极高的声望、尊重和报酬。公共机构通常坚持让专业人员参与并监管某些特定工作。多数私营企业在聘请雇员或承包商时，更倾向雇佣专业人员。有时，这些公司必须聘请专业人员以满足合同中条款的规定。政府部门也同样倾向于聘用专业人士。这样一来，公共机构就不会因批准不合格的工作而受到指责了。综上所述，成为专业注册人员、加入专业协会并参与协会活动，在从业中时会具有明显优势。

许多公共工程项目、补偿缓解项目和矿区修复项目都应依法由注册土木工程师、景观设计师或其他行业的注册人员监督。此外，专业注册人员必须承担项目规划和实施过程中的最终责任。公共机构要求项目现场工作必须有专业人员监督，他们负责监督修复项目的规划，准备工作并负责签字盖章（即在页面中登记最新项目进展情况并签署注册人员的许可证号码）。如今修复从业者面临着一个困境：他们需要遵守其他行业制定的标准和规范，然而，适用于其他行业的规范并不适用于生态修复行业。修复从业者会针对项目的规划和实施提出相应的建议，但最终他们必须遵守其他专业人士的决定。

能力得到认可并受到同僚尊重的业内人士更容易获得修复专业认证。客户更希望聘请专业人员参与项目工作。随着认证项目的逐渐完善，负责管理自然资源的政府机构会逐步要求一些修复工作必须由专业注册人员完成。同样的，政府许可机构会要求那些需要满足特定许可条件的修复项目必须由专业人员执行。政府机构和大型组织也会要求新雇用的生态修复从业者、规划师必须是专业注册人员。我们很难说多久才能完全达到上述情况，但可以肯定的是，在大多数国家迅速发展的新兴市场中，专业认证将会增加修复从业者的就业机会。

更重要的是，对于生态修复领域而言，认证程序将会是一种强有力的声明，表明生态修复这一行已蔚然成型。生态修复不再是无法定义的领域，而是能解决大规模环境问题的主流行业。因此，相关领域的专业人员和政府官员需要加深对生态修复的了解，并且大学应该增设生态修复课程。

职业资格认证也存在一些缺点。一方面是一些不择手段的人会操控认证程序，阻碍注册程序顺利进行或增加认证要求，让极少数人得到认证，这样他们就会垄断获得项目工作的机会。所以认证工作需要增加包容性，减少排他性。另一方面，生态修复需要多学科融合创新，标准化的认证程序会阻碍行业的创新发展。

认证程序应将专业认证人员组建成一个强大的团体，使他们在以后的职业生涯中可以进一步提高个人水平，促进修复行业发展。这些专业认证人员应该积极参与修复活动、支持行业发展、同任何损害行业或行业发展的行为作斗争。换句话说，认证证书不应该只是一个写在简历里的凭证，相反，它应该增强专业人员的奉献精神，激发他们的参与积极性。

美国生态修复协会（SER）很快会完成生态修复从业者认证计划（PCP），如果资金充足，该计划将在本书第二版出版不久后启动。从业者认证计划的结构和计划草案让我们深感欣慰。从业者认证计划将由一个独立的公司负责管理，它会独立于上级组织——生态修复协会。公司领导人必须是获得认证的有丰富经验的专业人士，还需要获得业内人士的广泛认可。

生态修复从业者认证计划（SERPCP）中一条重要的认证标准就是从业人员具备实际项目经验，比如修复工程、生态工程、缓解项目等。认证申请人必须具备丰富的专业知识并获得过相关证书。获得证书意味着申请人完成过某种学术培训。具备专业知识意味着申请人需要在相关领域具有一定的熟练程度，这些知识可以通过大学课程、职业培训、在职培训、研讨会、自学等方式获得。生态修复的必要相关知识包括植物学、水生生物学、野生动物生物学、生态学、生态修复学、水文科学、土壤科学、定量统计学、项目规划管理学和与恢复相关的社会科学。申请人必须签署道德规范协议，熟知生态修复协会基础文件内容，包括《生态修复协会入门》和《生态修复项目发展与管理导则》，均可在协会网站主页（www.ser.org）上查询到。

生态修复从业者认证计划的推行是有一定难度的，因为它是跨学科的横向领域，需要从一系列相关学科中获取知识和方法论。大部分从业者并不是全能的，他们只是对其中几个领域较为精通，所以修复工作的经验其实更为重要，即从业者需要将相关知识在修复项目中加以应用。如果读者对该计划感兴趣，可登录美国生态修复协会网站主页查看相关信息。初期，生态修复从业者认证计划会在北美洲实施，之后会尽快扩展到其他区域。

修复从业者认证计划中对从业者的定义比本书中更为广泛，它对于从业者参与何种工作有更详细的描述，技术人员、管理人员、负责监督修复项目的政府机构人员也包括在内，甚至还有部分资助者。这种广泛的定义有利于修复者认证计划的推进，因为它能鼓励所有生态修复从业人员充分了解生态修复标准、技术和知识。在本书中，我们将会继续狭义地使用修复从业者一词，以便我们可以区分修复项目中的不同角色。

第 12 章

共同推进生态修复

敏锐的读者会注意到这本书的字里行间都流露出的紧迫感。这是因为我们密切关注生态修复这个新兴行业的发展。30 年前，生态修复的提出引起了世人的广泛关注。彼时，全球经济迎来飞速增长，但这种增长是建立在生态环境破坏与道德观念沦丧的基础之上的，世人对于环境保护已然丧失了希望。因此生态修复在多个行业均引起了高度关注，不同行业的人均有不同的解读以解决不同的问题。同时，生态修复激发了环境哲学家之间的争论，这表明生态修复对世界产生了深远影响。

在过去的 30 年里，生态修复的最高效利用和边界这两个问题尚未达成共识，我们的学科发展尚处于初步发展阶段。写这本书的主要目的是在人们的激情褪去之前能够聚集所有人的力量来发展生态修复。

在这一章的开始部分，本章首先回顾生态修复相关的基本概念。其次提及在生态修复方面引起争论的两个热点话题，一是所谓的新型生态系统，二是生态修复引发的气候变化问题。最后以一些建议作为结束语，让我们为更好地发展生态修复而共同努力！

对生态修复的认知

一则无意中听到的手机通话：

> "妈妈，我们玩得很开心。当我带海伦和孩子们进入森林时，你应该看到他们抬头看那些参天大树时，张大嘴巴满脸吃惊的样子。"（停顿）"太棒了，他们在池边蓄水、喂鱼，你知道的，河里满是鱼，你可以在大坝下的池塘边向鳟鱼投食。"（停顿）"海伦带着孩子们去了附近的青少年营地。他们用从湖边割来的芦苇做成了帽子。"（停顿）（伴随着咯咯的笑声）"芦苇还会重新发芽的。孩子们非常骄傲，下雨时他们做的帽子能使头部免于淋湿。"

这个关于家庭出游的虚构故事暗含了我们大多数人所持有的三种观点，这三种观点分别代表了 3 种不同的人与自然关系的含义，而且三者有相互冲突之处。这些观点不乏创见，且合乎逻辑，代表着生态修复概念的起源雏形。这三种观点表明了生态修复的三种模式，即遗产保护模式、实用模式和生态修复模式。我们惊叹于大自然留下的丰富遗产，比如令人震惊的参天大树；我们在溪流中蓄水养鱼，以改善自然环境，这代表了实用模式；我们修剪芦苇以维持其自身的生长，就像我们依赖大自然维持自我一样。

当我们从事生态修复工作时，这些相互交织的观点不言而喻地影响着我们。我们从事生态修复的出发点不尽相同，或是为了恢复生态遗产（遗产保护模式），或是为了恢复生态系统服务（实用模式），或是为了建立一种与自然互惠互利的可持续发展关系（生态修复模式）。当我们进行生态修复时会兼顾这三点——这样的言论听起来似乎有一定的道理。然而，我们进行生态修复的最初目的通常仅和其中的一种模式相关。如果我们是员工或承包商，那么雇主或客户的需求会影响我们从事生态修复的动机。如果我们是保护组织的一员，那么我们将履行组织的工作任务，并在设计修复项目时优先考虑组织的规定事项。如果我们偶然和一个大学建立了合作，那么研究兴趣将会影响我们关于生态修复的看法，同时也将会影响我们教育学生的方式。关于这三种模式的不确定性，不仅局限于生态修复方面，它还关系到我们是谁、我们该与自然建立何种关系的基本问题。接下来，我们将详细阐述这三种模式。

遗产保护模式

遗产保护模式提倡将生态系统恢复至受损前的状态，以保护日益减少的自然遗产和文化遗产。这种模式通过重建生物多样性和生态系统动态体系，将生态系统恢复至历史状态。认同这种模式的生态修复从业者，想要把生态系统恢复到1980年以前的历史状态。那些继续探索这种可能性的从业者认为生态修复能让大自然恢复原样，这个方式尽管看起来富有说服力，但是它错误地认为大自然是永恒的，田野是静止的，并且错误地认为修复后的生态系统可以完全恢复到历史保真状态。在20世纪中期，这种设想是合理的，那时大多生态学家认可顶级演替理论，而不认可世界的自然演替。显而易见，我们并不了解先前的生态系统，也无法完全恢复它们。最终，大多数生态修复从业者意识到在自然和人为因素的双重影响下，生态系统是动态变化和不断演变的。因此，生态系统即使被恢复至历史保真状态，它也会继续进化而呈现出异于历史时间的生物多样性的状况。

还有少数生态修复从业者在潜意识中保留着这个生态修复理念，他们大多居住或在气温更凉爽的地区。那里的环境具有相对稳定性，物种数目也适中，将生态系统恢复至历史状态似乎是可行的。正如媒体宣传的那样，保持生态系统的历史真实性依然是最流行的生态修复理念。在学校教育和电视媒体中常见的自然平衡的理念也加固了遗产保护模式的存在。

环境实用模式

环境实用模式认为修复生态系统的目的是提高生态系统提供产品和服务的能力，这些产品和服务被人们所珍视。这种模式试图解决环境问题并提供相应的理念，而不一定要将生态系统恢复至未受损的历史状态，也不必试图重建生态系统的历史延续性，尽管后两种结果都有可能发生。这种模式的倡导者主张恢复生态系统所丧失的功能。遵循这种模式的项目大多不必参考生态参照模型，除非其生态系统的服务功能已经完全丧失。这种模式的倡导者往往将我们的学科称为"生态系统"修复，而非"生态"修复。这种实践强调生态修复的结果（即提高生态系统提供服务的能力），而不强调生态修复的过程（即生物多样性和历史延续性的恢复）。我们认同埃里克·希格斯（2012）的观点，他表达了两者的差别："修复是一个过程，而非一个结果；它需要人类协助，而非控制。'生态'同时指代了生态系统和综合的生态进程。"环境实用模式的生态实践更接近于生态工程，而非生态修复。植树造林和改善过度放牧的牧场是环境实用模式的共同目标。想要恢复的生态系统服务通常包括侵蚀控制、保护水源、改善水质、保护特定物种的栖息地；改善道路、垃圾填埋场和采石场的景观效果和美学特性。

采用环境实用模式的修复项目通常执行一些公共机构的任务，这些公共机构由环境资源保护和管理部门所监管。这些项目要符合预算，而且要在较短的时间期限内完成。过去在生态修复普及前，这些项目通常被称为牧场管理、渔业管理、野生动物管理、林业、土木工程、农学等。"修复"这个概念现在正流行，所以很多项目都在使用这一概念。令人担忧的是，这种粗糙的生态修复方法缺乏规范性，妨碍了项目的合作和评估。如果采用环境实用模式的项目不涉及生态延续性的重建，那么我们建议将其称为生态复原项目，而非生态修复项目。在很多情况下都存在着名称混用的情况，许多生态功能改善项目尺度都很大，这些项目称为"生态复原项目"更合适。正如我们将在下面看到的，"自然资产复原"这一术语也能消除项目类型的混淆，促进各类项目的合作。

生态修复模式

生态修复模式提倡以自我可持续的方式重建受损生态系统的历史延续性。生态修复模式的主要理念是使生态系统"回到正轨"，即把生态系统类比为脱轨的火车，生态修复使其重返正轨；或使生态系统"回归航线"，即把生态系统类比为搁浅的船，生态修复使其重新起航。读者应该能回忆起本书的第 4 章曾阐述过这两个类比。生态修复模式是在《SER 生态修复入门》（SER 2004）中提出的。

生态修复模式与遗产保护模式的相同之处在于，它也将受损前的生态系统作为修复项目开展的基础；二者的不同之处在于，生态修复模式接受现实条件和制约因素对生态轨迹产生的影响。生态修复模式侧重在更多方面改善生态系统的服务功能，而非少数具体功能的改善。此外，生态修复模式侧重重建生态系统的历史延续性，将受损前的生态系统作为一个参照模型，力求提高生态系统的复杂性、自组织能力，进而提高生态系统的韧性、自我维持性和生物圈支持。简而言之，生态修复模式包含了遗产保护模式的现实目标，也包含了环境实用模式能够提供的益处，同时关注生态系统的完整性。这些属性已在本书第 5 章被阐述过。

新型生态系统

新的物种组合已经越来越普遍，它们经常被称为"新型生态系统"。霍布斯等人曾这样描述新型生态系统（Hobbs et al. 2009）："在新型生态系统中的物种和功能已与先前的生态系统截然不同。新型生态系统包含外来物种和功能属性已经改变了的乡土植物。"霍布斯等人同时提出了"混合生态系统"的概念，并将其定义为："保留着先前生态系统的某些特征，但是其物种组成及功能已经不同于先前的生态系统。"新型生态系统和混合生态系统引起了许多生态学家和科学作家的关注。仅在 2011 年，科学期刊就发表了 200 余篇相关论文。

尽管新型生态系统这个术语刚刚出现，但是这个概念早已被提出。新型生态系统也仅是表达这一概念的众多术语中最新的一个。在众多术语中，我更倾向于采用"新兴生态系统"（Milton et al. 2003）。因为"新兴"是一个中性词，它能更贴切地表达生态系统的自然进化过程。而"新型"则表达了更多的积极性，暗示了未来的趋势。

生态系统中出现新物种并不罕见，最初的代表是陆生植物在海洋中出现。例如，在更新世期间，独立的物种通过范围变化来应对气候变化，从而产生新的物种组合。那些惊讶于新型生态系统出现的人，应该放眼于生态系统在更长时间范围内的演变。例如，随着冲积河道的蜿蜒变化，森林生态系统则会随之发生改变。

我们承认，我们生活在一个地球历史上前所未有的时期。有的学者将之称为人类世。这个术语表达了，在这个时期人类对环境的统治似乎无法阻挡，环境被深深地烙上了"人类的足迹"。保尔·克鲁岑提出了这一术语，她认为工业革命后人类历史发生了巨大变革。威廉·鲁迪曼（2003, cf. Ruddiman and Ellis 2009）则认为人类对环境的较早影响产生于森林砍伐和农业的发展，这两项活动在 7000 年间愈演愈烈。

近期大众对新型生态系统的广泛关注，即是对自然资源管理者提出的紧迫问题的及时回应。然而，我们要提醒的是许多作家已经屈服于这一问题的严重性，忽视或低估了我们解决这一问题的能力。许多作家和演讲者认为我们在应对这个问题时别无他法，只能接受新型生态系统作为替代品和新规范。在这方面，可以认为新型生态系统的历史生态轨迹已被切断，且不能重建。由自然生态系统向新型生态系统的演变相对突然，导致生物多样性发生了巨大改变。那些接受新型生态系统概念的人认为，新型生态系统不能得以修复，也不能自发再生到先前的状态。因此一个新型生态系统也就代表了一种新的生态轨迹的起始。

我们不否认这种替代生态系统的现实性，也认为改善一些严重受损的土地农业效用是值得认真考虑的。但是我们意识到一个严重的错误：一些作家常常忽视自然区域和半自然区域，这些区域的生态系统相对完整独立且具有一定的韧性。如果向这些区域分配相应的资源，应用科学的方法进行生态修复，则可以促进这些区域形成更加完善的生态系统。这些修复项目可以整合到当地的恢复自然资本或大型的修复项目中筹集资金，以开发具有生产性、生态可持续的景观。这种替代发生在生态退化区域，在那里受损的自然难以满足人类的野心。这是生态屈服的代价，也是一桩典型的浮士德式的交易。

我们认为，一些问题是世代相传的。修复生态学是一门新兴学科，该领域的很多专家更为熟悉的是实验研究，而不是现实世界中具体的生态修复项目。他们对全球经济系统可以促进各国人民的友好相处这一观点持怀疑态度。他们仍然不认可生态修复从业者所取得的进展。上述情况是我们学科发展进程中可以预见的必然经历的挫折，但前途是光明的。另一方面，许多生态恢复的项目无法达到预期，这是因为有些项目进程缓慢或显露出资金不足的迹象。还有其他一些项目缺乏周密的计划和严格的执行力，最终也难以形成持久的效果。但是生态修复和修复生态学已经取得了重要进展，二者会形成一股强大的合力，推动学科的发展。

另一个关键的问题是阈值问题。许多"新型生态学派"的生态学者仓促断言，新型生态系统已经超过了生态阈值，永远都不会被修复。然而，阈值既不能在实验室中被验证，也不能在文章中被图示化。未经实践检验的阈值难以区分历史生态系统和新型生态系统。以我们目前所掌握的知识来说，无法判断一个所谓的新型生态系统是稳定的还是暂时的。如果历史延续性原理能被更广泛认可的话，新型生态学派的一些观点将难以成立。从这个角度就会发现，许多所谓的新型生态系统（即遭受损害的生态系统）其实是可以被修复的。

此外，我们反对使用"混合生态系统"这个术语，这不仅因为生态系统不能进行有性繁殖。而且，混合生态系统并不是不可逆转的改良后的生态系统，相反，它仅代表了生态历史轨迹中的一个发展阶段，以适应人类引发的环境变化。"混合生态系统"这个术语的提出仅是一个假想，既未经过实验验证也未经过自然界中的实践验证。我们找不出支撑这个概念的实例，而且这个术语还存在歧义。同时，我们也反对新型生态系统的支持者，因为他们并未提供区分新型生态系统与自然或半自然生态系统的具体方法。

有些学者将新型和混合生态系统与生态修复理论与实践混为一谈，这个问题引起了我们的特别关注。新型生态系统理念的倡导者希望在生态修复与实践方面提升该理念的影响力，但是他们反对选取历史参照模型作为生态修复的参考。如果一个项目选取新型参照模型，而非历史参照模型，那么这个项目应归类为生态工程而非生态修复。

然而，一些高度改造的新型生态系统可以作为一些生态修复项目特定阶段的参照，而是因为它可以看作历史生态轨迹中的一个阶段。在这种情况下，正处于发展过渡期的生态系统将有助于确定预期的生态轨迹，从而预测生态系统的演替方向。建立多元化的参照系统会有助于引导项目的发展方向。正如以上所述，一些新型生态系统可以是生态修复的候选参照体系，受损的生态系统也是一个候选参照体系，而非必选参照体系。但是，一些新型生态系统的物种组成已经做过较多的人为调整，那么这样的生态系统宜被称为设计师生态系统，因其没有历史先例也无参考模型不宜作为生态修复的候选参照体系。如果反其道而行之，将会混淆地扩大生态修复的边界，淡化生态修复的意义。生态修复学科边界的混淆会削减它在人类世时期帮助全人类维系环境安全的能力。

气候变化

新型生态系统的讨论显然与人类世时期的气候变化相关。忽略二者的关联性会让很多棘手的问题难以解决。如果我们认为生态修复在地球上能发挥巨大作用，那么就不能忽视气候变化问题。大气中温室气体的排放导致了全球变暖，这一问题的发展趋势令人担忧。在这里，我们从修复模式的角度阐述生态修复在应对气候变化时是如何发挥作用的。我们需要认识到，正如拉迪曼和他的同事们（见上节）所说的那样，人类活动引起的显著气候变化开始于全新世时期。

让我们来看看最近一个时期，也就是公元 1550~1850 年间的"小冰河时代"。这一时期，欧洲和北美洲开始降温，亚洲和其他一些地方则出现了异常寒冷的恶劣天气。一些学者认为，自从 1492 年欧洲疾病携带者将病菌传播到了美国，导致人口规模迅速减少，美国热带地区以前的大面积耕地变成了休耕地，这是"小冰河时代"发生的原因。森林急速生长，增加的光合作用消耗了大量的二氧化碳（约 5ppm），因此大气中的热量减少，世界平均温度也就降低了，这种热量的减少导致了小冰河时代的到来。随着工业革命的爆发，化石燃料的燃烧引起了大气中二氧化碳含量的增加，这导致了小冰河时代的结束。这个现象表明，在一个相对较小的陆地生物圈区域内，增加光合作用会对全球气候变化产生重要影响。

现在让我们反过来思考，如果将热带地区和其他一些地区的数百万公顷的林地都恢复为原始森林，将会带来什么影响？这正是联合国生物多样性公约中的 20 个生物多样性目标中的第 14 个和第 15 个。在过去的 1000 年中，在欧洲、北美洲和其他地方都进行过大量的森林砍伐，这引起了气候的变化（Kaplan et al. 2009）。而通过生态修复，可以显著增加生物圈中的光合作用，减少大气中二氧化碳的含量，可以改善气候条件。

植物吸收的二氧化碳的量越大，地球表面的温度会越低。但我们必须区分营造单一树种的速生林和整体的森林修复这两种方法之间的差别（Clewell and Aronson 2006）。修复生态学家还要与气候学家、水文学家、土壤学家等其他专家合作，计算在不同的纬度地区使用不同方法修复后的生态系统的固碳量与固碳速率。毋庸置疑，生态修复可以提高生态系统的固碳作用，从而起到降低气温的效果。

生态修复在缓解全球变暖方面的贡献，不止是固碳这一个方面。施奈德和凯恩（Schneider and Kay 1994）认为从生物圈的蒸腾作用对降低气温也能起到明显作用。蒸腾作用越多，气温越低，这是机载热红外多光谱扫描仪对不同生态系统和不同土地覆盖类型进行扫描分析后得出的结论。生态系统的退化会引起大气中热量的增加，这会导致全球变暖。全球气候状况取决于物种丰富度和大量共存物种通过蒸腾作用消耗热量的能力，而在很小程度上取决于代谢反应。生态修复能协助生态系统恢复生物多样性，这样即可有效降温。某种程度上新型生态系统和设计师生态系统（如人工林）的植物种类组成较为简单，即使如此，二者仍然具有一定程度的降温作用。相比较而言，修复后的森林系统的降温作用更为明显，而且还能提高生物多样性和改善生态系统服务，以及第 2 章曾阐述过的多种价值。

此外，生态修复的一个附加的价值就是能够减少或防止因全球气候变化引起的物种灭绝。保育生物学家指出，随着全球气温的升高，一些物种因为无法迁移至较冷的高纬度或高海拔地区的生态系统中而面临着灭绝的危险。一些人认为协助濒危物种向更适合生存的生态系统迁移是防止即将灭绝的一种方法。而另一些人认为，协助迁徙可能会对迁移地的生态系统造成生物入侵。已有多篇文献讨论这两种观点，在此我们不做赘述。就我们目前掌握的知识而言，我们无法预见生态修复能够通过异地迁移的方式拯救濒危物种，而且也不认为这种迁移是一种修复实践。

相反，我们认为生态修复可以提高就地保护濒危物种的可能性。通过生态修复，使生态系统恢复表 5.1 中的生态属性，如全方位的生态过程、生态复杂性、自组织能力、抗干扰能力和长期持续性。相比简单生态系统而言，复杂生态系统会让这些濒危物种有更多的生存可能性。许多专家预测，21 世纪的全球变暖问题会更加严峻，那时无论我们采取什么措施，都无法避免大规模的物种灭绝。因此，在现如今温和的气候变化的条件下，我们应该尽快行动起来，将生态修复作为保护濒危物种的一种手段。一个物种的灭绝不会在短时间内发生，除非是某地的稀有物种。一般情况下，一个物种所有分布地的气候都发生了剧烈变化，这个物种才会面临灭绝。生态修复能够为保护濒危物种发挥积极作用。

共同推进生态修复

现在我们从理论与实践两方面讨论，如何把生态修复做到最好。第一步就是采用先进的生态修复项目管理方式，我们称之为 CBO（以社区为基础的组织）模式。接下来的步骤就是修复从业者的培训、区域修复中心的建立、为从业者创建期刊。最后，我们介绍了在恢复自然资本的计划内进行生态修复的案例，以扩大修复工作对人类福祉的规模和影响，并使其效益能随社会资本一同增长。只有这样才能在需求范围内吸引社会资本与政府投资。

CBO 合作伙伴关系

在第 11 章，我们描述和比较了两种截然不同的生态修复的管理方式。一种是地方主导，采用自下而上的方式。另一种是外部控制，采用自上而下的方式。有没有一种结合了两者优势，摒弃了两者劣势的组织方式呢？我们的答案是肯定的。我们建议，要尽可能地保留地方赞助和管理模式。然而，也可以接受外部的援助，从外部获取当地缺乏的资源。这些资源通常可能包括资金、规划和培训当地人开展生态修复相关活动。这些资源还可能包括调研受损的项目现场、准备参照模型、设备的准备与安装、协助监测、法律顾问和行政支持。并不是所有项目都需要这些资源，但大多数以社区为基础的项目会得益于其中的某几项资源。当地的一些人并不总是能意识到他们的所作所为造成了环境恶化，而这将影响他们的福祉。他们可能同样没有意识到可以采取更好的措施来管理环境。他们需要一些建议，但是除了在非常急迫的情况下，人们一般不会乐于接受外界的建议和要求。因此，那些建议修复环境的人需要赢得社区居民和利益相关者的尊重和信任。此后，外部机构或组织需要促使当地社区表现出尽可能多的主动性、责任感和权威性，并授予 CBO 权力。在许多情况下，外部机构最初的作用可能是询问居民及其社区组织领导者，他们面临着哪些自然资源问题，并提出以社区为主导的解决方案。此后，外部权威机构或非政府组织可以和当地的利益攸关方进行合作，共同参与综合性生态修复项目，并提供激励、共建机会和相关资源。这种方法的优点在大多数实地考察中是显而易见的，其中一个例子即是智利的温带雨林修复项目（VFT 7）。

这种方法在非洲和印度的一些地区也得到了成功应用。在这些地区，政府机构有效激发了当地社区进行生态修复项目的兴趣，并在一定程度上提供帮助。这种方法避免了使用自上而下的方式，且避免了抑制当地社区的主动性和积极性。在第 11 章中提到的一个澳大利亚案例也很好地展示了高效的合作关系。这种围绕当地非营利组织发展起来的合作方式使当地社区能承担资源更大、更复杂的项目。这些项目有大量的当地人员共同参与，能够更好地满足个人和文化价值的需求。与严格的自上而下的方法相比，这种方法更符合生态修复模式的标准。

培训

当今市场对优秀的生态修复从业者的需求量很大，对具备生态修复相关知识的人员的需求量也很大，这些人员可以协助相关组织、机构或社区居民进行生态修复项目的概念策划、规划、执行和评估。他们也能和政策制定者、媒体、公众就某些生态修复问题进行沟通。世界各地都需要有能力、知识渊博的生态修复从业者从事修复工作。他们需要熟悉生态修复的基本原则，具备项目概念策划、规划、执行和评估等多方面的工作经验。同时，这些从业者还应获得生态修复实践方面的专业认证。总的来说，从业者们将形成一个全球社区或网络，以推动生态修复这一行业的发展。这也可以确保有足够数量的从业者，能够从事世界各地的生态修复工作。

有多种方法可供获得生态修复的相关知识。攻读大学学位、参与认证课程、参与职业培训都是常见的方法（图 12.1）。也有一些强化培训课程、研讨会、学术会议培训可以提供学习相关知识的机会。此外，还有一些公共机构提供的课程，可为其员工和其他相关人员提供学习机会。自学也是获得知识的重要途径，但是，自学者与获得文凭或培训证书的人相比，更难彰显他们的学习成就。在学徒期，与有经验的同事一起工作是一个很好的学习途径。在第 11 章中，我们提到了一些学科，获得认证的专业人员需要具备这些学科的相关知识。学员在学徒期可以很快地熟悉这些知识。

生态修复区域中心

建立生态修复区域中心可以促进生态修复的发展。每一个生态修复区域中心均需具备良好的交通可达性，同时作为一个图书馆和信息交换场所，可为地区性的修复项

图 12.1　迪莫里亚学院的一些生态修复硕士在印度东北部阿萨姆邦进行实地考察。旁边站着的士兵是为了保护学生，以防学生们遇到孟加拉虎或犀牛。左三是考察指导者克莱威尔

目提供专业信息。每个中心的主要功能是识别、追踪记录本区域内所有生态修复项目的进展。更为理想的情况是，这些中心会形成一个网络，统一提供生态修复服务和相关信息，如在《SER 指南》（SER 2004）中提供的信息，或是像美国生态修复协会官方网站发布的基础资料。美国生态修复协会没有能力开设这样的中心，但是，SER 能支持它们，为其提供信息，并使其保持信息交流。

　　生态修复区域中心可以作为大学、更大的非政府组织或跨国机构的分支机构。这样他们可以获得私营部门用户的部分资金支持或其他大型公共机构的资源。另外，这些中心对所需之人开放。中心的负责人和员工需精通于生态修复理论与实践。中心可以提供的服务包括以下内容：

- 为以社区为基础的修复项目提供专业知识和监督。
- 为开设和指导以修复相关主题的技术研讨会和培训课程。
- 为新项目在批准前提供独立的审查计划，为项目发起人和项目人员提供考虑机会。
- 监督正在进行的生态修复项目，给从业者提供改进建议。
- 从生态修复项目中汲取并传播生态修复知识，既包括成功的案例，也包括需避免的错误。

- 协助从业人员整理修复项目的材料以供出版。

- 在项目停止后，仍要监督选定的区域，确保实现长期成果。

- 协助从业者准备专业认证申请。

- 为研究人员和从业者提供合作机会。

- 向从业者传递相关研究结果。

- 协助公共机构解决技术问题和制定相关政策。

- 向公众提供教育宣传。

- 准备区域性修复项目的新闻稿，并以各种方式与新闻媒体交流修复相关的信息。

- 参与生态修复相关的公共活动和庆典。

生态修复区域中心可以让修复生态学家了解什么问题需要深入研究，以及这些问题的答案怎样推动生态修复实践的发展。中心的工作人员可以把从业者、土地拥有者、其他利益攸关方和可以解决重要实际问题的研究人员联系在一起。当这种合作得以进行时，我们可以预见生态修复的科学、工艺和技术将获得长足发展。

电子期刊

生态修复行业需要为从业者提供渠道，发布各地进行的修复项目的进展。这对于推进生态修复行业发展、向政策制定者和对环境感兴趣的公众宣传修复行业内取得的成就都是十分必要的。希望这种渠道足够严谨，至少能够吸引一些学术团体参与，也能轻易地让从业者贡献力量。为此，我们建议出版电子期刊，最好能翻译呈几种主要语言的文章发表。

相关出版物与手册也将同时上线。详细的格式将会提前准备好，从业者只需要填空就可以准备好一份手稿。这种格式将会包含每个案例历史纪录的详细信息。发行成品类似于本书中的实地考察案例，但是会提供更多的细节、重要的监测数据和更多的照片。编辑将再次审查手稿，以确保其质量和可读性。不同形式的同行评议也是必要的，但它不应该像现在大多数科学期刊那样经过繁重且苛刻的过程。相反，清晰度和完整性将是同行评议的主要关注点。否则，很少有从业者会费心准备手稿。如果生态修复区域中心开始设立运行，他们的员工可以鼓励和协助从业人员准备手稿，并协助他们发布出版项目案例手册，认证计划可以作为从业者获得认证的一个重要标准，这样可促进项目案例的出版准备。

恢复自然资本与生态修复的联系

我们预见到了一个巨大的机会能为生态修复和被称为自然资本修复的更大的领域

建立更为紧密的联系。以目前的消费水平来看，自然资本的存量已经过低，不足以维持人类的福祉。自然资本不足会导致饥饿、公共卫生恶化、政治动荡、社会混乱、战争和种族灭绝等灾难。在恢复自然资本的背景下，生态系统和生态景观修复会成为一种有效的补救措施。现有的大型区域生态修复计划往往视野有限，仅强调增加有限的生态系统服务能力。对于大多数了解自然资本的人来说——尤其是不过分关注年度预算的人——通过生态修复模式恢复自然资本的最大生态效应是优先考虑的。

人口增长和人均消费的增长会使局势恶化，这会使生态修复在恢复自然资本的背景下显得尤为必要。人类生态足迹的综合研究（Wackernagel and Rees 1996；MA 2005）表明，自然保护和退化生态系统的生态修复对于我们的生存至关重要。这一观点的重要性和日益广泛的影响程度，就像阿伦森等人（2007a）与帕迪·伍德沃思总结的那样。我们呼吁富裕国家和跨国组织扩展视野，加强责任意识。这些国家和组织应设计、资助、捐赠、执行生态修复项目，以取得良好的生态效益和社会效益。他们应该作为生态基础设施、社会人力资本、自然资产的投资者。詹姆斯·布莱尼奥（James Blignaut 2008）称之为"经济发展所需的综合方法"。20 年前，在里约热内卢举办的全球首脑峰会提出了三大主题：保护生物多样性、防治荒漠化和全球退化，这种方法应作为三种运动的一部分推广至世界各地。

请回顾图 2.6，生态修复的四象限模型的子集是朝着一个公共点呈拱形排列的。当人们开始明白大自然维系着我们的生命，我们也必须支持自然时，这些子集就会彼此接近。我们不能再执着于贪婪和无止境地索取，无论生态修复是否在恢复自然资本的背景下开展，它都可以通过代际方式为人类提供益处，是我们保护生物多样性和维持生态系统健康的最好途径。

这一点小约翰·凯恩斯（John Cairns Jr.）在之前已经说过了，我们也已经将本书专门送给了他。在这之前他的信息多且复杂，难以让人接受，现在正是接受他的信息的最好时机。我们非常认同《我们想要的未来》这份文件，它总结了 2012 年 6 月里约热内卢第 20 届联合国可持续发展会议的成果。这份文件强烈倡导生态修复，并呼吁"生态修复是全面实现可持续发展的方法，能够恢复地球生态系统的健康和完整性，且能引导人类与自然和谐相处"。也许人们现在确定变得越来越愿意接约翰·凯恩斯（John Cairn）的观点。怀着这样美好的愿景，让我们一起推动生态修复的发展！

abiotic 非生物的：用于解释说明有关生态系统的非生物或物理方面，如土壤、水分、养分和气候等因素。

agroforest 农林业：专门或部分种植为人类提供食物或其他经济产品的植物的森林或林地。

alternative state 替代状态：通常是一种半自然生态系统，与先前特定地点的自然（非人为）生态系统有所不同。

anoxia 缺氧症：缺乏氧气的症状，例如在饱和的土壤中。

anthropocene era 人类世：当前以人类对生物圈的巨大影响为特征的地质时期。有些人认为开始于200~250年前，另一些人认为开始于7000年前。

anthropogenic 人类起源的：受人类影响或由人类塑造的起源。

biodiversity 生物多样性：不同组织（遗传、个体、种群、群落、生态系统、生物区域、生物圈）层次和分类等级（物种、属、科等）层次上的生命多样性。

basin of attraction 吸引力域：从物理学和胚胎学的场论中引用的一个术语，生态学家将其应用于表示物种和种群以特定群体聚集形成独特的、可预测的群落趋势。

biome 生物群落：大型的区域性生态单元，通常由其主导的营养模式所定义，如北欧的针叶林生物群落。

biophysical 生物物理学：指生物体以及维持其生存的物理环境，即生态系统中的生物群和非生物组成部分。

biota 生物区：特定地点的所有不同种类的生物体(植物、动物、微生物)。

certification 鉴定：同行对一个人专业能力的正式认可。

climax 顶点：一个成熟的群落或生态系统，在现有的环境条件下明显是稳定的，因此保持在目前的状态。森林管理员为了避免其与不可信的顶点理论相一致，有些时候会把这种状态称为原始森林。

coevolution 共同进化：两个或多个物种在进化过程中相互施加选择性压力，当这些物种同时出现在同一个群落中，每个物种就都具有适应特征。

community structure (or simply structure) 群落结构（或简单结构）：群落的物理

形态，取决于植物种类的大小、生命形式、丰富度和分布。

community 群落：生态系统的生物群或其特定部分，如植物群落、昆虫群落或附生群落。

Creation 产物：为了满足补偿性缓解要求，通常需要用另一种声称具有更大价值的生态系统取代一个生态系统。

cultural ecosystems 文化生态系统：在自然过程和人为组织的共同影响下发展起来的生态系统。

degradation 退化：由于持续的压力事件或间断的小干扰对生态系统造成逐渐增加的损害，其发生的频率过高，以至于自然没有时间恢复。

desertification 荒漠化：一个地方尽管还没成为真正的沙漠，但与未退化状态相比，一个地点逐渐干燥的退化。

designer ecosystems 设计师生态系统：特意创造的生物组合，其物种在设计过程中被选择用于特定目的。

disturbance 干扰：一种自然或人为事件，通常以实质性方式（也称为扰动）改变生态系统的结构、内容和／或功能。或者是一个导致生态系统退化的增量事件。

ecological attributes 生态属性：生态系统的生物物理（组成、结构、非生物／景观支持）和自然（功能、复杂性、自组织、弹性、自我可持续性、生物圈支持）特性。

ecological engineering 生态工程：操纵和使用生物有机体或其他生物来源的材料来解决影响人类的问题。

ecological footprint 生态足迹：人类对生物圈提供资源和吸收废物的需求的任何量度。

ecological restoration 生态恢复：协助恢复受损生态系统的过程。

ecology 生态：活生物体之间以及生物体与环境之间相互作用的研究。

ecophysiology 生态生理学：对有机体如何对环境条件做出生理反应的研究。

ecosystem 生态系统：生物体及其在特定位置与之相互作用的非生物环境所组成的复合体。

ecosystem health 生态系统健康：相对于其生态发展阶段，其动态属性在"正常"活动范围内表达的生态系统的状态或条件。

ecosystem management 生态系统管理：技术管理者对自然区域的控制，以维护生态系统的完整性和健康。

ecosystem services 生态系统服务：大自然对人、家庭、社区和经济的有益支持。

ecotone 交错群落：生态系统之间的过渡区。

flatlander　见识短浅的人：运用狭隘和不全面的方法恢复生态的人，特别是在生态恢复的四象限模型只对一个象限（或两个目标象限中的某些元素）感兴趣的人。

forb　非禾本草本植物：不是草或草样的草本植物。

four–quadrant model　四象限模型：提出生态恢复同时满足生态、社会经济、个人和文化性的价值观的模型。

fragmentation　碎片化：将原来连续的自然景观划分为较小的自然单元，这些单元被那些转换为经济生产或发展的介入土地而隔开。

fuel load　可燃物载量：生态系统中潜在的可燃物质，包括生物和非生物。

fuelwood　薪材：为家庭取暖和烹饪而收集的木材。

function　动态功能：指的是生态系统的动态方面，如光合作用、初级生产、矿质营养物质的隔离和再循环以及食物网的维护。有时仅限于这些代谢活动，有时也扩大到包括生态系统过程。

functional group　功能组：同一生态系统中对相同的压力具有相同的功能或以相似的方式做出响应的两个或多个物种。

Gaia　盖娅：把地球及其所有生物看作是一个单独的、自我调节的有机体，或作为一个单独的、自我调节的整体而相互联系的概念。这个概念可以被认为是真实的、寓言的或超自然的。

garrigue　灌木：地中海气候中物种丰富的、热源的、人为的灌木丛，它占据着欧洲、北非和小亚细亚地中海盆地周围的各种土壤。

geomorphology　地貌学：对土地形态的描述和研究。

herbivore　食草动物：以植物为食的动物。食草是以植物为食的状态或条件。

historic fidelity　历史原真性：类似于过去出现的生态系统。

historic continuity　历史延续性：指的是恢复后的生态系统，在受损后恢复了发展，并延续了其原有的生态轨迹。

holistic ecological restoration　整体生态修复：通过重建历史的连续性和恢复生态属性，将受损的生态系统恢复到生态完整，从而实现与之相伴的人类价值。

Holocene era　全新世时代：从最后一次大冰期结束（约 11700 年前）到现在为止的地质时代。

human well–being　人类福祉：一个人对生活条件普遍满意，并能够以合理的成功可能性追求适度目标的状态。财富不一定是幸福的先决条件。

hydrology　水文学：水动力学的研究，包括水的输入、保留、输出和再循环。

hydroperiod　亲水期：在一年或一段时间内，土壤或基质处于饱和或被淹没的持续时间。

hypha. (plural hyphae) 菌丝（复数菌丝）：真菌的一种细长的、分枝的丝状结构，通常为单细胞和多核。

impact 影响：由有意或无意的人类活动引起的，对生态系统或景观造成的干扰或其他有害事件。

impairment 损害：由于特殊的冲击或干扰而退化、损坏或破坏的生态系统或景观的状态或状况，短期内不太可能自动恢复到原来的状态。

indigenous 固有的：原生于某一特定地点的。

intact 完整的：一个完整而未受损的生态系统。

invasive species 入侵物种：通常指一种非本地物种，其种群的繁衍是以牺牲本地物种为代价的，并在空间和栖息地上占得先机。如果是土生土长的，由于先前的影响，该物种占据了一个不寻常的景观位置。

keystone species 关键物种：对其他物种的积极影响远远大于其丰富度或大小所预测到的影响的物种。

K-strategist K-策略者：生态学中的一个专业术语，指持久的，通常长寿的植物，它们要么具有竞争耐受性，要么在高胁迫环境中具有胁迫耐受性，并且将其能量储备专用于营养结构的形成而不是生殖结构。参考 R-决策者。

landscape 景观：以可识别的模式排列并交换生物和物质（如水）的生态系统集合。

life form 生命形态：植物的显著特征，如木本或草本，常绿或落叶，有刺或无刺。

local ecological knowledge (LEK) 地方性生态知识（LEK）：以可持续方式生活在农村地区的人们收集的有关于物种和生态系统的当前并不断增加的有用知识。另请参阅 TEK。

manipulation 操纵：从业人员在项目现场的直接干预。

mesic 中生的：指土壤通常是潮湿的，而不是干燥的（干性）或潮湿的（水性）的陆地生态系统，或者是生活在其生境中的物种。

microclimate 微气候：由生态系统中的群落结构（树荫，防风林等）和过程（例如蒸腾作用）引起的，可以改善的该地区宏观大气条件的气候。

mitigation 缓解：政府机构用来缓解不可避免的环境损害的方法或策略，可以通过生态恢复或其他活动（修复，开垦，改善等）来补偿。

monitor 监控：系统地收集有关生态系统的信息，有时是重复的且使用标准方案的，以确定达到标准或目标的程度。

mycorrhiza 菌根：植物根和土壤中的真菌之间的相互联系，其菌丝（股）穿透根部并提取碳水化合物，同时为根部提供磷和其他矿质营养物质。

natural capital 自然资本：可再生的（生态系统，生物体），不可再生的（石油，煤炭，矿物等），可补充的（大气，饮用水，肥沃的土壤）和可耕种的（作物，森林种植园等）自然资源库存，以及从中引出的自然商品和服务。

natural goods and services (or ecosystem services) 自然商品和服务（或生态系统服务）：生态系统提供的食品，燃料或其他具有经济或文化价值的产品，以及生态系统为人们提供的各种具有经济价值的服务，例如洪水蓄水和水土流失控制，所有这些都无需生产和维护成本。

nongovernmental organization (NGO) 非政府组织（NGO）：私人的非营利组织，通常从慈善机构获得资金或由政府资助，并提供其他方式通常无法提供的服务。

nutrients 营养：植物和微生物新陈代谢和生长所需的矿物质元素,例如磷,钙,镁,铁等。

objective 目标：从项目工作中期望得到的具体的、短期的和直接的结果，最终将有助于项目目标的实现。

outplant 出圃：从苗圃中移走生长中的植物种群（例如，幼苗），并将它们移植到所需场地。

patch dynamics 斑块动态：一种生态系统和群落分析的概念方法，强调系统内异质性的动态。

performance standard 绩效标准：通过监视确定的一个值或阈值条件，以是否达到该值或阈值条件，作为验证是否已达到特定目标的标准。

phenology 物候学：季节性植物过程的季节性，例如打破休眠，开花，种子传播和落叶。这与日历上的时间段有关。

plankton 浮游生物：通常是悬浮在水中的微小的藻类和动物。

practitioner 从业者：运用实践技能和知识来在项目现场完成修复任务的人。

prairie 草原：北美草原的指定常用术语。

process 变化过程：生态系统或景观的动态方面，有时被认为是功能的代名词，包括诸如蒸腾作用、竞争、寄生、动物介导的授粉和种子传播、菌根关系和其他共生关系等的相互作用。

production system 生产系统：用于生产粮食、纤维、牧草、水产养殖以及其他也可用于维持生计而消费的商品的土地或景观单位，或湿地或海洋地区，通常依靠外部能源（如化石燃料）和材料（如石灰、农用化学品）的投入来维持的。

Propagule 繁殖体：任何植物的生殖结构，有性生殖和营养生殖，例如繁殖的种子，孢子或根茎。

provenance 种苗原产地：到达或故意引入项目场地的种子，苗木以及其他繁殖体和生物的起源或来源的地区。

pyrogenic 炽热的：指由火势发源并由周期性火势维持的生态系统。

reallocation 再分配：将生态系统重新投入一种经济类型的新用途，而不是将生态系统转变为另外一种状态。

reclamation 复垦：将被认为相对无用的土地转换为生产性土地，通常用于农业和造林。恢复生产力是主要目标。

reference 参考：一个或多个实际生态系统（称为参考地点），其书面生态描述和／或来自辅助资源的信息（例如历史图片或描述，古生态数据），作为指导生态恢复项目发展的基础。

reference model 参考模型：对生态系统的生态描述，可作为制定恢复计划的基础，该描述来自参考地点的研究和／或源于辅助资源信息。

rehabilitation 复原：恢复生态系统的过程。目的是恢复正常的功能和生态系统服务，而不一定要恢复到原有参照的生物多样性或其预测的轨迹。

resilience 恢复力：生态系统承受干扰或从干扰中完全自发恢复的能力。

restoration ecology 恢复生态学：生态修复实践所依据的科学。它提供了实践者所依赖的概念和模型，或者，通过研究恢复的生态系统和正在恢复的生态系统，推进理论生态学的前沿的科学。

restoring natural capital (RNC) 恢复自然资本（RNC）：对自然资本存量进行投资，并对其进行维护，以改善自然和人类管理的生态系统的功能，同时通过全面恢复生态系统，对作为有用目的的生产系统管理的土地进行生态上的健全改进，来为人民的社会经济福祉做出贡献，改善生物资源的利用，建立或加强社会经济体系，促进将自然资本价值的知识和认识纳入日常活动。

revegetation 植被恢复：不考虑植物来源，通常有一个或几个物种，在开阔的土地上建立植物覆盖层的过程。

rhizome 根状茎：生长在地下或水下基质中的植物的茎，也叫根茎，尽管它在解剖学上与真正的根不同。

riparian 滨水地带：关于河流附近的地带，如占据河漫滩的森林区域。

r-strategist r-策略者：生态学中的术语，指的是寿命短；杂草丛生或机会主义；在开放和受干扰的环境中定居；不能容忍竞争；将其能量储备用于繁殖而不是营养生长的植物。参考 k– 战略者。

ruderal　杂草：杂草丛生。

runoff　径流：通过在地表扩散向低海拔移动，而不是在确定的河道内流动的降雨或其他降水。

salinization　盐碱化：由于灌溉水的蒸发或与土地使用有关的其他原因，使得根部的土壤盐分增加的过程。

savanna　稀树草原：由茂密的草或莎草组成的植被，通常与杂草混合在一起，被间隔很长的灌木丛和树木或以小丛或小块状生长的树木打断形成的区域。

sedge　莎草：属于莎草科的草状植物。比草更常见于湿地

seed bank (or propagule bank)　种子库（或繁殖库）：土壤中的种子（和其他繁殖体）可在干扰后补充植被的集合。

self–organizing　自组织的：生态系统根据其内部过程而发展并起作用。同义词：自生能力。

self–sustainable　自我维持的：自组织的生态系统尽管并非没有因自身内部动态、环境变化和环境条件的长期变化而发生转变，依旧可以无限期地持续下去。

semicultural ecosystem　半文化生态系统：一种自然生态系统，已通过人类土地利用活动进行了管理和部分改变，以某种方式或多或少地并可持续地保护了生物多样性和生态系统功能的大多数要素。

sere　演替系列：随着新生态系统的成熟或受干扰的生态系统的恢复，整个生态系统的所有发展阶段都将随之发生。每个阶段都可以称为一个演替阶段或演替群落。

silviculture　森林学：植被和森林的建立和维护。通常是为了生产木材或其他可销售的商品。

spatial　空间的：与大小，尺寸或位置有关。

species composition　物种组成：某个区域出现的所有不同种类的物种。

stakeholder　利益相关者：任何受到某种活动（包括生态修复项目）的正面或负面影响，以及直接或间接影响的人。

state　状态：生态系统或景观的外观，表达或表现形式，取决于物种组成、生命形式、个体的大小和丰度以及群落结构。

stochastic　随机的：偶然发生的。

stress　环境压力：一种正常发生的状况或反复发生的事件，对某些物种的危害大于对其他物种的危害，并在很大程度上决定了生态系统中物种的组成和丰度。环境压力的例子包括冰冻的温度、旱、盐度、火灾和营养物质的缺乏。

subsistence　生活津贴：提供食物，燃料和其他必需品，供个人、家庭或部落村庄使用，而不是出售或交易的可销售商品。

succession　演替：随着生态系统的发展或从干扰中恢复，在物种组成（尤其是）以及物种丰富度、群落结构种间相互作用的复杂性发生的阶段顺序。另请参阅演替系列。

symbiont　共生体：为了互惠互利而紧密接触的两种有机体之一。

target　目标：恢复项目的预期长期结果（终点或目标），有时直到恢复项目工作停止很长时间后才能完全实现。

taxon (plural,taxa)　分类单元（复数，分类群）：分类系统中有机体的等级分类，如亚种、种、属、科。

temporal　暂存的事物：与时间和持续时间有关。

traditional cultural practices　传统文化践行：应用传统生态知识，促进文化生态系统的发展和维护。

traditional ecological knowledge (TEK)　传统生态知识：生态知识是通过与自然和自然资源互动，在传统社会中积累的社会经验和看法而得出的。TEK 通常是通过反复试验和错误得出的，并经常通过口头传承传给后代。另请参阅地方性生态知识 (LEK)。

trajectory　轨迹：过去单个生态系统的生物表现序列。

vascular plant　维管植物：含维管组织（木质部、韧皮部）的植物，包括所有树木、开花植物和蕨类植物，不包括藻类、真菌、地衣和苔藓。

zooplankton　浮游动物：由动物种类组成的浮游生物。

参考文献

Anderson, M. K. 2005. *Tending the Wild Native: American Knowledge and the Management of California's Natural Resources*. Berkeley: University of California Press.

Anderson C., J. Celis-Diez, B. Bond, G. Martínez Pastur, C. Little, J. Armesto, C. Ghersa et al. 2011. "Progress in Creating a Joint Research Agenda that Allows Networked Long-Term Socio-Ecological Research in Southern South America—Addressing Crucial Technological and Human Capacity Gaps Limiting its Application in Chile and Argentina." doi: 10.1111/j.1442−9993.2011.02322.x.

Apostol, D. and M. Sinclair, eds. 2006. *Restoring the Pacific Northwest: The Art and Science of Ecological Restoration in Cascadia*. Washington, DC: Island Press. Aronson, J., P. H. S. Brancalion, G. Durigan, R. R. Rodrigues, V. L. Engel, M. Tabarelli, et al. 2011. "What role should government regulation play in ecological restoration: Ongoing debate in São Paulo State, Brazil." *Restoration Ecology* 19:690–695.

Aronson, J., J. N. Blignaut, R. de Groot, A. Clewell, P. P. Lowry II, P. Woodworth, D. Renison et al. 2010. "The Road to Sustainability Must Bridge Three Great Divides." *Annals of the New York Academy of Sciences* (Special issue, *Ecological Economics Reviews*) 1185:225–36.

Aronson, J., J. N. Blignaut, S. J. Milton, D. Le Maitre, K. J. Esler, A. Limouzin, et al. 2010. "Are socioeconomic benefits of restoration adequately quantified? A metaanalysis of recent papers (2000–2008) in Restoration Ecology and 12 other scientific journals." *Restoration Ecology* 18:143–154.

Aronson, J., F. Claeys, V. Westerberg, P. Picon, G. Bernard, J.-M. Bocognano, and R. de Groot. 2012. "Steps towards Sustainability and Tools for Restoring Natural Capital: Etang de Berre (Southern France) Case Study." In M. Weinstein and E. Turner, eds., *Sustainability Science: Balancing Ecology and Economy*. New York: Springer, 113–40.

Aronson, J., A. F. Clewell, J. N. Blignaut, and S. J. Milton. 2006. "Ecological Restoration: A New Frontier for Conservation and Economics." *Journal for Nature Conservation* 14:135–39.

Aronson, J., S. Dhillion, and E. Le Floc'h. 1995. "On the Need to Select an Ecosystem of Reference, However Imperfect: A Reply to Pickett and Parker." *Restoration Ecology* 3:1–3.

Aronson, J., C. Floret, E. Le Floc'h, C. Ovalle, and R. Pontanier. 1993a. "Restoration and Rehabilitation of Degraded Ecosystems in Arid Land Semi-arid Lands. 1. A View from the South." *Restoration Ecology* 1:8–17.

———. 1993b. "Restoration and Rehabilitation of Degraded Ecosystems. 2. Case Studies in Chile, Tunisia and Cameroon." *Restoration Ecology* 1:168–87.

Aronson, J., and E. Le Floc'h. 1996a. "Que faire de tant de notions du paysage?" *Natures, Sciences, Sociétés* 4:264–66.

———. 1996b. Vital landscape attributes: missing tools for restoration ecology. *Restoration Ecology* 4: 377–387.

Aronson, J., S. J. Milton, and J. N. Blignaut, eds. 2007a. *Restoring Natural Capital: Science, Business and Practice*. Washington, DC: Island Press.

———. 2007b. "Restoring Natural Capital: Definitions and Rationale." In J. Aronson, S. J. Milton, and J. Blignaut, eds., *Restoring Natural Capital: Science, Business and Practice*. Washington, DC: Island Press, 1–2.

Aronson, J., S. J. Milton, J. N. Blignaut, and A. F. Clewell. 2006. "Conservation Science as if People Mattered." *Journal for Nature Conservation* 14:260–63.

Aronson, J., C. Murcia, D. Simberloff, G. Kattan, K. Dixon, and D. Moreno-Mateos. In review. "Are Novel Ecosystems a Slippery Slope for Restoration Ecology?" *Plant and Soil*.

Aronson, J and J. Van Andel. 2012. "Restoration ecology and the path to sustainability." Pages 293-304 in: Van Andel, J. and J. Aronson, eds. *Restoration Ecology: The New Frontier. 2nd edition*. Oxford, UK: Wiley-Blackwell.

Bainbridge, D. 2007. A *Guide for Desert and Dryland Restoration*. Washington, DC: Island Press.

Baird K., and J. Rieger. 1989. "A Restoration Design for Least Bell's Vireo Habitat in San Diego County." In D. L. Abell, ed., *Proceedings of the California Riparian Systems Conference: Protection, Management, and Restoration for the 1990's*. General Technical Report PSW-110. Berkeley CA. Pacific Southwest Forest and Range Experiment Station, Forest Service, US Dept of Agriculture, 462–67.

Bakker, J. P., and T. Piersma. 2006. "Restoration of Intertidal Flats and Tidal Salt Marshes." In J. van Andel and J. Aronson, eds., *Restoration Ecology: The New Frontier*. Oxford: UK: Blackwell, 174–92.

Balaguer, L., R. Arroyo-Garcia, P. Jimenez, M. D., Jimenez, L. Villagas, I. Cordero, E. Manrique et al. 2011. "Forest Restoration in the Lomas (Fog Oases) of Coastal Peru: Genetic and Experimental Evidence Indicate That Cultural Components Should Be Part of the Reference System." *PLoS ONE*. 6:e23004. doi:10.1371/journal.pone.0023004.

Balée, W. 2000. "Elevating the Amazonian Landscape." *Forum for Applied Research and Public Policy* 15:28–33.

Balmford, A., A. Bruner, P. Cooper, R. Costanza, S. Farber, R. E. Green, M. Jenkins et al.

2002. "Economic Reasons for Conserving Wild Nature." *Science* 297:950–53.

Bastow Wilson, J., I. Ullmann, and P. Bannister. 1996. Do Species Assemblages Ever Recur? *Journal of Ecology* 84: 471–474.

Bernhardt, E. S., M. A. Palmer, J. D. Allan, G. Alexander, K. Barnas, S. Brooks, J. Carr et al. 2005. "Synthesizing U.S. River Restoration Efforts." *Science* 308:636–37.

Blignaut, J. N. 2008. "Fixing Both the Symptoms and the Causes of Degradation: The Need for an Integrated Approach to Economic Development and Restoration." *Journal of Arid Environments* 73:696–98.

Blignaut, J., J. Aronson, M. Mander, and C. Marais. 2008. "Investing in Natural Capital and Economic Development: South Africa's Drakensberg Mountains." *Ecological Restoration.* 26:143–50.

Blignaut, J. N., J. van Ierland, T. Xivuri, R. van Aarde, and J. Aronson. 2011. "The ARISE Project in South Africa." In D. Egan, J. Abrams, and E. Hjerpe, eds., *Exploring the Social Dimensions of Ecological Restoration.* Washington, DC: Island Press, 207–19.

Blondel J., J. Aronson, J. -Y. Bodiou, and G. Bœuf. 2010. *The Mediterranean Basin—Biological Diversity in Space and Time.* Oxford, UK: Oxford University Press.

Bonnicksen, T. M. 1988. "Restoration Ecology: Philosophy, Goals, and Ethics." *Environmental Professional* 10:25–35.

Bormann, F. H., and G. E. Likens. 1979. *Pattern and Process in a Forested Ecosystem.* New York: Springer.

Bowman, D. M. J. S. 1998. "The Impact of Aboriginal Landscape Burning on the Australian Biota." *New Phytologist* 140:385–410.

Boyer, K. E., and J. B. Zedler. 1999. "Nitrogen Addition Could Shift Plant Community Composition in a Restored California Salt Marsh." *Restoration Ecology* 7:74–85.

Bradley, J. 1971. *Bush Regeneration.* Sydney, AU: Mosman Parklands and Ashton Park Association.

Bradshaw, A. D. 1987. "Restoration: An Acid Test for Ecology." In W. R. Jordan III, M. E. Gilpin and J. D. Aber, eds., *Restoration Ecology a Synthetic Approach to Ecological Research.* Cambridge, UK: Cambridge University Press, 23–29.

———. 1996. "Underlying Principles of Restoration." *Canadian Journal of Fisheries and Aquatic Science* 53 (Supplement 1): 3–9.

Brancalion, P. H. S., R. A. G. Viani, J. Aronson, and R. R. Rodrigues. In review. "Tree Nurseries and Seed Collecting in Service of Tropical Forest Restoration: How to Increase Their Biodiversity and Potential for Social Integration?" *Restoration Ecology.*

Brewer, J. S. 2001. "Current and Presettlement Tree Species Composition of Some Upland Forests in Northern Mississippi." *Journal of the Torrey Botanical Society* 128:332–49.

Brewer, S., and T. Menzel. 2009. "A Method for Evaluating Outcomes of Restoration When No Reference Sites Exist." *Restoration Ecology* 17:4–11.

Buisson E., and T. Dutoit. 2006. "Creation of the Natural Reserve of La Crau: Implications for the Creation and Management of Protected Areas." *Journal of Environmental Management* 80:318–26.

Burkhart, A. 1976. "Monograph of the Genus *Prosopis.*" *Journal of the Arnold Arboretum* 57:219–49, 450–525.

Cabin R. J. 2011. *Intelligent Tinkering: Bridging the Gap between Science and Practice.* Washington, DC: Island Press.

Cabin, R., A. Clewell, M. Ingram, T. McDonald, and V. Temperton. 2010. "Bridging Restoration Science and Practice: Results and Analysis of a Survey from the 2009 Society for Ecological Restoration International Meeting." *Restoration Ecology* 18:783–88.

Cairns, J., Jr. 1993. "Ecological Restoration: Replenishing Our National and Global Ecological Capital." In D. Saunders, R. Hobbs, and P. Ehrlich, eds., *Nature Conservation 3: Reconstruction of Fragmented Ecosystems.* Chipping Norton: Surrey Beatty, 193–208.

Callenbach, E. 1975. *Ecotopia.* Berkeley: Banyan Tree Books.

Clark, W. C., and N. M. Dickson. 2003. "Science and Technology for Sustainable Development Special Feature: Sustainability." *Proceedings of the National Academy of Sciences (USA)* 100:8059–61.

Clement, C. R. 1999. "1492 and the Loss of Amazonian Crop Genetic Resources. 1. The Relation between Domestication and Human Population Decline." *Economic Botany* 53:188–202.

——. 2006. "Demand for Two Classes of Traditional Agroecological Knowledge in Modern Amazonia." In D. A. Pose and M. J. Balick, eds., *Human Impacts on Amazonia: The Role of Traditional Ecological Knowledge in Conservation and Development.* New York: Columbia University Press, 33–50.

Clements, F. E. 1916. *Plant Succession: An Analysis of the Development of Vegetation.* Washington, DC: Carnegie Institute of Washington (Publ. 242).

Clewell, A. F. 1995. "Downshifting." *Restoration and Management Notes* 13:171–75.

——. 1999. "Restoration of Riverine Forest at Hall Branch on Phosphate-Mined Land, Florida." *Restoration Ecology* 7:1–14.

——. 2000a. "Restoring for Natural Authenticity." *Ecological Restoration* 18:216–17.

——. 2000b. "Editorial: Restoration of Natural Capital." *Restoration Ecology* 8:1.

——. 2001. "Resistance to Restoration." *Ecological Restoration* 19:3–4.

——. 2011. "Forest Succession after 43 Years Without Disturbance on Ex-arable Land, Northern Florida." *Castanea* 76:386–94.

Clewell, A. F., and J. Aronson. 2006. "Motivations for the Restoration of Ecosystems." *Conservation Biology* 20:420–28.

——. 2007. *Ecological Restoration: Principles, Values and Structure of an Emerging Profession.* Washington, DC: Island Press.

Clewell, A. F., J. A. Goolsby, and A.G. Shuey. 1982. "Riverine Forests of the South Prong Alafia River System, Florida." *Wetlands* 2:21–72.

Clewell, A. F., J. P. Kelly, and C. L. Coultas. 2000. "Forest Restoration at Dogleg Branch on Phosphate-Mined and Reclaimed Land, Florida." In W. L. Daniels and S. G. Richardson, eds., *Proceedings, 2000 Annual Meeting of the American Society for Surface Mining and Reclamation, Tampa, Florida, June 11–15.* Lexington: American Society of Surface Mining, 197–204.

Clewell, A. F., and R. Lea. 1990. "Creation and Restoration of Forested Wetland Vegetation in the Southeastern United States." In J. A. Kusler and M. E. Kentula, eds.,

Wetland Creation and Restoration: The Status of the Science. Washington, DC: Island Press, 195–231.

Clewell, A., and T. McDonald. 2009. "Relevance of Natural Recovery to Ecological Restoration." *Ecological Restoration* 27:122–24.

Clewell, A. F., J. Rieger, and J. Munro. 2005. *Guidelines for Developing and Managing Ecological Restoration Projects, 2nd ed.* http://www.ser.org/ and Tucson: Society for Ecological Restoration International.

Clewell, A., and J. D. Tobe. 2011. *Cinnamomum-Ardisia* Forest in Northern Florida. *Castanea* 76:245–54.

Cole, R. J., K. D. Holl, and R. A. Zahawi. 2010. "Seed Rain under Tree Islands Planted to Restore Degraded Lands in a Tropical Agricultural Landscape." *Ecological Applications* 20:1255–69.

Costanza, R. 1992. "Toward an Operational Definition of Ecosystem Health." In R. Costanza, B. G. Norton, and B. D. Haskell, eds., *Ecosystem Health: New Goals for Environmental Management.* Washington, DC: Island Press, 239–56.

Costanza, R., and H. E. Daly. 1992. "Natural Capital and Sustainable Development." *Conservation Biology* 6:37–46.

Costanza, R., W. J. Mitsch, and J. W. Day Jr. 2006. "Creating a Sustainable and Desirable New Orleans." *Ecological Engineering* 26:317–20.

Cowles, H. C. 1899. "The Ecological Relations of the Vegetation on the Sand Dunes of Lake Michigan. 1. Geographical Relations of the Dune Floras." *Botanical Gazette* 27:95–117, 167–202, 281–308, 361–91.

Cowling, R. M., S. Proches, and J. H. J. Vlok. 2005. "On the Origin of Southern African Subtropical Thicket Vegetation." *South African Journal of Botany* 71:1–23.

Cox, A. C., D. R. Gordon, J. L. Slapcinsky, and G. S. Seamon. 2004. "Understory Restoration in Longleaf Pine Sandhills." *Natural Areas Journal* 24:4–14.

Craft, C. B., S. W. Broome, and C. L. Campbell. 2002. "Fifteen Years of Vegetation and Soil Development Following Brackish-water Marsh Creation." *Restoration Ecology* 10:248–58.

Crosti, R., P. G., Ladd, K. W. Dixon, and B. Piotto. 2006. "Post-fire Germination: The Effect of Smoke on Seeds of Selected Species from the Central Mediterranean Basin." *Forest Ecology and Management* 221:306–12.

Crutzen, P. J. 2002. "Geology of Mankind." *Nature* 415:23.

Crutzen, P. J., and E. F. Stoermer. 2000. "The 'Anthropocene.'" *Global Change Newsletter* 41:12–13.

Daily, G., ed. 1997. *Nature's Services.* Washington, DC: Island Press.

Daly, H. E., and J. B. Cobb Jr. 1994. *For the Common Good: Redirecting the Economy toward Community, the Environment, and a Sustainable Future.* 2nd ed. Boston: Beacon Press.

Daly, H. E., and J. Farley. 2004. *Ecological Economics: Principles and Applications.* Washington, DC: Island Press.

D'Antonio, C. M., and J. C. Chambers. 2006. "Using Ecological Theory to Manage or Restore Ecosystems Affected by Invasive Plant Species." In D. A. Falk, M. A. Palmer, and J. B. Zedler, *eds., Foundations of Restoration Ecology.* Washington, DC: Island Press, 260–79.

Davis, M. A., M. K. Chew, R. J. Hobbs, A. E. Lugo, J. J. Ewel, G. J. Vermeij, J. H. Brown et al. 2011. "Don't Judge Species on Their Origins." *Nature* 474:153–54.

Davis, M. A., and L. B. Slobodkin. 2004a. "The Science and Values of Restoration Ecology." *Restoration Ecology* 12:1–3.

———. 2004b. "Letter." *Frontiers in Ecology and the Environment* 2:44–45.

Davis, M. B. 1976. "Pleistocene Biogeography of the Temperate Deciduous Forests." *Geoscience and Man* 13:13–26.

Day, G. M. 1953. "The Indian as an Ecological Factor in the Northeastern Forest." *Ecology* 34:329–46.

Day, J. W., J. Barras, E. Clairain, J. Johnston, D. Justic, G. P. Kemp, J. Ko et al. 2005. "Implications of Global Climatic Change and Energy Cost and Availability for the Restoration of the Mississippi Delta." *Ecological Engineering* 24:253–65.

de Groot, R. S. 1992. *Functions of Nature.* Groningen: Wolters-Noordhoff.

de Groot, R. S., B. Fisher, M. Christie, J. Aronson, L. Braat, R. Haines-Young, J. Gowdy et al. 2010. "Integrating the Ecological and Economic Dimensions in Biodiversity and Ecosystem Service Valuation." In P. Kumar, ed., *The Economics of Ecosystems and Biodiversity: Ecological and Economic Foundations.* London and Washington, DC: Earthscan, 9–40.

Denevan, W. M. 1992. "The Pristine Myth: The Landscape of the Americas in 1492." *Annals of the Association of American Geographers* 82:369–85.

Desai, N. 2003. *Sacred Grove: Potential Reference Site for Restoration Project. Restoration Ecology Promotion Booklet 2003.* Pune: SER-India Publication Series No. 4.

Descheemaeker, K., J. Nyssen, J. Poesen, D. Raes, M. Haile, B. Muys, and S. Deckers. 2006. "Runoff on Slopes with Restoring Vegetation: A Case Study from the Tigray Highlands, Ethiopia." *Journal of Hydrology* 331:219–41.

Diamond, J. 2005. *Collapse. How Societies Choose to Fail or Succeed.* New York: Penguin Books.

Diamond, J. M. 1975. "Assembly of Species Communities." In M. L. Cody, and J. M. Diamond, eds., *Ecology and Evolution of Communities.* Cambridge: Harvard University Press, 342–444.

Doyle, M., and C. A. Drew, eds. 2008. *Large-scale Ecosystem Restoration: Five Case Histories from the United States.* Washington, DC: Island Press.

Dregne H. E. 1992. Degradation and Restoration of Arid Lands. International Center for Arid and Semiarid Land Studies, Texas Tech University, Lubbock, Texas, USA.

Ecotrust. 2000. "A Watershed Assessment for the Siuslaw Basin." Unpublished report by Ecotrust, Portland Oregon. http://www.inforain.org/siuslaw/.

Egan, D., and E. A. Howell. 2001. *The Historical Ecology Handbook. A Restorationist's Guide to Reference Ecosystems.* Washington, DC: Island Press.

Egler, F. E. 1954. "Vegetation Science Concepts 1. Initial Floristic Composition, a Factor in Old-field Vegetation Development." *Vegetatio Acta Geobotanica* 4:412–17.

Eisenberg, C. 2010. *The Wolf's Tooth: Keystone Predators, Trophic Cascades, and Biodiver-*

sity. Washington, DC: Island Press.

Elliott, S., P. Navakitbumrung, C. Kuarak, S. Zangkum, V. Anusarnsunthorn, and D. Blakesley. 2003. "Selecting Framework Tree Species for Restoring Seasonally Dry Tropical Forests in Northern Thailand Based on Field Performances." *Forest Ecology and Management* 184:177–91.

Esbjörn-Hargens, S., and M. E. Zimmerman. 2009. *Integral Ecology: Uniting Multiple Perspectives on the Natural World.* New York: Random House.

Falk, D. A., M. A. Palmer, and J. B. Zedler. 2006. "Integrating Restoration Ecology and Ecological Theory: A Synthesis." In D. A. Falk, M. A. Palmer, and J. B. Zedler, eds. *Foundations of Restoration Ecology.* Washington DC: Island Press, 341–46.

Farina, A. 2000. "The Cultural Landscape as a Model for the Integration of Ecology and Economics." *BioScience* 50:313–20.

Feiertag, J. A., D. J. Robertson, and T. King. 1989. "Slash and Turn." *Restoration and Management Notes* 7:13–17.

Fernandes, P.H., and H. S. Botelho. 2003. "A Review of Prescribed Burning Effectiveness in Fire Hazard Reduction." *International Journal of Wildland Fire* 12:117–28.

Figueroa, E., and J. Aronson. 2006. "Linkages and Values for Protected Areas: How to Make Them Worth Conserving?" *Journal of Nature Conservation* 14:225–32.

Filippi, O., and J. Aronson. 2011a. "Plantes invasives en région méditerranéenne: quelles restrictions d'utilisation préconiser pour les jardins et les espaces verts? " *Ecologia mediterranea* 36:31–54.

——. 2011b. "Useful but Potentially Invasive Plants in the Mediterranean Region: What Restrictions Should Be Placed on Their Use in Gardens?" *BGjournal* 8:27–31.

Flannery, T. 1994. *The Future Eaters: An Ecological History of the Australasian Lands and People.* Sydney, AU: Reed New Holland.

——. 2001. *The Eternal Frontier: An Ecological History of North America and Its Peoples.* New York: Penguin.

Forman, R. T. T. 1995. *Land Mosaics: The Ecology of Landscapes and Regions.* Cambridge, UK: Cambridge University Press.

Forman, R. T. T., and M. Gordon. 1986. *Landscape Ecology.* New York: Wiley.

Fox, L. R. 1988. "Diffuse Coevolution within Complex Communities." *Ecology* 69:906–7.

Friederici, P. 2006. *Nature's Restoration: People and Places on the Frontlines of Conservation.* Washington, DC: Island Press.

Funk, J. L., E. E. Cleland, K. N. Suding, and E. S. Zavaleta. 2008. "Restoration through Reassembly: Plant Traits and Invasion Resistance." *Trends in Ecology and Evolution* 23:695–703.

Funk, J. L., and S. McDaniel. 2010. "Altering Light Availability to Restore Invaded Forest: The Predictive Role of Plant Traits." *Restoration Ecology* 18:865–72.

Gadgil, M. 1995. "Prudence and Profligacy: A Human Ecological Perspective."In T. M. Swanson, ed., *The Economics and Ecology of Biodiversity Decline.* New York: Cambridge University Press, 99-110.

Gardner, J. H., and D. T. Bell. 2007. Bauxite Mining Restoration by Alcoa World Alumina Australia in Western Australia: Social, Political, Historical, and Environmental Contexts." *Restoration Ecology* 15:S3–S10.

Gleason, H. A. 1939. "The Individualistic Concept of the Plant Association." *American Midland Naturalist* 21:92–110.

Gondard, H., S. Jauffret, J. Aronson, and S. Lavorel. 2003. "Plant Functional Types: A Promising Tool for Management and Restoration of Degraded Lands." *Applied Vegetation Science* 6:223–34.

Goosem, S. P., and N. I. J. Tucker. 1995. *Repairing the Rainforest Theory and Practice of Rainforest Reestablishment in North Queensland's Wet Tropics.* Cairns: Wet Tropics Management Authority.

GPFLR (Global Partnership for Forest Landscape Restoration). 2012. Accessed February 28, 2012. http://www.inforesources.ch/pdf/focus_2_05_e.pdf.

Graham, R. W., and E. Lundelius Jr. 1984. "Coevolutionary Disequilibrium and Pleistocene Extinctions." In P. S. Martin and R. G. Klein, eds., *Quatenary Extinctions.* Tucson: University of Arizona Press, 223–49.

Grant, C. D. 2006. "State-and-Transition Successional Model for Bauxite Mining Rehabilitation in the Jarrah Forest of Western Australia." *Restoration Ecology* 14:28–37.

Grime, J. P. 1974. "Vegetation Classification by Reference to Strategies." *Nature* 250:26–31.

——. 1977. "Evidence for the Existence of Three Primary Strategies in Plants and Its Relevance to Ecological and Evolutionary Theory." *American Naturalist* 111:1169–94.

——. 1979. *Plant Strategies and Vegetation Processes.* Chichester, UK: Wiley.

——. 2006. "Trait Convergence and Trait Divergence in Herbaceous Plant Communities: Mechanisms and Consequences." *Journal of Vegetation Science* 17:255–60.

Grumbine, R. E. 1994. "What is Ecosystem Management?" *Conservation Biology* 8:27–38.

Gunderson, L. H. 2000. "Ecological Resilience—In Theory and Application." *Annual Review of Ecology and Systematics* 31:425–39.

Guralnick, L. J., P. A. Rorabaugh, and Z. Hanscom. 1984a. "Influence of Photoperiod and Leaf Age on Crassulacean Acid Metabolism in *Portulacaria afra* (L.) Jacq." *Plant Physiology* 75:454–57.

——. 1984b. "Seasonal Shifts of Photosynthesis in *Portulacaria afra* (L) Jacq." *Plant Physiology* 76:643–46.

Harper, J. L. 1987. "The Heuristic Value of Ecological Restoration." In W. R. Jordan Ⅲ, M. E. Gilpin and J. D. Aber, eds., *Restoration Ecology a Synthetic Approach to Ecological Research.* Cambridge, UK: Cambridge University Press, 35–45.

Harris, J. A., and R. van Diggelen. 2006. "Ecological Restoration as a Project for Global Society." In J. van Andel and J. Aronson, eds., *Restoration Ecology: The New Frontier.* Oxford, UK: Blackwell Science, 3–15.

Henry F., P. Talon, and T. Dutoit. 2010. "The Age and History of the French Mediterranean Steppe Revisited by Soil Wood Charcoal Analysis." *The Holocene* 20:25–34.

Hey, D. L., and N. S. Philippi. 1999. *A Case for Wetland Restoration.* New York: Wiley.

Higgs, E. 2012. "History, Novelty, and Virtue in Ecological Restoration." In A. Thompson and J. Bendik-Keymer, eds., *Ethical Adaptation to Climate Change.* Cambridge, MA:

MIT Press, 81–101.

Higgs, E. S. 1997. "What is Good Ecological Restoration?" *Conservation Biology* 11:338–48.

Hobbs, R. J. 2002. "The Ecological Context: A Landscape Perspective." In M. Perrow and A. J. Davy, eds., *Handbook of Ecological Restoration*. Cambridge, UK: Cambridge University Press, 22–45.

Hobbs, R. J., S. Arico, J. Aronson, J. S. Baron, P. Bridgewater, V. A. Cramer, P. R. Epstein, et al. 2006. "Novel Ecosystems: Theoretical and Management Aspects of the New Ecological World Order." *Global Ecology and Biogeography* 15:1–7.

Hobbs, R.J., E. Higgs, and J. Harris. 2009. Novel ecosystems: implications for conservation and restoration. *Trends in Ecology & Evolution* 24: 599-605.

Hobbs, R., A. Jentsch, and V. Temperton. 2007. "Restoration as a Process of Assembly and Succession Mediated by Disturbance." In J. Walker, R. del Moral, L. Walker-and R. Hobbs, eds. *Linking Restoration and Ecological Succession*. Springer. New York, Springer, 150-67.

Hobbs, R. J., and D. A. Norton. 1996. "Towards a Conceptual Framework for Restoration Ecology." *Restoration Ecology* 4:93–110.

Hobbs, R. J., and K. N. Suding. 2007. *New Models for Ecosystem Dynamics and Restoration*. Washington, DC: Island Press.

Hobbs, R. J., and L. R. Walker. 2007. "Old Field Succession: Development of Concepts." In V. A. Cramer and R. J. Hobbs, eds., *Old Fields: Dynamics and Restoration of Abandoned Farmland*. Washington, DC: Island Press, 17–30.

Hoffman, M. T., and R. M. Cowling. 1990. "Desertification in the Lower Sundays River Valley, South Africa." *Journal of Arid Environments* 19:105–17.

Holl, K. D. 2012. "Restoration of Tropical Forests." In J. Van Andel, and J. Aronson, eds., *Restoration Ecology: The New Frontier*. 2nd ed. Oxford, UK: Blackwell, 103–14.

Holl, K. D., M. E. Loik, and E. H. V. Lin. 2000. "Tropical Montane Forest Restoration in Costa Rica: Overcoming Barriers to Dispersal and Establishment." *Restoration Ecology* 8:339–49.

Holland, K. M. 1994. "Restoration Rituals." *Restoration and Management Notes* 12:121–25.

Holling, C. S. 1973. "Resilience and Stability of Ecological Systems." *Annual Reivew of Ecology and Systematics* 4:1–24.

Holling, C. S., and L. H. Gunderson. 2002. "Resilience and Adaptive Cycles." In L. H. Gunderson, and C. S. Holling, eds., *Panarchy, Understanding Transformations in Human and Natural Systems*. Washington, DC: Island Press, 25–62.

House, F. 1996. "Restoring Relations: The Vernacular Approach to Ecological Restoration." *Restoration and Management Notes* 14:57–61.

Hutchinson, G. E. 1959. Homage to Santa Rosalia, or Why Are There So Many Kinds of Animals? *American Midland Naturalist* 93:145–59.

Inouye, B., and J. R. Stinchcombe. 2001. "Relationships between Ecological Interaction Modifications and Diffuse Coevolution: Similarities, Differences, and Causal Links." *Oikos* 95:353–60.

Izhaki, I., N. Henig-Sever, and G. Ne'eman. 2000. "Soil Seed Banks in Mediterranean Aleppo Pine Forests: The Effect of Heat, Cover and Ash on Seedling Emergence." *Journal of Ecology* 88:667–75.

Janzen, D.H. 1988. "Tropical Ecological and Biocultural Restoration." *Science* 239:24344.

——. 1992. "The Neotropics." *Restoration and Management Notes* 10:8–13.

——. 1998. "Gardenification of Wildland Nature and the Human Footprint." *Science* 279:1312–13.

——. 2002. "Tropical Dry Forest Restoration: Area de Conservación Guanacaste, Northwestern Costa Rica." In M. R. Perrow and A. J. Davy, eds., H*andbook of Ecological Restoration.* Vol. 2. *Restoration in Practice.* Cambridge, UK: Cambridge University Press, 559—84.

Jaunatre R., E. Buisson, and T. Dutoit. 2012. "First-Year Results of a Multi-Treatment Steppe Restoration Experiment in La Crau (Provence, France)." *Plant Ecology and Evolution* 145 :13–23.

Jones, C. G., J. H. Lawton, and M. Shachak. 1994. "Organisms as Ecosystem Engineers." *Oikos* 69:373–86.

Jordan, W. R., III. 1986. "Restoration and the Reentry of Nature." *Restoration and Management Notes* 4:2.

——. 1994. "'Sunflower Forest': Ecological Restoration as the Basis for a New Environmental Paradigm. In D. A Baldwin Jr., J. DeLuce, and C. Pletsch, eds., *Beyond Preservation: Restoring and Inventing Landscapes.* Minneapolis and London, University of Minnesota Press, 17–34.

——. 2003. *The Sunflower Forest: Ecological Restoration and the New Communion with Nature.* Berkeley: University of California Press.

Jurdant, M., J. L.Bélair, V. Gerardin, and J. P. Ducroc. 1977. *L'inventaire du capital-nature. Méthode de classification et de cartographie écologique du territoire.* Québec: Service des Etudes Ecologiques Régionales, Direction Régionale des Terres, Pêches et Environnement.

Kangas, P. C. 2004. *Ecological Engineering Principles and Practice.* Boca Raton: Lewis Publishers, CRC Press.

Kaplan, J. O., K. Krumhardt, and N.E. Zimmerman. 2009. "The Prehistoric and Preindustrial Deforestation of Europe." *Quaternary Sciences Reviews* 28: 3016–34.

Kassas, M. 1995. "Desertification: A General Review." *Journal of Arid Environments* 30:115–28.

Kates, R. W., W. C. Clark, R. Corell , J. M. Hall, C. C. Jaeger, I. Lowe, J. J. McCarthy et al. 2001. "Sustainability Science." *Science* 292:641–42.

Katz, E. 2012. "Further Adventures in the Case against Restoration." *Environmental Ethics* 34:67–97.

Keeley, J. E., W. J. Bond, R. A. Bradstock, J. G. Pausas and P. W. Rundel. 2012. *Fire in Mediterranean Ecosystems. Ecology, Evolution and Management.* Cambridge, UK: Cambridge University Press.

Koch, J. M. 2007 . "Restoring a Jarrah Forest Understorey Vegetation after Bauxite Mining in Western Australia." *Restoration Ecology* 15: Supplement s4: S26–S39.

Komarek, E. V. 1966. "The Meteorological Basis for Fire Ecology." *Proceedings of the Tall Timbers Fire Ecology Conference* 5:85125.

Krauss, S., and T. Hua He. 2006. "Rapid Genetic Identification of Local Provenance Seed Collection Zones for Ecological Restoration and Biological Conservation." *Journal for Nature Conservation* 14:190–99.

Kuhn, T. S. 1996. *The Structure of Scientific Revolutions.* 3rd ed. Chicago: University of Chicago Press.

Kurz, H., and D. Wagner. 1957. "Tidal Marshes of the Gulf and Atlantic Coasts of North Florida and Charleston, South Carolina." *Florida State University Studies* 24:1–168.

Lackey, R. T. 2004. "Societal Values and the Proper Role of Restoration Ecologists." *Frontiers in Ecology and the Environment* 2:45–46.

Lamb, D., P. D. Erskine and J. D. Parrotta. 2005. "Restoration of Degraded Tropical Forest Landscapes." *Science* 310:1628–32.

Lamb, D., and D. Gilmour. 2003. *Rehabilitation and Restoration of Degraded Forests.* Gland: International Union for Conservation of Nature and World Wide Fund for Nature.

Lara, A., D. Soto, J. Armesto, P. Donoso, C. Wernli, L. Nahuelhual, and F. Squeo. 2003. "Componentes científicos clave para una política nacional sobre usos, servicios y conservación de los bosques nativos Chilenos." Valdivia: Universidad Austral de Chile.

Lara, A., C. Little, R. Urrutia, J., C. Álvarez-Garretón, C. Oyarzún, D. Soto, P. Donoso, M. Nahuelhual, M. Pino, and I. Arismendi. 2009. "Assessment of Ecosystem Services as an Opportunity for the Conservation and Management of Native Forest in Chile." *Forest Ecology and Management* 258:415–24.

Lavelle, P. 1997. "Faunal Activities and Soil Processes: Adaptive Strategies That Determine Ecosystem Function." *Advances in Ecological Research* 27:93–132.

Lavorel, S., S. McIntyre, J. Landsberg, and T. D. A. Forbes. 1997. "Plant Functional Classification: From General Groups to Specific Groups Based on Response to Disturbance." *Trends in Ecology and Evolution* 12:474–78.

Lechmere-Oertel, R. G., G. I. H Kerley, R. M. Cowling. 2005. "Landscape Dysfunction and Reduced Spatial Heterogeneity in Soil Resources and Fertility in Semi-arid Succulent Thicket, South Africa." *Austral Ecology* 30:615–24.

Lechmere-Oertel, R. G., G. I. H Kerley, A. J. Mills, and R. M. Cowling. 2008. "Litter Dynamics across Browsing-induced Fenceline Contrasts in Succulent Thicket, South Africa. *South African Journal of Botany* 74:651–59.

Leopold, A. 1949. *A Sand County Almanac.* Oxford, UK: Oxford University Press. Reprinted in 1970 by Ballantine Books, New York.

Leopold, L. B., ed. 1993. *Round River. From the Journals of Aldo Leopold.* Oxford, UK: Oxford University Press.

Levin, L. A., and P. K. Dayton. 2009. "Ecological Theory and Continental Margins: Where Shallow Meets Deep." *Trends in Ecology and Evolution* 24:606–17.

Levin, L. A., and M. Sibuet. 2012. "Understanding Continental Margin Biodiversity: A New Imperative." *Annual Review of Marine Science* 4:79–112.

Little, C. 2011. "Rol de los bosques nativos en la oferta del servicio ecosistémico provisión de agua en cuencas forestales del centro sur de Chile." PhD thesis. Facultad de Ciencias Forestales. Universidad Austral de Chile.

Little, C., and A. Lara. 2010. "Ecological Restoration for Water Yield Increase as an Ecosystem Service in Forested Watersheds of South-central Chile." *Bosque* 31:175–78.

Lindenmayer, D. B., J. Fischer, A. Felton, M. Crane, D. Michael, C. Macgregor, et al. 2008. "Novel ecosystems resulting from landscape transformation create dilemmas for modern conservation practice." *ConservationLetters* 1:129-135.

Lloyd, J. W., E. van den Berg, and A. R. Palmer. 2002. "Patterns of Transformation and Degradation in the Thicket Biome, South Africa." TERU report no: 39. Port Elizabeth, SA: University of Port Elizabeth.

Lovelock, J. E. 1991. "Gaia, a Planetary Emergent Phenomenon." In W. I. Thompson, ed., *Gaia 2 : Emergence : the New Science of Becoming*. New York: Lindisfarne Press, 30–42.

Lugo, A. E. 1978. "Stress and Ecosystems." In J. H. Thorp and J. W. Gibbons, eds., *Energy and Environmental Stress in Aquatic Ecosystems*. Springfield, Virginia: DOE Symposium Series (CONF-771114). National Technical Information Service.

MA (Millennium Ecosystem Assessment). 2005. *Ecosystems and Human Well-Being: Synthesis*. Washington, DC: Island Press.

MacArthur, R. H., and E. O. Wilson. 1967. *The Theory of Island Biogeography*. Princeton: Princeton University Press.

Maestre, F. T., J. L. Quero, N. J. Gotelli, A. Escudero et al. 2012. "Plant Species Richness and Ecosystem Multifunctionality in Blobal Drylands." *Science* 335:214–18.

Mann, C. C. 2005. *1491. New Revelations of the Americas before Columbus*. New York: Vintage Books.

——. 2011. *1493. Uncovering the New World Columbus Created*. New York: Alfred A. Knopf.

Marais, C., R. M. Cowling, M. Powell, and A. Mills. 2009. "Establishing the Platform for a Carbon Sequestration Market in South Africa: The Working for Woodlands Subtropical Thicket Restoration Programme." *8th World Forestry Congress*. Buenos Aires, October, 18–23.

Martin, R. E., R. L. Miller, and C. T. Cushwa. 1975. "Germination Response of Legume Seeds Subjected to Moist and Dry Heat." *Ecology* 56:1441–45.

Maschinski, J., and S. J. Wright. 2006. "Using Ecological Theory to Plan Restorations of the Endangered Beach Jacquemontia (*Convolvulaceae*) in Fragmented Habitats." *Journal for Nature Conservation* 14:180–89.

Maser, C., and J. R. Sedell. 1994. *From the Forest to the Sea: The Ecology of Wood in Streams, Rivers, Estuaries, and Oceans*. Delray Beach: St. Lucie Press.

McCann, J. M. 1999. "The Making of the Pre-Columbian Landscape — Part 1: The Environment." *Ecological Restoration* 17:15–30.

McCarthy, H. 1993. "Managing Oaks and the Acorn Crop." In T. C. Blackburn and K. Anderson, eds., *Before the Wilderness: Environmental Management by Native Californians*. Anthropological papers, No. 40. Barning: Ballena Press, 213–28.

McCarty, K. 1998. "Landscape-scale Restoration in Missouri Savannas and Woodlands."

Restoration and Management Notes 16:22–32.

McDonald, M. C. 1996. "Ecosystem Resilience and the Restoration of Damaged Plant Communities: A Discussion Focusing on Australian Case Studies." PhD thesis, University of Western Sydney-Hawksbury.

McDonald, T. 2000. "Resilience, Recovery and the Practice of Restoration." *Ecological Restoration* 18:10–20.

———. 2005. "Grassland Restoration: Strengthening Our Underpinning." *Ecological Management and Restoration* 6:2.

———. 2008. "Evolving Restoration Principles in a Changing World." *Ecological Restoration and Management* 9:165–67.

McHarg, I. L. 1967. *Design with Nature*. New York: Wiley.

McKey, D., S. Rostain, J. Iriate, B. Glaser, J. J. Birk, I. Holst, and D. Renard. 2010. "Pre-Columbian Agricultural Landscapes, Ecosystem Engineers, and Self-Organized Patchiness in Amazonia." *Proceedings of the National Academy of Sciences USA* 107:7823–28.

Mills, A. J., J. Blignaut, R. M. Cowling, A. Knipe, C. Marais, S. Marais, M. Powell, A. Sigwela, and A. L. Skowno. 2009. "Investing in Sustainability Restoring Degraded Thicket, Creating Jobs, Capturing Carbon and Earning Green Credit." Working for Woodlands: Department of Water and the Environment. http://docs.lead.org/docs/IS 2010/Thicket_restoration.pdf.

Mills, A. J., and R. M. Cowling. 2006. "Rate of Carbon Sequestration at Two Thicket Restoration Sites in the Eastern Cape, South Africa." *Restoration Ecology* 14:38–49.

———. 2010. "Below-ground Carbon Stocks in Intact and Transformed Subtropical Thicket Landscapes in Semi-arid South Africa." *Journal of Arid Environments* 74:93–100.

Mills, A. J., and M. V. Fey. 2004. "Transformation of Thicket to Savanna Reduces Soil Quality in the Eastern Cape, South Africa." *Plant and Soil* 265:153–63.

Milton S. J. 2003. "'Emerging Ecosystems'—A Washing-stone for Ecologists, Economists and Sociologists?" *South African Journal of Science* 99:404–6.

Milton, S. J., W. R. J. Dean, M. A. du Plessis, and W. R. Siegfried. 1994. "A Conceptual Model of Arid Rangeland Degradation: The Escalating Cost of Declining Productivity." *BioScience* 44:70–76.

Milton, S. J., W. R. J. Dean, and D. M. Richardson. 2003. "Economic Incentives for Restoring Natural Capital in Southern African Rangelands." *Frontiers in Ecology and the Environment* 1:247–54.

Milton, S. J., and M. T. Hoffman. 1994. "The Application of State-and-Transition to Rangeland Research and Management in Arid Succulent and Semi-arid Grassy Karoo South Africa." *African Journal of Range and Forage Science* 11:18–26.

Milton, S. J., J. Wilson, D. M. Richardson, C. Seymour, W. Dean, D. Iponga, and S. Proches. 2007. "Invasive Alien Plants Infiltrate Bird-mediated Shrub Nucleation Processes in Arid Savanna." *Journal of Ecology* 95:648–61.

Mitsch, W. J., and S. E. Jørgensen. 2004. *Ecological Engineering and Ecosystem Restoration*. New Jersey: Wiley.

Molinier, R., and G. Tallon. 1950. "La végétation de la Crau (Basse-Provence)." *Revue*

Générale de Botanique 56–57, 1949–50: 1–111.

Moreira, F., A. I. Queiroz, and J. Aronson. 2006. "Restoration Principles Applied to Cultural Landscapes." *Journal for Nature Conservation* 14:207–16.

Moreno-Mateos, D., and J. Aronson. In review. "Ecological Restoration to Support Structural and Functional Recovery in Wetland Ecosystems: How Much Is Enough?" *Ecology Letters*.

Moreno-Mateos, D., M. E. Power, F. A. Comin, and R. Yockteng. 2012. "Structural and Functional Loss in Restored Wetland Ecosystems." *PLoS Biology* (10)1:e1001247.

Morrison, M. 2010. *Wildlife Restoration: Ecological Concepts and Practical Applications*. 2nd ed. Washington, DC: Island Press.

Munro, J. W. 1991. Wetland Restoration in the Mitigation Context. *Restoration & Management Notes* 9:80–86.

——. 2006. "Ecological Restoration and Other Conservation Practices: The Difference." *Ecological Restoration* 24:182–89.

Naeem, S. 1998. "Species Redundancy and Ecosystem Reliability." *Conservation Biology* 12:39–45.

Naeem, S., and S. Li 1997. Biodiversity Enhances Ecosystem Reliability. *Nature* 390: 507–9.

Nahuelhual, L., P. Donoso, A. Lara, D., Núñez, C. Oyarzún, and E. Neira. 2007. "Valuing Ecosystem Services of Chilean Temperate Rainforests." *Environment, Development and Sustainability* 9:481–99.

Naveh, Z. 2000. "The Total Human Ecosystem: Integrating Ecology and Economics." *BioScience* 50:357–61.

Nesmith, J. C. B., A. C. Caprio, A. H. Pfaff, T. W. McGinnis, and J. E. Keeley. 2011. "A Comparison of Effects from Prescribed Fires and Wildfires Managed for Resource Bbjectives in Sequoia and Kings Canyon National Parks." *Forest Ecology and Management* 261:1275–82.

Nevle, R. J., and D. K. Bird. 2008. "Effects of Syn-pandemic Fire Reduction and Reforestation in the Tropical Americas on Atmospheric CO_2 during European Conquest." *Palaeogeography, Palaeoclimatology, Palaeoecology* 264:25–38.

Nevle, R. J., D. K. Bird, W. F. Ruddiman, and R. A. Dull. 2011. "Neotropical Human-Landscape Interactions, Fire, and Atmospheric CO_2 during European Conquest." The Holocene 21: 853–864.

Nichols, O. G., and F. M. Nichols 2003. "Long-term Trends in Faunal Recolonization after Bauxite Mining in the Jarrah Forest of Southwestern Australia." *Restoration Ecology* 11:261–72.

Noble, J., N. MacLeod, and G. Griffin. 1997. "The Rehabilitation of Landscape Function in Rangelands." In J. Ludwig, D. Tongway, D. Freudenberger, J. Nobl, and K. Hodgkinson, eds., *Landscape Ecology, Function and Management: Principles from Australia's Rangelands*. Collingwood: CSIRO, 107–120.

Oliver, C. D., and B. C. Larson. 1990. *Forest Stand Dynamics*. New York: McGraw Hill.

Olson, D., and E. Dinerstein. 1998. "The Global 200: A Representation Approach to Conserving the Earth's Most Biologically Valuable Ecoregions." *Conservation Biology*

12:502–15.

Orr, D. W. 1994. *Earth in Mind*. Washington, DC: Island Press.

——. 2002. *The Nature of Design. Ecology, Culture, and Human Intervention*. New York: Oxford University Press.

Osenberg, C. W., B. M. Bolker, J.-S. S. White, C. M. St. Mary, and J. S. Shima. 2006. "Statistical Issues and Study Design in Ecological Restorations: Lessons Learned from Marine Reserves." In D. A. Falk, M. A. Palmer, and J. B. Zedler, eds., *Foundations of Restoration Ecology*. Washington, DC: Island Press, 280–302.

Packard, S. 1988. "Just a Few Oddball Species: Restoration and the Rediscovery of the Tallgrass Savanna." *Restoration and Management Notes* 6:13–20.

——. 1993. "Restoring Oak Ecosystems." *Restoration and Management Notes* 11:5–16.

Packard, S., and C. F. Mutel, eds. 1977. *The Tallgrass Restoration Handbook for Prairies, Savannas, and Woodlands*. Washington DC: Island Press.

Paine, R. T. 1966. "Food Web Complexity and Species Diversity." *American Naturalist* 100:65–75.

——. 1969. "A Note on Trophic Complexity and Community Stability." *American Naturalist* 103:91—93.

Palmer, M. A., R. F. Ambrose, and N. LeRoy Poff. 1997. "Ecological Theory and Community." *Restoration Ecology* 5:291–300.

Pausas, J. G., and J. E. Keeley. 2009. "A Burning Story: The Role of Fire in the History of Life." *BioScience* 59:593–601.

Pausas, J. G., J. S. Pereira, and J. Aronson. 2009. "The Tree." In J. Aronson, J. S. Pereira, and J. Pausas, eds., *Cork Oak Woodlands on the Edge: Ecology, Biogeography, and Restoration of an Ancient Mediterranean Ecosystem*. Washington, DC: Island Press, 11–21.

Pickett, S. T. A., and P. S. White. 1985. *The Ecology of Natural Disturbance and Patch Dynamics*. San Diego: Academic Press.

Pimm, S. 1991. *The Balance of Nature? Ecological Issues in the Conservation of Species and Communities*. Chicago: University of Chicago Press.

Prach, K., S. Bartha, C. B. Joyce, P. Pyšek, R. van Diggelen, and G. Wiegleb. 2001. "The Role of Spontaneous Vegetation Succession in Ecosystem Restoration: A Perspective." *Applied Vegetation Science* 4:111–15.

Prach, K., and P. Pyšek. 1994. "Spontaneous Establishment of Woody Plants in Central European Derelict Sites and Their Potential for Reclamation." *Restoration Ecology* 2:190–197.

Prach, K., P. Pyšek, and V. Jarošík. 2007. "Climate and pH as Determinants of Vegetation Succession in Central European Man-made Habitats." *Journal of Vegetation Science* 18:701–10.

Price, A. R. G., M. C. Donlan, C. R. C. Sheppard, and M. Munawar. 2012. "Environmental Rejuvenation of the Gulf by Compensation and Restoration." *Aquatic Ecosystem Health and Management* 15:5–11.

Prober, S. M., and K. R. Thiele. 2005. "Restoring Australia's Temperate Grasslands and Grassy Woodlands: Integrating Function and Diversity." *Ecological Management and*

Restoration 6:16–27.

Puig, H., A. Fabré, M-F. Bellan, D. Lacaze, F. Villasante, and A. Ortega. 2002. "Déserts et richesse floristique : les lomas du sud péruvien, un potentiel à conserver." *Sécheresse* 13: 215–25.

Pyne, S. J. 1995. *World Fire: The Culture of Fire on Earth*. Seattle: University of Washington Press.

Pyšek, P. 1995. "On the Terminology Used in Plant Invasion Studies." In P. Pyšek, K. Prach, M. Rejmanek, and M. Wade, eds., *Plant Invasions: General Aspects and Special Problems*. Amsterdam: SPB Academic, 71–81.

Quétier, F., and S. Lavorel. 2011. "Assessing Ecological Equivalent in Biodiversity Offset Schemes: Key Issues and Solutions." *Biological Conservation* 144:2991–99.

Ramakrishnan, P. S. 1994. "Rehabilitation of Degraded Lands in India: Ecological and Social Dimensions." *Journal of Tropical Forest Science* 7:39–63.

Ramirez-Llodra E., P. A. Tyler, M.C. Baker, O. A. Bergstad, M. R. Clark, E. Escobar, L. A. Levin, L. Menot, A. A. Rowden, C. R. Smith, C. L. Van Dover. 2011. "Man and the Last Great Wilderness: Human Impact on the Deep Sea." *PLoS ONE* 6:e22588. doi:10.1371/journal.pone.0022588.

Rapport, D. J., R. Costanza, and A. J. McMichael. 1998. "Assessing Ecosystem Health." *Trends in Ecology and Evolution* 13:397–402.

Rehounková, K., and K. Prach. 2008. "Spontaneous Vegetation Succession in Gravel—Sand Pits: A Potential for Restoration." *Restoration Ecology* 16:305–12.

Reiss, J., J. R. Bridle, J. M. Montoya, and G. Woodward. 2009. "Emerging Horizons in Biodiversity and Ecosystem Functioning Research." *Trends in Ecology and Evolution* 24:506–14.

Rengasamy, P. 2006. "World Salinization with Emphasis on Australia." *Journal of Experimental Botany* 57:1017–23.

Rhode, D. 2001. "Packrat Middens as a Tool for Reconstructing Historic Ecosystems." In D. Egan and E. A. Howell, eds., *The Historical Ecology Handbook: A Restorationist's Guide to Reference Ecosystems*. Washington, DC: Island Press, 257–93.

Richardson, D. M. (ed.) 2011. *Fifty years of invasion ecology: the legacy of Charles Elton*. Oxford: Blackwell Publishing.

Richardson D. M., F. D. Pysek, M. Rejmánek, M. G. Barbour, F. D. Panetta, and C. J. West. 2000. "Naturalization and Invasion of Alien Plants: Concepts and Definitions." *Diversity and Distribution* 6:93–107.

Rietbergen-McCracken, J., S. Macinnis, and A. Sarre. 2008. *The Forest Landscape Restoration Handbook*. London and Washington: Earthscan.

Roberts, C. M. 2002. "Deep Impact: The Rising Toll of Fishing in the Deep Sea." *Trends in Ecology and Evolution* 17:242–45.

Roberts, C.M. 2009. *The Unnatural History of the Sea*. Washington, DC: Island Press.

Rodrigues, R. R., S. Gandolfi, A. G. Nave, J. Aronson, T. E. Barreto, C. Yuri Vidal, P. H. S. Brancalion. 2010. "Large-scale Ecological Restoration of High Diversity Tropical Forests in SE Brazil." *Forest Ecology and Management* 261: 1605–13.

Rogers-Martinez, D. 1992. "The Sinkyone Intertribal Park Project." *Restoration and Man-*

agement Notes 10:64–69.

Rokich, D. P., K. W. Dixon, K. Sivasithamparam, and K. A. Meney. 2002. "Smoke, Mulch, and Seed Broadcasting Effects on a Woodland Restoration in Western Australia." *Restoration Ecology* 10:185–94.

Román-Dañobeytia, F., S. Levy-Tacher, J. Aronson, R. Ribeiro Rodrigues, and D. Douterlunghe. 2011. "Classification of Tropical Tree Species into Ecological Groups: Implications for Forest Management and Restoration in the Lacandon Region, Chiapas, México." *Restoration Ecology* 19. Early online version: http://onlinelibrary.wiley.com/ doi/10.1111/j.1526-100X.2011.00779.x/abstract.

Römermann C., T. Dutoit, P. Poschlod, and E. Buisson. 2005. "Influence of Former Cultivation on the Unique Mediterranean Steppe of France and Consequences for Conservation Management." *Biological Conservation* 121:21–33.

Rosemund, A. D., and C. B. Anderson. 2003. "Engineering Role Models: Do Non-human Species Have the Answers?" *Ecological Engineering* 20:379–87.

Rosenfeld, J. S. 2002. "Functional Redundancy in Ecology and Conservation." *Oikos* 98:156–62.

Ross, N. J. 2011. "Modern Tree Species Composition Reflects Ancient Maya 'Forest Gardens' in Northwest Belize." *Ecological Applications* 21:75–84.

Rouse, W. H. D. 1956. *Great Dialogues of Plato*. New York: Signet Classics.

Ruddiman, W. F. 2003. "The Anthropogenic Greenhouse Era Began Thousands of Years Ago." *Climatic Change* 61:261–93.

Ruddiman, W. F., and E. C. Ellis. 2009. Effect of per-capita land use changes on Holocene forest clearance and CO_2 emissions. *Quaternary Science Reviews* 28:3011–15.

Rundel, P., M. O. Dillon, B. Palma et al. 1991. "The Phytogeography and Ecology of the Coastal Atacama and Peruvian Deserts." *Aliso* 13:1–49.

Sampaio, G., C. Nobre, M. H. Costa, P. Satyamurty, B. S. Soares-Filho, and M. Cardoso. 2007. "Regional Climate Change over Eastern Amazonia Caused by Pasture and Soybean Cropland Expansion." *Geophysical Research Letters* 34:L17709. doi:10.1029/2007GL030612.

Sanderson, E. W., M. Jaiteh, M. A. Levy, K. H. Redfrod, A. V. Wannebo, and G. Woolmer. 2002. "The Human Footprint and the Last of the Wild." *BioScience* 52:891–904.

Saunders, D., R. J. Hobbs, and P. R. Ehrlich, eds. 1993. *Nature Conservation: The Reconstruction of Fragmented Ecosystems*. Chipping Norton: Surrey Beaty.

Schlaepfer, M. A., D. F. Sax, and J. D. Olden. 2011. "The Potential Conservation Value of Non-native Species. *Conservation Biology* 25:428–37.

Schmitz, O., V. Krivan, and O. Ovadia. 2004. "Trophic Cascades: The Primacy of Trait-mediated Indirect Interactions." *Ecology Letters* 5:153–63.

Schneider, E., and J. Kay. 1994. "Life as a Manifestation of the Second Law of Thermodynamics." *Mathematical and Computer Modeling* 19:25–48.

Seamon, G. S. 1998. "A Longleaf Pine Sandhill Restoration in Northwest Florida." *Restoration & Management Notes* 16:46–50.

SER (Society for Ecological Restoration, Science and Policy Working Group). 2004. *The SER Primer on Ecological Restoration*. http://www.ser.org/.

Sheldrake, F. 1981. *A New Science of Life. The Hypothesis of Formative Causation.* Los Angeles: J. P. Rarcher.

Sheldrake, R. 2012. *The Science Delusion: Freeing the Spirit of Inquiry.* London: Coronet.

Shono, K., E. A. Cadaweng, and P. B. Durst. 2007. "Application of Assisted Natural Regeneration to Restore Degraded Tropical Forestlands." *Restoration Ecology* 15:620–26.

Shore, D. 1997. "The Chicago Wilderness and Its Critics 2: Controversy Erupts over Restoration in Chicago Area." *Restoration and Management Notes*: 15:25–31.

Sigwela, A. M., G. I. H. Kerley, A. J. Mills, and R. M. Cowling. 2009. "The Impact of Browsing-induced Degradation on the Reproduction of Subtropical Thicket Canopy Shrubs and Trees." *South African Journal of Botany* 75: 262–67.

Sikka, A. K., J. S. Samra, V. N. Sharda, P. Samraj, and V. Lakshmanan. 2003. "Low Flow and High Flow Responses to Converting Natural Grassland into Bluegum (*Eucalyptus globulosus*) in Nilgiris Watersheds, South India." *Journal of Hydrology* 270:12–26.

Silverton, J., M. Franco, and K. McConway. 1992. "A Demographic Interpretation of Grime's Triangle." *Functional Ecology* 6:130–36.

Simberloff, D. 2011. "Non-natives. 141 Scientists Object." *Nature* 475: 36. doi: 10.1038/475036a.

Simberloff, D., and T. Dayan. 1991. "The Guild Concept and the Structure of Ecological Communities." *Annual Review of Ecology and Systematics* 22:115– 43.

Simberloff, D., J-L Martin, P. Genovesi, V. Maris, D. A. Wardle, J. Aronson, F. Courchamp, B. Galil, E. García-Berthou, M. Pascal, et al. 2012. "Biological Invasions: What's What and the Way Forward." *Trends in Ecology & Evolution.* http://dx.doi.org/10.1016/j.tree.2012.07.013 1–9.

Simberloff, D., L. Souza, M. Nuñez, N. Garcia-Barrios, and W. Bunn. Forthcoming. "The Natives are Restless, But Not Often and Mostly When Disturbed." *Ecology.*

Smith, K. D. 1994. "Ethical and Ecological Standards for Restoring Upland Oak Forests (Ohio)." *Restoration and Management Notes* 12:192–93.

Soulé, M. E., J. A. Estes, B. Miller, and D. L. Honnold. 2005. "Strongly Interactive Species: Conservation Policy, Management, and Ethics." *BioScience* 55:168–76.

Souza, F. M., and J. L. F. Batista. 2004. "Restoration of Seasonal Semideciduous Forests in Brazil: Influence of Age and Restoration Design on Forest Structure." *Forest Ecology and Management* 191:185–200.

Steenkamp, Y., B. Van Wyk, J. Victor, D. Hoare, G. Smith, T. Dold, and R. Cowling. 2005. "Maputaland-Pondoland-Albany." In R. A. Mittermeier, P. Robles-Gil, M. Hoffman, J. Pilgrim, T. Brooks, C. Goettsch Mittermeier, J. Lamoreux, and G.A.B. da Fonseca, eds., *Hotspots Revisited: Earth's Biologically Richest and Most Threatened Terrestrial Ecoregions.* Washington, DC: Conservation International, 219–29.

Stevens, W. K. 1995. *Miracle under the Oaks.* New York: Pocket Books.

Strauss, S. Y., H. Sahli, and J. K. Conner. 2005. "Toward a More Trait-centered Approach to Diffuse (Co)evolution." *New Phytologist* 165:81–90.

Stritch, L. 1990. "Landscape-scale Restoration of Barrens-Woodland within the Oak-Hickory Mosaic." *Restoration and Management Notes* 8:73–77.

Stromberg, M., C. M. D'Antonio, T. P. Young, J. Wirka, and P. R. Kephart. 2007. "California Grassland Restoration." In M. Stromberg, J. D. Corbin, and C. M. D'Antonio, eds., *Ecology and Management of California Grasslands*. Berkeley: University of California Press, 254-80.

Suding, K. N., and K. L. Gross. 2006. "The Dynamic Nature of Ecological Systems: Multiple States and Restoration Trajectories." In D. A. Falk, M. A. Palmer, and J. B. Zedler, eds., *Foundations of Restoration Ecology*. Washington, DC: Island Press, 190–209.

Suding, K. N., and R. J. Hobbs 2009. "Threshold Models in Restoration and Conservation: A Developing Framework." *Trends in Ecology & Evolution* 24: 233–88.

Sundstrom, S. P., C. R. Allen, and C. Barichievy 2012. "Species, Functional Groups, and Thresholds in Ecological Resilience." *Conservation Biology* 26:305–14.

Swanson, L. J., and A. G. Shuey. 1980. "Freshwater Marsh Reclamation in West Central Florida." In D. P. Cole, ed. *Proceedings of the Seventh Annual Conference on the Restoration and Creation of Wetlands*. Tampa: Hillsborough Community College, 51–61.

Swetnam, T. W., C. D. Allen, and J. L. Betancourt. 1999. "Applied Historical Ecology: Using the Past to Manage for the Future." *Ecological Applications* 9:1189–1206.

Tansley, A. G. 1935. "The Use and Abuse of Vegetational Concepts and Terms." *Ecology* 16:284–307.

Taylor, A. H, and A. E. Scholl. 2012. "Climatic and Human Influences on Fire Regimes in Mixed Conifer Forests in Yosemite National Park, USA." *Forest Ecology and Management* 267:144–56.

TEEB (The Economics of Ecosystems and Biodiversity). 2010. *Ecological and Economic Foundations*, P. Kumar, ed. London and Washington, DC: Earthscan.

Temperton, V. M., R. J. Hobbs, T. Nuttle, and S. Halle, eds. 2004. *Assembly Rules and Restoration Ecology*. Washington, DC: Island Press.

Terborgh, J., C. van Schaik, L. Davenport, and M. Rao, eds. 2002. *Making Parks Work: Strategies for Preserving Tropical Nature*. Washington, DC: Island Press.

Todd, N. J. 2005. *A Safe and Sustainable World: The Promise of Ecological Design*. Washington, DC: Island Press.

Tongway, D. J., and Ludwig, J. A. 2011. *Restoring Disturbed Landscapes: Putting Principles into Practice*. Washington, DC: Island Press.

Trousdell, K. B., and M. D. Hoover. 1955. "A Change in Ground-water Level after Clearcutting of Loblolly Pine in the Coastal Plain." *Journal of Forestry* 53:493–98.

UNFCCC (United Nations Framework of the Convention on Climate Change). 2001. "UNFCCC Workshop on Definitions and Modalities for Including Afforestation and Reforestation Activities under Article 12 of the Kyoto Protocol. Orvieto, Italy." April 7–9, 2002. Accessed March 28, 2012. http://unfccc.int/meetings/workshops/other_meetings/items/1082.php.

Urbanska, K. M. 1997. "Restoration Ecology Research above the Timberline: Colonization of Safety Islands on a Machine-graded Alpine Ski Run." *Biodiversity and Conservation* 6:1655–70.

Valéry, L. H., H. Fritz, J. Lefeuvre, and D. Simberloff. 2008. "In Search of a Real Definition of the Biological Invasion Phenomenon Itself." *Biological Invasions* 10:1345–51.

———. 2009. "Invasive Species Can Also Be Native." *Trends in Ecology and Evolution*

24:585.

van Aarde, R. J., A.-M. Smit, and A. S. Claassens. 1998. "Soil Characteristics of Rehabilitating and Unmined Coastal Dunes at Richards Bay, KwaZulu-Natal, South Africa." *Restoration Ecology* 6:102–10.

van Andel, J., and J. Aronson, eds. 2012. *Restoration Ecology: The New Frontier.* 2nd ed. Oxford, UK: Blackwell.

van der Maarel, E., and M. T. Sykes. 1993. "Small-scale Plant Species Turnover in a Limestone Grassland: The Carousel Model and Some Comments on the Niche Concept." *Journal of Vegetation Science* 4:179–88.

van der Vyver, M. L., R. M. Cowling, E. E. Campbell, and M. Difford. 2012. "Active Restoration of Woody Canopy Dominants in Degraded South African Semi-arid Thicket is Neither Ecologically Nor Economically Feasible." *Applied Vegetation Science* 15: 26–34.

———. Forthcoming. "Spontaneous Return of Biodiversity in Restored Subtropical Thicket: *Portulacaria afra* as an Ecosystem Engineer." *Restoration Ecology*.

Van Lear, D. H. 2004. "Upland Oak Ecology and Management." In M. A. Spetich, ed., *Upland Oak Ecology Symposium: History, Current Conditions, and Sustainability.* General Technical Report SRS-73. U.S. Department of Agriculutre, Forest Service, Southern Research Station, Asheville, 65–71.

Vermeij, G. J. 2004. *Nature: An Economic History.* Princeton: Princeton University Press.

Vlok, J. H. J., D. I. W. Euston-Brown, and R. M. Cowling. 2003. "Acocks' Valley Bushveld 50 Years On: New Perspectives on the Delimitation, Characterisation and Origin of Thicket Vegetation." *South African Journal of Botany* 69:27–51.

Wackernagel, M., and W. E. Rees. 1996. *Our Ecological Footprint: Reducing Human Impact on the Earth.* Gabriola Island: New Society Publishers.

Wackernagel, M., N. B. Schulz, and D. Deumling. 2002. "Tracking the Ecological Overshoot of the Human Economy." *Proceedings of the National Academy of Science, USA* 99:9266–71.

Walker, B. H. 1992. "Biological Diversity and Ecological Redundancy." *Conservation Biology* 6:18–23.

Weiher, E., and P. Keddy, eds. 1999. *Ecological Assembly Rules: Perspectives, Advances, Retreats.* Cambridge, UK: Cambridge University Press.

Weinstein, M., and E. Turner, eds. 2012. *Sustainability Science: Balancing Ecology and Economy.* New York: Springer.

Wellnitz, T., and N. L. Poff. 2001. "Functional Redundancy in Heterogeneous Environments: Implications for Conservation." *Ecology Letters* 4:177–79.

Wessels, K. J., S. D. Prince, M. Carroll, and J. Malherbe. 2007. "Relevance of Rangeland Degradation in Semiarid Northeastern South Africa to the Nonequilibrium Theory." *Ecological Applications* 17:815–27.

Westman, W. E. 1977. "How Much Are Nature's Services Worth?" *Science* 197:960–964.

———. 1978. "Measuring the Inertia and Resilience of Ecosystems." *BioScience* 28:705–10.

Westoby, M., B. Walker, and I. Noy-Meir. 1989. "Opportunistic Management for Rangelands Not at Equilibrium." *Journal of Range Management* 42:266–74.

Whisenant, S. G. 1999. *Repairing Damaged Wildlands: A Process-orientated, Landscape-scale Approach*. Cambridge, UK: Cambridge University Press.

White, P. S., and A. Jentsch. 2004. "Disturbance, Succession, and Community Assembly in Terrestrial Plant Communities." In V. M. Temperton, R. Hobbs, T. Nuttle, and S. Halle, eds., *Assembly Rules and Restoration Ecology: Bridging the Gap between Theory and Practice*. Washington, DC: Island Press, 342–66.

White, P. S., and J. L. Walker. 1997. "Approximating Nature's Variation: Selecting and Using Reference Information in Restoration Ecology." *Restoration Ecology* 5:338–49.

Wilber, K. 2001. *A Theory of Everything, An Integral Vision for Business, Politics, Science and Spirituality*. Boston: Shambhala.

Willems, J. H. 2001. "Problems, Approaches, and Results in Restoration of Dutch Calcareous Grassland during the Last 30 Years." *Restoration Ecology* 9:147–54.

Woodworth, P. 2006a. "What Price Ecological Restoration?" *The Scientist* (April):39–45.

———. 2006b. "Working for Water." *The World Policy Journal* (Summer):31–43.

———. 2013. *Restoring the Future*. Chicago: Chicago University Press.

Wrangham R. W., J. H. Jones, G. Laden, D. Pilbeam, and N. L. Conklin-Brittain. 1999. "The Raw and the Stolen: Cooking and the Ecology of Human Origins." *Current Anthropology* 40:567–90.

Wyant, J. G., R. A. Meganck, and S. H. Ham. 1995. "A Planning and Decision-making Framework for Ecological Restoration." *Environmental Management* 6:789–96.

Wydhayagarn, C., S. Elliott, and P. Wangpakapattanawong. 2009. "Bird Communities and Seedling Recruitment in Restoring Seasonally Dry Forest Using the Framework Species Method in Northern Thailand." *New Forests* 38:81–97.

Young, T. P., J. M. Chase, and R. T. Huddleston. 2001. "Community Success and Assembly, Comparing, Contrasting and Combining Paradigms in the Context of Ecological Restoration." *Ecological Restoration* 19: 5–18.

Zahawi, R. A., and C. K. Augspurger. 2006. "Tropical Forest Restoration: Tree Islands as Recruitment Foci in Degraded Lands of Honduras." *Ecological Applications* 16:464–78.

Zedler, J. B., and R. Langis. 1991. "Comparisons of Constructed and Natural Salt Marshes of San Diego Bay." *Restoration and Management Notes* 9:21–25.

关于作者与合作者

作者

安德烈·克莱威尔（Andre F. Clewell）在塔拉哈西的佛罗里达州立大学教授植物学和生态学 16 年，并拥有一家专门从事修复实践 22 年的公司。他曾任生态修复协会的前主席。

詹姆斯·阿伦森（James Aronson）是法国蒙彼利埃政府研究网络（CNRS）功能和进化生态学中心的修复生态学家、美国密苏里植物园的修复生态学馆长。他是生态修复协会的董事会成员，也是 RNC 联盟的协调者。

虚拟实地考察指南（Guides to Virtual Field Trips）

牧师阿波斯托尔（Dean Apostol）是一名景观设计师、自然资源规划师、作家和教师，他在俄勒冈州波特兰附近的一个小农场生活和工作。他与马西娅·辛克莱合著了《恢复太平洋西北：卡斯卡迪亚生态恢复的艺术与科学》，该书于 2006 年由岛屿出版社出版。

坦尼娅·巴尔卡尔（Tanya Balcar）出生于英国，住在印度的科代卡那。她是瓦塔卡纳尔保护信托基金会的创始成员之一，是一位自然保护主义者，也是一位自学成才的植物学家，对西高止山脉的植物群特别感兴趣。

佩德罗（Pedro H.S.Brancalion）是巴西圣保罗大学森林系教授。

埃莉斯·比松（Elise Buisson）是法国阿维尼翁市生物多样性与生态研究所阿维尼翁与德沃克卢斯大学的生态学副教授。

理查德·考林（Richard M. Cowling）是南非伊丽莎白港纳尔逊·曼德拉大都会大学植物学系的教授和修复研究小组组长。

雪莉·皮尔斯·考林（Shirley Pierce Cowling）是一位经过培训的植物生态学家，主要在南非从事科学传播领域的工作。

蒂埃里·迪图瓦（Thierry Dutoit）是法国阿维尼翁大学 CNRS–IMBE 生物多样性与生态研究所植物生态学的高级科学家。

毛罗·冈萨雷斯（Mauro González）是智利瓦尔迪维亚南方大学森林与自然科学学院的副教授。

雷诺·焦纳（Renaud Jaunatre）是法国阿维尼翁生物多样性与生态研究所阿维尼翁与德沃克卢斯大学恢复生态学博士研究生。

安东尼奥·劳拉（Antonio Lara）是智利瓦尔迪维亚（Valdivia）智利南部大学森林与自然科学学院树木生长实验室的教授。

克里斯蒂安·利特尔（Christian Little）在智利瓦尔迪维亚智利南部大学（Universidad Austral de Chile）的科学学院（Facultad de Ciencias）工作。

克里斯托·玛莱（Christo Marais）是南非环境事务部自然资源管理项目运营主管。

大卫·普林蒂斯（David Printiss）是美国佛罗里达州布里斯托尔阿巴拉契科拉悬崖和峡谷保护区自然保护协会北佛罗里达保护项目的负责人。

乔丹·斯泰尔J（ordan Secter）在美国俄勒冈州波特兰经营着 Secter 环境设计有限责任公司。

阿扬达·西格维拉（Ayanda M.Sigwela）是南非国家公园的修复生态学家。

罗伯特·斯图尔特（Robert Stewart）出生于英国，现居印度科达卡纳尔。他是瓦塔卡纳尔保护信托基金会的创始成员。

马里乌斯·范德维（R. Marius van der Vyver）是南非伊丽莎白港纳尔逊·曼德拉大都会大学植物学系的博士研究生。

前言作者

帕迪·伍德沃思（Paddy Woodworth）是爱尔兰都柏林的记者和作家，与其他作家相比，他撰写了更多关于生态恢复和自然资本恢复以供大众消费的文章。他撰写了《恢复未来》一书，该书研究了全球范围内的恢复项目，并于 2013 年由芝加哥大学出版社出版。

生态修复的科学与实践

Wildlife Restoration: Techniques for Habitat Analysis and Animal Monitoring, by Michael L. Morrison

Ecological Restoration of Southwestern Ponderosa Pine Forests, edited by Peter Friederici, Ecological Restoration Institute at Northern Arizona University

Ex Situ Plant Conservation: Supporting Species Survival in the Wild, edited by Edward O. Guerrant Jr., Kayri Havens, and Mike Maunder

Great Basin Riparian Ecosystems: Ecology, Management, and Restoration, edited by Jeanne C. Chambers and Jerry R. Miller

Assembly Rules and Restoration Ecology: Bridging the Gap Between Theory and Practice, edited by Vicky M. Temperton, Richard J. Hobbs, Tim Nuttle, and Stefan Halle

The Tallgrass Restoration Handbook: For Prairies, Savannas, and Woodlands, edited by Stephen Packard and Cornelia F. Mutel

The Historical Ecology Handbook: A Restorationist's Guide to Reference Ecosystems, edited by Dave Egan and Evelyn A. Howell

Foundations of Restoration Ecology, edited by Donald A. Falk, Margaret A. Palmer, and Joy B. Zedler

Restoring the Pacific Northwest: The Art and Science of Ecological Restoration in Cascadia, edited by Dean Apostol and Marcia Sinclair

A Guide for Desert and Dryland Restoration: New Hope for Arid Lands, by David A. Bainbridge

Restoring Natural Capital: Science, Business, and Practice, edited by James Aronson, Suzanne J. Milton, and James N. Blignaut

Old Fields: Dynamics and Restoration of Abandoned Farmland, edited by Viki A. Cramer and Richard J. Hobbs

Ecological Restoration: Principles, Values, and Structure of an Emerging Profession, by Andre F. Clewell and James Aronson

River Futures: An Integrative Scientific Approach to River Repair, edited by Gary J. Brierley and Kirstie A. Fryirs

Large-Scale Ecosystem Restoration: Five Case Studies from the United States, edited by Mary Doyle and Cynthia A. Drew

New Models for Ecosystem Dynamics and Restoration, edited by Richard J. Hobbs and Katharine N. Suding

Cork Oak Woodlands in Transition: Ecology, Adaptive Management, and Restoration of an Ancient Mediterranean Ecosystem, edited by James Aronson, João S. Pereira, and Juli G. Pausas

Restoring Wildlife: Ecological Concepts and Practical Applications, by Michael L. Morrison

Restoring Ecological Health to Your Land, by Steven I. Apfelbaum and Alan W. Haney

Restoring Disturbed Landscapes: Putting Principles into Practice, by David J. Tongway and John A. Ludwig

Intelligent Tinkering: Bridging the Gap between Science and Practice, by Robert J. Cabin

Making Nature Whole: A History of Ecological Restoration, by William R. Jordan and George M. Lubick

Human Dimensions of Ecological Restoration: Integrating Science, Nature, and Culture, edited by Dave Egan, Evan E. Hjerpe, and Jesse Abrams

Plant Reintroduction in a Changing Climate, edited by Joyce Maschinski and Kristin E. Haskins

Tidal Marsh Restoration: A Synthesis of Science and Management, edited by Charles T. Roman and David M. Burdick

Ecological Restoration: Principles, Values, and Structure of an Emerging Profession, 2nd ed., Andre F. Clewell and James Aronson

本书在翻译过程中得到了许多人的帮助，本书的校对工作得到了梁雪原、李金煜、王睿、王广兴、刘娜、赵宇桑、季宇宸、王佳妍、尹一泓多位同仁的支持，特此致谢。